主编◎谢宇 郭志刚

社会学教材教参
方 法 系 列

社会学教材教参方法系列

分类数据分析
的统计方法
（第2版）

Statistical Methods for Categorical Data Analysis
(Second Edition)

〔美〕 丹尼尔·A.鲍威斯（Daniel A. Powers）
谢 宇 /著

任 强 巫锡炜 穆 峥 赖 庆/译

社会科学文献出版社
SOCIAL SCIENCES ACADEMIC PRESS (CHINA)

修订译本说明

《分类数据分析的统计方法》（第 2 版）一书自 2009 年 7 月出版以来，受到广大学生和教师的高度好评。此书不仅是北京大学－密歇根大学学院暑期量化课程的教学参考书，而且是许多高校讲授社会科学量化分析方面课程的教材或参考书。我们经常收到学员和教师对此书的反馈建议和评价。作为译者，我们感谢读者对本书翻译质量的肯定，同时也感谢读者针对本书一些翻译细节提出的很好的建议。这些建议加上我们在教学过程中学生提出的问题，累积起来也有不少。为此，我们在进一步理解原书内容的同时，在有机会的时候也向原书作者谢宇教授和 Dan 当面请教。借此书翻译修订的机会，我们对译著做了以下几方面的修正和补充。

（1）纠正了文中的一些错别字；进一步区分公式中符号的正斜体，并予以正确标注。

（2）统一了书中的个别关键词。

（3）重新翻译和修改了一些不太通顺或不太符合中文表达习惯的语句，尽可能减少语言表达上存在的明显的翻译痕迹。

（4）按照英文书籍的传统格式，我们在中文译本"主题索引"的基础上制作了中文版"索引"，在内容和格式上基本与原著的索引保持一致。

此修订译本，可能依然存在对原著的理解不足和翻译错误，或者错别字，欢迎读者批评、指正。

译者

2018 年 1 月 12 日

献给我们的父母
Dick 和 Janet Powers
Liangyao Xie 和 Huazhen Zhao

目 录
CONTENTS

图目录

表目录

中文版序

《分类数据分析的统计方法》（第 2 版）的中文版终于和读者见面了，我感到非常高兴。

《分类数据分析的统计方法》是我和 Daniel Powers 合著的，也是我的第一本书。第一版于 2000 年由美国的学术出版社（Academic Press）出版，第二版于 2008 年由英国的翡翠出版社（Emerald Group）出版。很荣幸的是，我们能在 2009 年英文第 2 版刚刚出版后不久就见到由社会科学文献出版社出版发行的中文版。

《分类数据分析的统计方法》是为社会科学——特别是社会学——做定量研究的学者和学生专门写作的教材和参考书。本书介绍、探讨了许多社会科学定量研究中实际碰到的统计方法问题。这些方法是社会科学定量研究人员都应该掌握的基本功，也是我对自己的所有学生都要求其学会的。可惜的是，一些国内的学者还认为本书包括的内容"太复杂"了。他们应该知道，社会现象本身要更复杂得多。再复杂的统计方法都是建立在我们对更复杂的社会现象做大量简化的基础之上的。虽然统计方法最终不可能让我们完美地了解社会现象，但不同的统计方法可以更好地适用于不同的社会科学研究应用之中。换句话说，统计方法虽然不能给我们十全十美的答案，但适当的统计方法相比不适当的统计方法会给我们更可信、更有学术意义的答案。所以，一个社会科学定量研究做得好的学者应该掌握各种不同的统计方法，才能做到对症下药。我希望本书中文版的出版有利于提高国内社会科学定量研究的水平。

本书的特点是着重于对有关统计方法的理解，而不是对这些统计方法的理论证明。为了方便读者，我们另外通过互联网提供了用不同统计软件（包括 aML、GAUSS、LEM、LIMDEP、R、SAS、STATA、TDA、WinBUGS 和 OpenBUGS）编写的例题程序。网址是：http：//www. powers – xie. com；或通过我的个人主页 http：//www – personal. umich. edu/ ~ yuxie/链接；或通过 Daniel Powers 的个人主页 http：//webspace. utexas. edu/dpowers/www 链接。

本书的最初来源是我和 Daniel Powers 的教学讲义。我们也用本书作为教材教过许多学生，学生对本书有过很多好的建议。我们再次感谢他们。

翻译本书的主要负责人是北京大学的任强老师，他已和我认识多年。他在第 1 版出版不久就想翻译本书。当时我认为时机还没有成熟。2008 年我们出第 2 版时，他正好在我这里做访问学者，给翻译本书提供了很好的机会。另外三位学生巫锡炜、穆峥、赖庆也积极参加了翻译工作，做了重要的贡献。在此，我向他们四位表示感谢。

最后，我想感谢社会科学文献出版社的谢寿光社长和杨桂凤编辑。如果没有他们的积极支持和辛苦工作，就没有本书的中文版。多谢了！

谢 宇

前　言

在本书中，我们试图对社会科学研究中的分类数据分析以及应用的方法和模型做一个全面的介绍。本书主要面向研究生和社会科学应用研究的学者，同时也可以作为参考工具书。

一个区别于其他教科书主题的特点是我们有明确的目标，即整合转换方法（transformational approach）和潜在变量方法（latent variable approach），它们是处理分类数据分析的两种完全不同但相互补充的方法。在人口学和生物统计领域，处理分类数据分析的统计或转换方法是研究者最为常见的方法，而潜在变量方法则被经济学家经常使用。第1章将会讨论这两种方法。

我们假定读者已经具备初步的知识，例如，掌握了应用回归课程的知识，但不需要高级数理统计知识。尽管一些技术细节不可避免，但是我们借助了大量实例来帮助大家理解本书。一些读者可能会略过书中的技术部分，但这样也不会失去本书的很多精华。

为了充分利用互联网技术，我们为本书设置了网站（http：//webspace. utexas. edu/dpowers/www/）。① 网站包含了书中用不同软件处理所讨论例子的数据集和程序编码，这些软件包括 GLIM（Numberical Algorithms Group Ltd.，1986），LIMDEP（Greene，2007），SAS（SAS Institute，2004），Stata（Stata，2007），TDA（Rohwer & Pötter，2000），以及 R（R Development Core Team，2006）。为

---

① 此主页被链接在 YuXie. com 和 Powers-Xie. com 上。

了描述估计的细节和介绍几个标准统计软件包不能估计模型的特殊程序，网站提供了一些 GLIM 的宏命令和 GAUSS（Aptech Systems，1997）与 R 子程序，如 aML（Lillard & Panis，2003）。当获得新的程序时，我们会继续更新网站内容。

◎ 第 2 版新增内容

我们已经更新了每一章的内容，并新增了一章关于二分类变量的多层模型（第 5 章）。第 5 章详细介绍了边际最大似然估计和现代贝叶斯估计方法（Bayesian estimation methods）。我们也针对纵贯数据分析的 Rasch 模型和随机系数模型进行了讨论，重新组织了事件史模型这一章（第 6 章），扩展了离散时间模型和 Cox 回归模型。对次序因变量模型（第 7 章）和名义因变量模型（第 8 章）这两章也进行了更新。

◎ 本教材在分类数据模型课程中的使用

本书适合于为期一个学期的分类数据建模课程。第 1 章和第 2 章是一般性介绍与课程基础。我们的观点是，无论数据类型如何，回归类建模方法都是一个合适的分析方法。第 3 章介绍并详细讨论了针对二分类数据的回归模型。第 4 章深入讲解了分析列联表的模型。第 5 章讨论了针对二分类数据的多层/分层模型。第 6 章介绍了事件史分析技术。第 7 章和第 8 章回顾了针对次序和非次序分类因变量的模型。这部分内容与第 4 章的列联表方法和第 3 章介绍的潜在变量分析框架是有关联的。

◎ 致谢

在本书写作的各个阶段，我们从下列学者的鼓励以及与他们的联系中获益匪浅：Paul Allison、Mark Becker、John Fox、Richard Gonzalez、Leo Goodman、David Grusky、Robert Hauser、Michael Hout、Kenneth Land、Scott Long、Charles Manski、Robert Mare、Bill Mason、Susan Murphy、Trond Peterson、Thomas Pullum、Adrian Raftery、Steve Raudenbush、Arthur Sakamoto、Herbert Smith、Michael Sobel、Chris Winship、Raymond Wong、Larry Wu 和 Kazuo Yamaguchi。此外，我们对许多学习这门统计课程的研究生表示感谢，是他们激励我们写这本书的。

　　资助丹尼尔·A. 鲍威斯的奥斯汀得克萨斯大学的主任基金、资助谢宇的国家自然科学基金的青年学者基金和密歇根大学基金对本书的研究提供了部分资助。

　　我们也要感谢外部评审对早期初稿提出的宝贵意见，以及 Pam Bennett、John Fox、Kimberly Goyette 和 James Raymo 对书稿最后版本的仔细校对和在第 1 版中对实例的编程工作。感谢 Meichu D. Chen 和许多研究生，他们指出了第 1 版中的一些错误。特别感谢 Cathy（Hui）Liu 对第 2 版新内容的仔细阅读。我们也要感谢 Cindy Glovinsky 卓越的编辑工作。我们将对书中仍然存在的错误负责。

　　最后，我们感谢学术出版社（Academic Press）和 Elsevier 的编辑 J. Scott Bentley 提出这个项目，并努力使第 1 版面世，同时促使我们完成第 2 版的编写工作。感谢 EmeraldInsight 的 Rachel Brown 女士对出版第 2 版的帮助，也要感谢 Macmillan 对编排此书的帮助。

丹尼尔·A. 鲍威斯
谢　宇

第 1 章

绪　　论

1.1　为什么需要分类数据分析？

生育、结婚、入学、就业、职业、迁移、离婚和死亡的共同之处是什么？答案在于它们都是社会科学研究中经常碰到的分类变量（categorical variables）。实际上，社会科学研究中的绝大多数观测结果都是以分类变量的形式加以测量的。如果你是一位从事实际研究工作的社会科学家，你可能在很多具体的研究工作中遇到过分类变量（即使你从未用过任何专门的统计方法来处理分类变量，这也是千真万确的）。如果你目前是在读研究生，打算将来成为一名社会科学家，你可能还没有但很快就将遇到分类变量的问题。请注意，就你在目前为止的人生中是否遇到过分类变量的表述本身就是一种分类测量！

在过去大约 25 年中，针对分类数据分析的统计方法和技术得到了快速发展。很大程度上得益于商业软件的普及和计算的简化，近年来，它们在实际研究中的应用已经变得越来越普遍。因为其中一些资料相当前沿而且散见于多个学科，因此，我们认为需要有本书来专门对该主题做系统讨论。本书的目的是为应用社会科学家使用合适的分类数据分析工具提供帮助。在本章中，我们将首先定义何谓分类变量，然后介绍我们针对此主题的处理思路。

1.1.1　分类变量界定

在我们看来，分类变量指的是那些只用有限个取值或类别加以测量的变量。这一定义将分类变量与连续变量区分开来。从原理上讲，连续变量可以被认为具有无限多个取值。

尽管分类变量的这一定义非常清楚，但是其在实际工作中的应用仍然显得非常含糊不清。社会科学家持续关注的许多变量明显都是分类的。这些变量包括种族、性别、迁移状态、婚姻状态、就业、出生和死亡。然而，一些概念上的连续变量有时候被处理成连续的，而其他时候则被处理成分类的。当某个连续变量被处理成一个分类变量时，这被称作连续变量的类别化（categorization）或离散化（discretization）。在实际研究工作中，常常必须进行类别化，因为某个连续变量的实质含义（substantive meaning）或实际测量（actual measurement）就是分类的。年龄就是一个很好的例子。尽管在概念上是连续的，但是，出于实际和应用的考虑，年龄在实际研究中常常被处理成分类的。实质上，基于某些研究目的，年龄会被作为质性状态（qualitative states）的代理，定性地表示个体在某一关键点所出现的状态转换。个体在法律和社会状态上的变化首先出现在其转入成人期的时候，随后出现在其退出劳动力市场的时候。出于应用的原因，年龄通常被表达成单岁或 5 岁年龄组。[①]

的确，社会科学研究中的常用方法有意地将可能的响应限定为有限的可能取值，在这一意义上，它们都是粗略的。正因为如此，我们在前面就已经指出，如果不是全部的话，社会科学中的绝大多数观测结果都是分类的。

那么，相对于连续变量而言，哪些变量在经验研究中应当被认为是分类的呢？答案取决于许多因素，其中的两个是它们在理论模型中的实质含义和测量精确度。将某个变量处理成分类变量的一个必要条件就是它的取值反复出现并在样本中达到一定的比例。[②] 正如随后将要介绍的那样，区别连续变量和分类变量，对响应变量（response variables）来讲比对解释变量（explanatory variables）要重要得多。

1.1.2　因变量和自变量

因变量（也称响应变量、结果变量或内生变量）表示某项研究中一个被解

---

① 受教育水平是另一个例子。如果不加以类别化，就不能揭示"低于 12 年教育"、"高中文凭"、"大学学历"或"研究生学历"之间的实质区别。一些类别提供了教育分布上重要节点的一个简明表达。

② 注意，连续变量也可能被删截，这意味着得到一个超过某一特定门槛或转折点的取值的概率为零。当某一连续变量被删截时，未被删截的部分仍然是连续的，而被删截的部分则像一个分类变量。

释的总体特征。自变量（也称解释变量、先决变量或外生变量）是被用来解释因变量发生变异的那些变量。具体来讲，所关注的特征是因变量（或其转换形式）以某一自变量或一组自变量的取值作为条件的总体均值（population mean）。正是在这一意义上，我们认为在回归类统计模型（regression-type statistical models）中，因变量取决于自变量、被自变量所解释或者是自变量的函数。

采用"回归类统计模型"这一表述，意味着对因变量的期望值或其他特征进行预测的模型是自变量的一个回归函数。从原理上讲，尽管我们可以设计出能最好地对因变量或其转换形式的任何总体参数（例如中位值）进行预测的模型，但在实践中，我们通常使用回归这一术语来表明是要预测条件均值（conditional means）。当回归函数为自变量的线性组合时，我们就得到了所谓的线性回归。它们被广泛应用于连续因变量。

1.1.3　分类因变量

尽管分类变量和连续变量具有许多共同的属性，但是我们希望在这里突出它们之间的一些差异。作为因变量，分类变量和连续变量之间的差别需要特别加以重视。相比而言，当它们在回归类统计模型中被用作自变量时，差别相对不那么重要。我们所采用的回归类统计模型的定义包括针对方差和协方差分析的统计模型，这些模型可以通过因变量对一组虚拟变量进行回归的形式加以表达，在协方差分析的情况下，还包括其他的连续协变量。因此，在回归类模型中纳入分类变量作为解释变量并不存在任何特别的难处，因为它主要涉及建立与自变量不同类别相对应的虚拟变量，所有已知回归模型的性质都可以直接推广到方差和协方差分析模型。正如本书随后将要介绍的，当我们将分类变量作为因变量处理时，情况彻底改变了，因为线性回归的许多知识都无法简单地加以应用。简而言之，分类数据分析（即涉及分类因变量的分析）需要专门的统计方法。

尽管在回归类模型中将分类变量作为自变量分析的方法已经成为标准统计知识基础的一部分，而且现在还成了社会科学中获取最高学位所必须掌握的内容，但是分类因变量的分析方法远不为人们所熟悉。大部分有关分类数据分析方法的基础性研究只是近年来才发展起来的。本书的目标是系统介绍与分类数据分析相关的几个重要主题，以便将这些知识整合到社会科学研究中来。

与连续变量的分析方法不同，分类数据的分析方法特别注意因变量的测量类型。分析某一类分类因变量的方法可能并不适合分析另一类分类变量。

1.1.4 测量类型

当某个变量被用作因变量时，测量类型在确定恰当的分析方法方面起着关键的作用。考虑到三个方面的差别，我们针对四种测量类型提出了一个分类模式（typology）。[1] 我们首先区分定量和定性测量之间的差别。二者之间的差别在于：定量测量严格地用数值来标示变量的实质含义；而定性测量的数值不具有实质含义，有时只是作为区分某些相互排斥的、具有唯一性的特征（或属性）的分类。定性变量属于分类变量。

在定量变量这一类别中，进一步区分连续变量和离散变量往往非常有用。连续变量也被称为定距变量（interval variables），可以取任意实数值。例如，收入和社会经济地位等变量在其可能的取值范围内通常被作为连续变量处理。离散变量只能取整数值（integer values）且往往表示事件计数（event counts）。例如，每个家庭的孩子数、某一青少年的违法行为次数、某一路口每年的交通事故数等都是离散变量的例子。根据前面的定义，离散（但定量的）变量也属于分类变量。

定性测量可以进一步区分出次序（ordinal）测量和名义（nominal）测量两种。次序测量产生有次序关系的定性变量（ordered qualitative variables）或次序变量（ordinal variables）。对某个包含次序关系的定性变量，通常的做法是采用数值来标示排序信息（ordering information）。但是，与次序变量各类别相对应的数值只反映某一特定属性上的排序，因而相邻数值之间的距离并不相同。对枪支管制的态度（坚决支持、支持、中立、反对和坚决反对）、职业技能水平（高级、中级、低级和无技能）和受教育水平的分类（小学、中学、大学和研究生）等都是次序变量的例子。

名义测量产生无次序关系的定性变量（unordered qualitative variables），往往被称作名义变量（nominal variables）。名义变量的类别之间并没有内在的次序，也没有数值距离。种族和民族（白人、黑人、西班牙裔和其他）、性别（男性和女性）以及婚姻状况（未婚、已婚、离婚和丧偶）等都是无次序关系的定性变量的例子。但是，值得注意的是，次序变量和名义变量之间的区别并不总是那么清晰，其中的区别在许多情况下取决于所研究的问题。同一个变量对某些研究者而言可能是次序变量，而对其他研究者而言则可能是名义变量。

---

[1] 有关的历史背景，请参见 Duncan（1984）的重要著作 *Notes on Social Measurement*。

为了进一步解释最后一点，下面我们以职业为例加以说明。不同的职业往往使用开放式问题加以测量，然后采用三位数字码人工将被调查者的回答编码成一个分类体系，但是这些数字编码并不表示具有实质意义的量。考虑到可能的职业类别非常多（对于现代社会而言，编码体系中通常至少包含几百类），这就期望，也的确有必要通过数据简化来减少某一职业测量的详细程度。一种数据简化的方法是将详细职业编码合并成大的职业类别，并将其看作次序测量或者名义测量（Duncan，1979；Hauser，1978）；另一种方法是从某一社会经济指数（socioeconomic index，SEI）的维度将职业尺度化（scale）（Duncan，1961），从而变成一个定距变量。最近，Hauser 和 Warren（1997）对 Duncan 的方法提出了挑战，建议最好将职业尺度化成职业收入和职业教育两个独立的维度，从而对职业社会经济地位加以测量。Hauser 和 Warren 的研究阐明了当名义测量被尺度化为定距测量时考虑多个维度的重要性。

图 1-1 概括了我们针对四种测量类型提出的类型学框架。根据该类型学划分，分类变量有 3 个类别——离散的、次序的和名义的，我们将在本书中对其加以讨论。只有当变量的可能取值等于或超过 3 个时，分类变量 3 个类别之间的区别才有意义。当变量的可能取值为 2 个时，我们就有一种被称作二分类变量的特例。二分类变量可以是离散的、次序的或名义的，这取决于研究者的解释。例如，如果研究者的兴趣是研究中国一孩政策的遵从情况，那么因变量就是夫妻生育过的孩子数是否超过一个。为了简便起见，假设在某一特定样本中，一名妇女至少有一个孩子且不超过两个。我们对 y 进行编码。如果某妇女有一个孩子，则 $y=0$；如果她有两个孩子，则 $y=1$。在这种情况下，因变量可以被解释成离散的（孩子数减去 1）、次序的（一孩或一孩以上）或名义的（遵从相对于不遵从）。幸运的是，研究者可以采用相同的统计方法来处理这三种情况——只是对结果的实质含义的理解会随着解释的不同而有所不同。

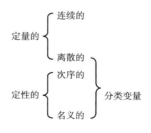

图 1-1 四种测量的分类模式

1.2 分类数据的两种哲学观点

分类数据分析方法的发展极大地受益于诸如统计学、生物统计学、经济学、心理学和社会学等不同领域学者的贡献。这一多学科起源的性质使得我们在进行分类数据分析时可以采用多种方法分析相似的问题，同时，对于相似的方法论可以有多种解释。因此，分类数据分析是一个极具智力挑战且正在发展的领域。但是，因为学科之间多样化的应用和所用术语的不同，这一跨学科性质也使综合和巩固目前可用的技术变得困难。

这一困难部分地源于两种有关分类数据属性的截然不同的"哲学观点"：一种哲学观点将分类变量看作本质上就是分类的，且依赖数据的变换来推导回归类模型；另一种哲学观点假设分类变量在概念上是连续的，但作为分类变量来观测或加以测量。在一孩政策的例子中，研究者可以将"遵从"视为一个行为的连续统（behavioral continuum）。但是，他/她只能观测到该因变量的两个不同取值。这种方式依赖潜在变量来推导回归类模型。这些大相径庭的哲学观点可以追溯到 1904 ~ 1913 年 Karl Pearson 和 G. Udny Yule 之间的一场尖锐辩论（Agresti，2002：619 – 622）。尽管在任一单一学科中都能发现这两种方法，但是，前者更加被统计学和生物统计学所认同，后者则更加被计量经济学和心理计量学所认同。为了简便起见，我们将第一种方法视为统计学的（statistical）或变换的（transformational）方法，将第二种方法视为计量经济学的（econometric）或潜在变量（latent variable）的方法。这里，我们使用统计学的和计量经济学的这样两个术语只是作为简略语而不是作为对这两个学科的描述。

1.2.1 变换的方法

在变换的或统计的方法中，分类数据被看作本质上就是分类的，且应当基于此加以建模。在这一方法中，研究的总体参数和样本统计量之间是一一对应的，关注点在于估计与样本统计量相对应的总体参数，没有涉及潜在变量或未观测变量（unobserved variable）。

在变换的方法中，统计建模意味着分类因变量在经过某种变换之后的期望值可以表达成自变量的一个线性函数。考虑到因变量的分类属性（categorical nature），回归函数不可能是线性的。非线性的问题通过非线性函数加以处理，即将分类变量的期望值变换成自变量的一个线性函数。此类变换函数现在通常被称为链接函数（link functions）。①

例如，在离散（计数）数据的分析中，期望频数（或单元计数）必须是非负的。为了使回归模型的预测值满足这些限定条件，可以用自然对数函数（或 log 链接）变换因变量的期望值，从而使针对计数的对数（logged count）的模型可以表达成自变量的一个线性函数。该对数线性（loglinear）变换有两个目的：确保拟合值适合计数数据（即非负的数值），以及使未知回归参数落入整个真实空间（参数空间）内。

在二项响应模型（binomial response models）中，估计概率必须落入 [0，1] 区间内，如果允许自变量自由取值的话，任何线性函数都会超出这一值域范围。可以不直接针对该取值范围内的概率建模，而是对落入（−∞，+∞）区间的某一概率变换形式进行建模。有许多概率变换的方式。Logit 转换，即 $\log [p/(1-p)]$，可被用来变换概率尺度，从而使它可以表达成自变量的一个线性函数。Probit 变换，即 $F^{-1}(p)$，可以用类似的方式对概率加以重新尺度化（rescale）。Probit 链接函数用累积标准正态分布函数的逆函数将期望概率变换到（−∞，+∞）区间内（即将概率变换成 Z 分值）。与在 logit 模型中的情况一样，probit 链接函数对概率加以变换，使它可以表达成自变量的一个线性函数。Logit 和 probit 变换都确保了参数和自变量的所有可能取值的预测概率落入合理的取值范围。

1.2.2 潜在变量方法

潜在变量或计量经济学方法表达了有关分类数据的略有不同的观点。该方法的关键是假设在某一观测到的分类变量背后存在一个连续的、未观测到的或潜在的变量。一旦该潜在变量越过某一门槛值，观测到的分类变量就会取一个不同的值。根据潜在变量方法，分类变量有别于通常的连续分布变量的地方在于它的部分可观测性（partial observability）。也就是说，我们根据观测到的分类取值能够推知的只是潜在变量落入的取值区间而不是它们的实际取值本身。由于这一原因，计量经济学家通常将分类变量称为受限因变量（limited-dependent variable）

---

① 通过链接函数可以变换成线性模型的这一类模型被称为一般化线性模型。McCullagh 和 Nelder（1989）对这类模型进行过广泛的讨论。

（Maddala，1983）。

在潜在变量方法中，研究者的理论兴趣更多地在于自变量如何影响潜在的连续变量（被称为结构分析），而并不在于自变量如何影响观测到的分类变量。因此，从潜在变量的观点来看，很容易将样本数据看作不可观测的总体量（quantities）的变现（realizations）。例如，某一样本中观测到的响应类别或许反映了个体的实际选择，但是在总体水平上，每一个选择的背后其实是一个潜在变量，它代表了个体决策者所做某一特定决策的成本和收益之间的差。类似地，二分类变量也可以看作是对代表某一观测不到的倾向性（propensity）的一个连续变量的样本变现。例如，在对大学录取情况的研究中，我们可以假设存在一个连续的潜在变量——资格，因此，那些资格超过要求门槛的申请者被录取，而那些资格低于要求门槛的申请者被拒绝（Manski & Wise，1983）。在对女性劳动参与情况的研究中，经济学的逻辑认为，如果一个妇女的市场工资超过其保底工资（reservation wage），那么她将进入劳动力市场（Heckman，1979）。实际上，研究者不可能观测到申请者的资格，也不可能观测到市场工资和保底工资之间的差。但是，我们能够观测到录取决定和劳动力参与状态，这些可以被看作是对隐含在总体层次的潜在变量的一种可观测的变现（observed realization），该潜在变量代表录取或劳动参与的可能性（likelihood）。

生物科学中的实验研究也很好地使用了潜在变量。例如，在对杀虫剂效力的研究中，害虫是否死亡取决于它对杀虫剂某一剂量水平的忍受度。假设一旦剂量超过害虫的忍受度，那么它就会死亡。二分类变量（存活/死亡）就是对剂量和忍受度之间差值这一连续的不可观测变量的变现。

潜在变量概念已经被扩展到用来建构潜在分类变量（latent categorical variables）。最简单的例子就是潜在类别模型（latent class model），它利用了潜在类别中成员身份的有条件独立性。这类似于连续分布变量的因子分析（factor analysis）。Heckman 和 Singer（1984）在生存分析（survival analysis）中处理未观测到异质性（unobserved heterogeneity）的非参数方法其实也根源于这一基本想法。

1.3 一个发展史的注脚

分类数据分析技术的发展部分地由诸如社会学、经济学、流行病学和人口学等领域中对特定研究问题的关注所推动（对其在社会科学中历史性发展的说明，请参见 Camic & Xie，1994）。例如，对数线性建模中的数次创新都源自社会流动研究（如 Duncan，1979；Goodman，1979；Hauser，1978）；样本选择模型（sample selection models）方面的文献最初出现在对女性收入进行分析的经济学领域（Heckman，1979）；消费者选择分析中的问题促使许多多类别响应变量（multicategory response variables）分析技术的发展（McFadden，1974）。由于统计学家和生物统计学家将人口学中的生命表技术扩展到在风险率建模中纳入协变量，这促进了生存分析中方法论的进步（Cox，1972；Laird & Oliver，1981）。McCullagh 和 Nelder（1989）的一般化线性模型理论（theory of generalized linear models）提供了一个统一框架，该框架可应用于这些模型中的大部分。

当今的潜在变量方法源于早期的心理物理学传统（psychophysics tradition），在这一领域中，定性"判断"的观测频数分布被用来测量连续分布的刺激强度（如 Thurstone，1927）。在心理物理学的实验框架中，"潜在"变量只是对处于某一实验中的被试者（subjects）而言才是不可观测的，因为实验刺激由研究者来操控，因而对研究而言是已知的。例如，设想要求一群被试者对实验人员给定的两个类似物体的相对重量加以排序，可以合理地假设给出正确答案的概率与重量的实际差异存在正相关。Thurstone（1927）明确地假定心理学刺激服从正态分布，并将其与"判断"的分布联系起来，从而为今天的 probit 分析开辟了道路。随着时间的推移，借助诸如潜在特质模型（latent trait models）和潜在类别模型（latent class models），社会科学家已经将该方法扩展到从观测数据中揭示潜在变量的性质。有关社会学家对潜在变量方法的贡献的讨论，请参见 Clogg（1992）。

1.4　本书特点

两大特点使得本书有别于其他关于分类数据分析的教科书。首先，本书同时介绍了变换和潜在变量两种方法，这样一来，就可以把统计学和计量经济学文献中的类似方法整合起来。在本书中，我们将讨论两种方法如何相似以及它们在哪些方面又有所不同。其次，本书为应用而不是理论取向。我们将选取应用社会科学研究中的例子并使用根据教学目的加以建构的数据集。在保持本书的应用取向方面，我们也会给出与所讨论模型相应的实际的编程例子，同时将理论讨论保持在最低限度。我们将通过一个网站来提供本书所用的数据集、程序代码和计算机输出结果。①

1.4.1 整合统计方法与潜在变量方法

在许多情况下，变换方法和潜在变量方法是看待同一现象的两种平行的方法。除了因模型识别或参数化的方式带来的微小差别之外，两种方法通常采用完全一致的统计过程。尽管如此，关于可观测分类变量的潜在性质的看法并不会影响到我们所涉及的具体统计技术，而只会稍微改变对结果的解释。

1.4.2 本书的结构

本书从讨论最简单的分类数据模型开始，之后到更复杂的模型和方法。我们先对有关连续因变量的回归模型所需的一般性概念进行了回顾。这是一个自然而然的起点，因为在连续变量的协方差和回归分析中用到的许多熟悉的概念与原理将被用到分类因变量的分析中。这些概念与回归模型的一般性取向在第 2 章中加以介绍。第 3 章讨论二分类数据模型以及与估计、模型建构和结果解释有关的问题。第 4 章概要介绍了相关关系的测量和针对列联表的模型。第 5 章基于第 3 章的内容介绍了用于多层（或分层）二分类数据的模型。第 6 章介绍了处理事件发生（event occurrence）随时间变化的方法。第 7 章和第 8 章概要介绍了分析多类别（polytomous 或 multinomial）响应变量的不同方法，这些变量采用次序或名义测量。

---

① 我们的网站一直在更新，上传了一些用若干软件进行分析的新例子。网站的超链接是 http：//webspace. utexas. edu/dpowers/www/，并可以通过 Yuxie. com 和 Powers-Xie. com 进行链接。

第 $\mathscr{2}$ 章

线性回归模型回顾

2.1　回归模型

本章回顾针对连续因变量的经典线性回归模型。我们假设读者已经熟悉了线性回归模型，因此这里不深究其细节。但我们会重点涉及一些有关线性回归模型的一般概念和原理，这将对后面讨论分类因变量的章节有用。

回归是在分析观测数据时应用最广泛的统计技术之一。如第 1 章提到的，观测数据的分析尤其需要一个结构的和多元的方法。在本书中，回归模型被用来揭示一个结果变量或响应变量与一些关键解释变量之间的净关系，同时控制其他干扰因素（confounding factors）。

回归模型被用来实现不同的研究目的。有时，回归模型旨在了解某一变量或一组变量对一个因变量的因果影响；其他时候，回归模型被用来预测某一响应变量的数值。总之，回归模型经常被看作是对因变量与自变量关系的简要概括。

2.1.1　回归的三个操作化概念

在面对大量的原始数据时，研究者会希望用一种既能反映基本信息而又不很失真的方法概括它。数据简化的范例包括频率表，或组别均值与方差。像大多数统计学方法一样，回归也是一种数据简化方法。在回归分析中，研究者的目的是基于自变量的一个简单函数尽可能准确地预测因变量的一批观测值。显而易见，回归模型预测的值不可能与观测值完全一样。从特性上看，回归将一个观测值分割成两部分：

$$\boxed{\text{观测部分}} = \boxed{\text{结构部分}} + \boxed{\text{随机部分}}$$

观测部分是因变量的实际值，结构部分表示因变量和自变量之间的关系，随机部分是结构部分不能解释的随机项。最后一项通常被看作三个成分的总和：忽略的结构因素、测量误差和“噪声”。忽略的结构因素在社会科学研究中是不可避免的，因为我们从不声称理解和测量了所有影响因变量的因果结构。测量误差是指数据记录、报告或测量的方法不准确。随机噪声反映的是人类行为或事件因不确定性而受影响的程度（即随机影响）。

如何解释回归模型依赖于回归对数据做何处理的操作化概念？我们提出三类不同的操作化概念。

因果性关系：$\boxed{\text{观测部分}} = \boxed{\text{真实的机制}} + \boxed{\text{扰动项}}$

预测性关系：$\boxed{\text{观测部分}} = \boxed{\text{预测部分}} + \boxed{\text{误差项}}$

描述性关系：$\boxed{\text{观测部分}} = \boxed{\text{概括部分}} + \boxed{\text{残差项}}$

这些操作化概念提供了三种不同的量化分析观点。第一种方法最接近于经典计量经济学中什么是可能被感知的观点，即模型可以准确反映“真实的”产生数据的因果机制。研究者的目标是要找到一个揭示数据产生机制的模型，或“真实的”因果模型。第一种方法可以被看作是在努力得到尽可能与决定性模型相近的模型。很多现代方法认为不存在“真实的”模型，但一些模型很有用、很新颖，或比其他方法更接近真实。

第二种方法将更加直接地应用于诸如工程之类的领域。给定一个自变量和因变量关系，目标是做很好的响应预测，产生新的数据。例如，假如一种材料的强度与制造过程中的温度和压力有关，假设我们用系统方法根据不同温度和压力取得了材料的一个样本。做模型的一个目的是发现能使材料最大强度的温度和压力值。社会科学家也使用这种建模方法来预测，用此方法识别在一些确定特征下处于某一特别结果的风险人群。

第三种方法反映了当前现代计量经济学和统计学的观点。模型是为了概括数据的基本特征，而不是歪曲它们。当评估面对同样现象的不同解释时，经常借用一条被称为奥克姆剃刀或简约原则的法则。当被应用于统计模型时，这条法则意味着如果两个模型同样解释了观察现象，那么，在新的证据提供例外情况之前选择较简单的模型。这个方法在一定程度上讲不同于第一种方法，它所问的问题不是模型是否"真实",而是模型是否符合事实。事实经常要求将以往的研究或理论形式化。因此,模型要求与理论或以往研究一致。

这些操作化概念之间并不相互排斥;一个独特解释的适用性视具体情况而定,尤其是研究设计和目标的性质。在社会科学中使用观测数据的大多数应用中,我们倾向于最后的解释(Xie,2007)。也就是说,统计模型的主要目的是用简单的结构和少量参数概括庞大的数据。对于这个回归模型的操作化概念,重要的是要记住在准确性和简约性之间做一个权衡。一方面,在一定程度上我们希望模型准确,即保留最大量的信息而使与残差有关的误差最小;另一方面,我们喜欢简约模型。要想保留信息,通常只有通过建立复杂模型才能做到,这就是简约化或简单化所付出的代价。准确性和简约性之间的张力在社会科学研究中是非常根本的问题,因此,我们会在本书中多次涉及它。

2.1.2 解剖线性回归

在一个回归模型中有三类变量:因变量、一组自变量和随机误差项。因为因变量对自变量依赖的准确属性是未知的,研究者经常将它近似地概括为包括一套未知参数或系数的线性关系。

连续型因变量,也称响应变量,通常被定义为 y。对于一个规模为 n 的给定样本,我们定义个体数据的值为 $y_i = y_1$,y_2,$\cdots$,y_n。我们可以设想 y 有许多可能的值共同构成一个总体(population)。像所有的随机变量一样,y 有一个均值、一个方差和一些描述其分布的参数。y 的均值或期望值被定义为 E(y)$=\mu$。我们也可以将 y 的均值看作是自变量的一个函数。例如,如果一个自变量对总体中的每一个要素具有特定的取值,而且 E(y)被表示为自变量的一个函数,那么每次观测就会有一个不同的均值 μ_i。

更一般地讲,与每个观测相关的是一组自变量,也称解释变量。这组自变量构成一个 n 行〔对应于 n 个分析个体单元(units)〕和 $K+1$ 列(对应于 K 个自变量加上一个常数①)的数据矩阵。我们将自变量的 $n \times (K+1)$ 矩阵定义为 $\mathbf{X}$,这里,K 是解释变量的总数。将第 i 个观测的 $\mathbf{X}$ 值定义为向量 $\mathbf{x}_i = (x_{i0}$,x_{i1},$\cdots$,$x_{iK})'$。为了不失一般性,我们在 $\mathbf{X}$ 的第一列包含一个单位向量(即

---

① 本书中用粗体符号表示该量为矩阵或向量。在可能的情况下,我们会用更加熟悉的"标量"(scalar)代表。一些矩阵代数的基本原理在附录 A 中介绍。

$x_{i0} = 1$），它的系数是截距。我们可以将以自变量为条件的均值 y 表示为：

$$E(y_i \mid \mathbf{x}_i) = \beta_0 + \beta_1 x_{i1} + \beta_2 x_{i2} + \cdots + \beta_K x_{iK} = \sum_{k=0}^{K} \beta_k x_{ik} = \mathbf{x}_i' \boldsymbol{\beta} \qquad (2.1)$$

β_k（$k = 0$，$\cdots$，K）是未知的回归系数或参数，需要依据样本数据进行估计。截距 β_0 可以被看作当所有的 x 变量为零时 y 的均值。剩下的 β_k（$k = 1$，$\cdots$，K）是回归斜率，反映的是当 x_{ik} 变化一个单位时 $E(y)$ 的变化量，同时，令其他的自变量为常数。符号 $\boldsymbol{\beta}$ 常被用来定义回归系数 $\boldsymbol{\beta} = (\beta_0$，$\beta_1$，$\cdots$，$\beta_K)'$ 的（$K +$ 1）$\times 1$ 向量。

在集中讨论 y 的期望值的时候，y 的分布的其他特征通常会被忽略。因为一个基于一组自变量的模型不能准确预测 y 的观测值，因此，有必要引入 ε_i（即误差、干扰项或残差项，依个人的喜好而定）。对于第 i 个观测，我们有：

$$y_i = \beta_0 + \beta_1 x_{i1} + \beta_2 x_{i2} + \cdots + \beta_K x_{iK} + \varepsilon_i = \sum_{k=0}^{K} \beta_k x_{ik} + \varepsilon_i = \mathbf{x}_i' \boldsymbol{\beta} + \varepsilon_i \qquad (2.2)$$

这个表达式将 y 分解为一个包含未知参数（$\boldsymbol{\beta}$）和一个残差项（ε_i）的 x 的线性函数。因为 ε_i 本质上是不可观测的，因此有必要将关于 ε_i 特征的假定加以简化。关于公式 2.2 中未知参数识别的一个关键假定是 ε 和 x 变量之间相互独立。其他假定常被用来提高功效（efficiency）。例如，通常假定 ε_i 之间相互独立且服从同一分布（identically distribution，i. i. d.）。独立假定意味着在一对观测之间 ε 的相关为零，而同一分布假定保证一个共同方差 σ_ε^2（即同方差性）。有了同一分布假定，公式 2.2 就可以用常规最小二乘法（OLS）估计，这将在 2.2.1 节介绍。

然而，即使没有同一分布假定，如果 ε 与 x 不相关，OLS 仍然是一个一致性估计量，这意味着当样本规模很大时，它收敛于参数向量。

2.1.3 统计推论的基础

为了理解估计和统计推论，有必要介绍总体量（参数）及其样本等价量（统计量）之间的区别。这种区别构成了统计推论的基础，即根据从总体中抽取的样本所包含的更为有限的信息来推断该总体特征。虽然推论在本书中仅局限于回归和回归类模型①中的参数估计和它们的标准误差，但是我们仍从推论的一般

---

① 因为这一点，我们不讨论理论上的因变量和抽样的或观察到的因变量数值之间标示符号的区别。

性讨论开始。

假设我们希望基于一个来自总体的简单随机样本做推论。既然我们未对整个总体进行观测，如 y 的总体均值等关键特征都是未知的，那么我们能够很容易地计算出样本的均值和其他的矩（moments），这些数值被称为样本统计量。但是，并不能确保样本统计量就是总体参数的很好近似。统计推论是统计学的分支，它主要关注用来自样本统计量的信息来获取与未知总体参数值有关的知识的问题。

2.1.3.1 估计

术语估计量是指用来获得样本统计量的特别方法或公式，即参数估计。对于一个给定的总体参数，可以有不同的、可供选择的估计量。在某些例外的情况中，不同的估计量会得到所关注总体参数的不同估计值。

值得强调的是，一个估计本身就是一个符合概率分布（或抽样分布）的随机变量的变现。取决于被抽中的特别要素，样本统计量会有不同的值。任何人都可以将任意估计视为许多可能估计中的一种，这些估计来自从同一总体中抽取的多个等规模随机样本。因此，根据一个简单随机样本计算得到的样本均值仅仅是许多重复抽样样本均值中的一个。此外，不同估计量或估计方法经常产生不同的总体参数估计，在这种情况下必须在估计量中做出选择。例如，当分布是正态的时候，样本中位值和均值两者都可以作为总体均值的估计量。这些估计量的抽样分布是不同的。

我们按照估计量满足一些期望属性的程度对它们进行判断。估计量的其中一个期望属性是无偏性。当一个估计量的期望值等于待估的真实参数值时，我们说这个估计量是无偏估计。当有多个无偏估计量时，一个好估计量的选择将取决于无偏性之外的标准。在所有的无偏估计量中，我们选择在它的抽样分布中方差最小的估计量。这种方差最小的期望属性被称为有效性（efficiency）。关于一个统计量均值的变化范围的信息可以用一个总体参数值加上上限和下限来表示。这些范围构成了所关注总体参数的区间估计（或置信区间）。区间的范围将由研究者期望的置信水平和估计量的方差决定。

2.1.4 准确性和简约性之间的张力

总体均值的估计是与估计下面的简单回归方程等价的：

$$y_i = \beta_0 + \varepsilon_i \tag{2.3}$$

也就是说，模型表明 y_i 的值散布在均值 β_0 的周围，作为差异的随机误差是

ε_i。预测值为 $\mathrm{E}(y) = \mu = \beta_0$。在实际的研究工作中，通常需要进行多元分析，相应地有许多参数需要估计。

在一个统计模型中，准确性和简约性之间总是存在张力。就"简约性"来讲，通常意味着统计模型参数较少；而"准确性"则意味着再现数据的能力，由拟合优度统计量测量。[①] 尽管准确性和简约性二者都是统计模型所期望的属性，但是实现其中任何一个都是以另一个为代价的。在一种极端的情况下，最准确的模型可能正好再现了数据，即任何预测值都等于相应的观测值（即预测值 = 观测值），这种模型被称为饱和模型（saturated model）。饱和模型要求每一个参数对每一个数据点都能以数学方式加以估计。换句话说，有多少数据点就有多少参数。饱和模型不会减少观测数据的信息量。在另一种极端的情况下，一个非常简约的模型，如公式 2.3，只有一个表示总体均值水平的简单参数。这类简约模型不能反映数据的系统变异（variation），因此对现实的描绘不很准确。在实际的研究工作中，研究者经常采取折中的方法寻找简约而又尽可能少地丢失信息的模型，从而在简约性和准确性两种需求之间求得平衡。寻找模型的目的是要找到用尽可能少的参数描述数据基本特征的模型。

嵌套或层次模型提供了一个旨在寻找模型的方法。如果一个模型是另一个模型的特例，则称二者是嵌套的。我们来看下面的模型：

（A）$y_i = \beta_0 + \beta_1 x_{i1} + \varepsilon_i$

（B）$y_i = \beta_0 + \beta_1 x_{i1} + \beta_2 x_{i2} + \varepsilon_i$

（C）$y_i = \beta_0 + \beta_2 x_{i2} + \varepsilon_i$

（D）$y_i = \beta_0 + \beta_1 (x_{i1} + x_{i2}) + \varepsilon_i$

模型（A）嵌套在模型（B）中，因为如果令 $\beta_2 = 0$，则（A）是（B）的特例。相同地，模型（C）嵌套于模型（B）中。然而，模型（A）和（C）相互不具有嵌套关系。如令 $\beta_1 = \beta_2$，则模型（D）嵌套于模型（B）中，但不嵌套于（A）或（C）中。

对于一对嵌套或层次模型，没有约束条件的模型被称为非约束性模型，有约束条件的模型被称为约束性模型。重要的是要知道，对于多数拟合优度统计量而言，减少约束条件会提高拟合优度，或者至少不会更糟。应该问的正确问题不是非约束性模型是否比约束性模型拟合得更好，因为情况几乎总是如此。关键问题

---

① 这里的"数据"可能来自样本或整个总体。

是相对于大量增加参数（即增加约束条件）来讲，非约束性模型是否比约束性模型显著地拟合得更好。具体来讲，我们需要评估拟合优度的提高是由于真实的改进还是由于抽样误差引起的简单随机波动。对于线性回归而言，这些评估是通过使用基于残差平方和的减少或其他的误差削减比例（proportionate reduction in error，PRE）标准的 F 检验来进行的。对于本书中介绍的非线性模型，大多数评估都基于似然比检验，即在模型中增加一个参数时，评估数据似然值增加的程度。

2.2　再谈线性回归模型

线性回归模型适合连续型测量的因变量。这一节我们再次回顾此类关于连续型因变量的条件均值模型。尽管"回归"这一术语近年来变得不大受限制，但与回归分析有关的主要目标仍然是估计得到条件均值。正如我们即将展示的，回归类模型可以在许多情形中加以使用；我们在宽泛的意义上使用回归这一术语来指任何条件预测问题。

2.2.1　最小二乘估计

对于一个连续测量的随机变量 y 来讲，回归的一个目的是用一组来自 n 个观测样本的自变量 K 估计 y 的总体均值，并推断 y 的期望值如何随 x_k 变化，或了解 x_k 对 y 的影响。y 与解释变量之间的关系被表达为一个线性模型，如公式 2.2。最小二乘（LS）估计是找到最佳 β 值的一个简单方法。那些能够使误差方差最小的值或者使围绕条件均值的方差平方和最小的值就是最佳值。我们将 y 的条件均值函数重新写为 μ_i，这里，$\mu_i = \sum_{k=0}^{K} \beta_k x_{ik}$。最小二乘估计的目标是找到 β 的估计值，从而使围绕条件均值的误差平方和尽可能小。更正式地讲，令 $\varepsilon_i = y_i - \mu_i$，目标是使下列方程最小化：

$$S(\boldsymbol{\beta}) = \sum_{i=1}^{n} \left(y_i - \sum_{k=0}^{K} \beta_k x_{ik} \right)^2 = \sum_{i=1}^{n} (y_i - \mu_i)^2 = \sum_{i=1}^{n} \varepsilon_i^2 \qquad (2.4)$$

要使 $S(\boldsymbol{\beta})$ 最小化可以通过求解 $S(\boldsymbol{\beta})$ 对 β_k 的偏导数来实现：

$$\frac{\partial S(\boldsymbol{\beta})}{\partial \beta_k} = -2 \sum_{i=1}^{n} \left(y_i - \sum_{k=0}^{K} \beta_k x_{ik} \right) x_{ik} = 0, \quad k = 0, \cdots, K \qquad (2.5)$$

偏导数描述了在任何给定 β 值的结构下平方和函数的斜率或变化率。如果公式（2.4）取得最小值，平方和函数的变化率将为零。最小二乘技术得到一组（$K+1$）个标准公式，这些公式在同时求解 β 时给出最小二乘估计值。最小二乘求解可以方便地用矩阵的形式表示为：

$$\mathbf{b} = [\mathbf{X'X}]^{-1}\mathbf{X'y} \qquad (2.6)$$

这里，$\mathbf{b}$ 是被估计的回归系数向量，$\mathbf{X}$ 是自变量的 $n \times (K+1)$ 矩阵，$\mathbf{y}$ 是因变量取值的 $n \times 1$ 向量。在 i.i.d. 假定下，高斯 – 马尔可夫定理表明公式 2.6 中的 $\mathbf{b}$ 在所有线性无偏估计量中是最佳的（the best among all linear unbiased estimators，BLUE，即最有效率的），其方差和协方差为：

$$\mathrm{var}(\mathbf{b}) = \sigma_\varepsilon^2 (\mathbf{X'X})^{-1} \qquad (2.7)$$

请注意，$\mathrm{var}(\mathbf{b})$ 是一个 $(K+1) \times (K+1)$ 矩阵，其对角线元素是估计值的方差，非对角线元素是估计值之间的协方差。

2.2.2　最大似然估计

线性回归模型同样也可以用最大似然（ML）技术加以估计。最大似然估计的主要目标是找到使样本似然值 L 最大化的参数值，也可以将它看作样本的联合概率分布（或联合密度）公式。[1] 似然函数产生一个与实际观测数据的联合分布（或似然）成比例的数值。假定观测相互独立，那么，根据独立事件联合概率的一般法则，似然函数的个体构成可彼此相乘。

例如，用 y_1，y_2，$\cdots$，y_n 表示一个由取自某一总体的独立观测所构成的随机样本，且该总体的密度函数为 $f(y \mid \theta)$，这里，θ 是描述 y 的总体分布特征的一个未知参数。样本的联合密度函数是个体密度函数之积，表达式为：

$$L = \prod_{i=1}^{n} f(y_i \mid \theta)$$

最大似然估计的目标是寻找一组未知参数值使 L 尽可能大。[2] 通常用对数似然函数最大化来代替似然函数最大化更为方便。因为对数是一个严格的单调变

---

① 附录 B 介绍了最大似然（ML）估计的更多技术细节。
② 注意，在前面的例子中，针对单个参数（θ）使 L 最大化。一般地，L 取决于参数值（$\boldsymbol{\theta}$）的一个向量。

换，能够使 L 最大化的数值也能使 L 的对数最大化，公式可以写为：

$$\log L = \sum_{i=1}^{n} \log f(y_i \mid \theta)$$

对于这个例子，仅涉及单个参数，当以 θ 为条件的 L 对数的变化率为零时，取得最大值。这个条件被称为一阶条件。用数学语言表达，这个条件就是使对数 L 对 θ 的一阶偏导等于 0，并对 θ 求解：

$$\frac{\partial \log L}{\partial \theta} = 0$$

求解此式得到最大似然估计值（MLE）$\hat{\theta}$。

当求解 θ 时，为了保证 L 的对数最大化，必定是对数 L 的斜率降低到 MLE 附近时的情形。这个条件被称为二阶条件，由对数 L 对 θ 的二阶偏导表示：

$$\frac{\partial^2 \log L}{\partial \theta^2} < 0$$

图 2－1 描绘了单参数 θ 情形下的最大似然估计原理。请注意，在本书的多元回归和其他模型的讨论中，似然方程需要对 $K+1$ 个模型参数求解。不像最小二乘法，最大似然法要求我们对以 x 为条件 y 的分布或残差的分布做出假定。假定不可观测的误差（ε_i）是独立的且完全服从均值为零、方差为 σ_ε^2 的正态分布。我们可以将 ε 的概率分布函数或密度函数写为 $f(\varepsilon)$。

$$f(\varepsilon) = \frac{1}{\sqrt{2\pi}\sigma_\varepsilon}\exp\left[-\frac{1}{2}\left(\frac{\varepsilon}{\sigma_\varepsilon}\right)^2\right] \tag{2.8}$$

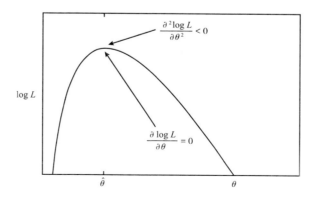

图 2－1　关于 θ 的 L 对数的最大化

请记住，$\varepsilon_i = y_i - \sum_{k=0}^{K} \beta_k x_{ik}$。对于第 i 个观测，其密度函数可以被写为：

$$f(\varepsilon_i) = \frac{1}{\sqrt{2\pi}\sigma_\varepsilon} \exp\left[\frac{-1}{2\sigma_\varepsilon^2} \left(y_i - \sum_{k=0}^{K} \beta_k x_{ik} \right)^2 \right]$$

样本的似然值等于所有样本个体 $f(\varepsilon_i)$ 的乘积，所得到的表达式为数据和未知参数的函数。

$$L = \prod_{i=1}^{n} f(\varepsilon_i) = \frac{1}{(\sqrt{2\pi}\sigma_\varepsilon)^n} \exp\left[\frac{-1}{2\sigma_\varepsilon^2} \sum_{i=1}^{n} \left(y_i - \sum_{k=0}^{K} \beta_k x_{ik} \right)^2 \right]$$

对数似然值可以表示为：

$$\log L = -\frac{n}{2}\log(2\pi\sigma_\varepsilon^2) - \frac{1}{2\sigma_\varepsilon^2} \sum_{i=1}^{n} \left(y_i - \sum_{k=0}^{K} \beta_k x_{ik} \right)^2$$

正如偏导在最小二乘估计中的作用一样，它在最大似然估计中也扮演着重要角色，因为当一阶偏导为零时，用它可以求得函数的最大值和最小值。正如在最小二乘法的情况下，可以找到关于未知参数的对数 L 的偏导表达式。最大似然估计通过令这些表达式为零并对未知参数求解得到：

$$\frac{\partial \log L}{\partial \beta_k} = \frac{1}{\sigma_\varepsilon^2} \sum_{i=1}^{n} \left(y_i - \sum_{k=0}^{K} \beta_k x_{ik} \right) x_{ik} = 0, \quad k = 0, \cdots, K \tag{2.9}$$

因为公式 2.9 仅多了一个没有 β 的常数项而不同于公式 2.5，使公式 2.9 最大化的 **b** 值同样能使公式 2.5 最小化。因此，在这种特殊情况下，OLS 估计值可以被看作是 MLE 估计值。通常，除了几种模型外，不会发生这种情况。前面概述的基本步骤可以用来寻找任何最大似然估计值。然而，对于大多数模型而言，简单的封闭解（closed-form solutions）并不存在，对 MLE 值的逐次近似必须反复迭代计算（见附录 B）。

2.2.3　最小二乘回归的假设

回归模型最小二乘估计的关键假定是线性、x 和 ε 的独立性与 ε 的 i.i.d. 性质。我们将简要回顾它们。

线性：线性是指 y 的条件均值是变量 x 的一个线性函数，即 $\mu_i = \sum \beta_k x_{ik}$。当自变量和因变量之间的关系呈非线性时可能出现设定错误（specification errors）。在很多情况下，可能的方法是将非线性函数变换成线性函数。例如，一个包含乘积扰动项（multiplicative disturbance）的非线性回归可以被写为：

$$y_i = \alpha x_i^{\gamma} \delta_i$$

这个公式可以通过对等式两边取对数变换得到一个对数线性回归模型：

$$\ln y_i = \beta_0 + \beta_1 \ln x_i + \varepsilon_i$$

这里，$\beta_0 = \ln \alpha$，$\beta_1 = \gamma$，$\varepsilon_i = \ln \delta_i$。常规最小二乘法可以用在变换的方程中，得到仍具有其期望属性的估计值。当某种变换不能使模型参数线性化时，需要采用替代的估计方法，如非线性最小二乘法。

x 和 ε 的独立性：为了识别 $(K+1)$ 个未知参数 β，x 和 ε 之间的独立性假定是必要的。此假定可以用两种方式加以满足。一种方式是通过设计使 x 固定不变。即在重复抽样的情况下，虽然 y 不断变化，但 x 在固定水平上不变。另一种方式是将 y 和 x 都看作随机变量，但假定 ε 独立于 x。x 和 ε 的独立性（或正交性）是保证最小二乘估计量无偏性的一个条件。当此条件得到满足时，LS 估计量也是渐近无偏的或一致的。

ε 的 i.i.d. 性质：尽管 i.i.d. 假定要求 ε 独立且服从同一分布，但不必指定 ε 的实际分布。在大样本的情况下，根据中心极限定理，我们仍然可以用通常的 Z 检验对 β 做统计推论。然而，在小样本情况下，需要有关 ε_i 的正态性假定来确保使用 t 检验是合理的。

虽然 LS 估计量的无偏性和一致性不需要 ε 的 i.i.d. 假定，但在 i.i.d. 假定下，使得 LS 估计量在所有线性无偏估计量中是最佳的（BLUE，即最有效率的）。注意，i.i.d. 假定意味着 ε 的方差不变（同方差性）和不存在 ε 的自相关。①

如果有一个额外的假定，即当 ε 服从正态分布时，LS 估计量会与 MLE 一致，因为两种方法对同一组正态方程进行求解。MLE 在无偏估计量中是最佳无偏估计量（BUE），但是，因为 MLE 可以是非线性的，ML 解释情况下的有效性比 LS 解释情况下的有效性更宽泛。宽泛地讲，MLE 情况下的统计推论经常是基于大样本或渐近的属性进行的。可以证明，当样本规模趋于无穷大时，MLE 是一致的（渐近无偏的），并取得一个一致性估计量能具有的最小方差。

---

① 自相关或系列相关被定义为观测误差的相关（非独立性）。在时间序列数据中，自相关是最常见的，这里，ε 在时间 t 的一个较大值与在时间 $t+1$ 的 ε 较大值相联系。当个体是同质群体的成员时，如同一个班级、学校或学区的学生，或家庭或亲缘关系中的个体，也会产生自相关。

2.2.4 条件均值的比较

连续型因变量回归模型可以处理连续型和分类型自变量。在回归模型中分类变量可以很容易处理。例如，假设我们想比较三个种族分类——白人、黑人和西班牙裔——之间的收入，我们可以建构虚拟变量表示不同的组。然后，这些虚拟变量就可以像任何其他解释变量一样被用在回归模型中。[①] 当虚拟变量表示某种属性时赋值为 1，其他则为 0。假设在此模型中个人收入与种族的关系如下：

$$y_i = \alpha_W W_i + \alpha_B B_i + \alpha_H H_i + \varepsilon_i$$

这里，W 是一个虚拟变量，只要问题的回答者是白人则赋值为 1，其他则为 0；同样地，B 和 H 是定义黑人和西班牙裔的虚拟变量。从上面的公式可以看到，模型给出的白人、黑人和西班牙裔的组平均值分别为 α_W、α_B 和 α_H。但是，一般情况下，回归模型包含一个常数项。要包含一个常数项就得去掉一个虚拟变量项以避免完全线性依赖或欠识别。最终估计得到一个包含一个常数项和两个虚拟变量影响的模型。去掉 W 的结果为：

$$y_i = \alpha + \beta_B B_i + \beta_H H_i + \varepsilon_i$$

模型的截距现在表达的是白人的平均收入。该模型给出的黑人的期望收入为 $\alpha + \beta_B$。同样地，$\alpha + \beta_H$ 是西班牙裔的收入平均值。因此，参数 β_B 和 β_H 分别反映的是黑人和白人之间、西班牙裔和白人之间平均收入的差异。

通过设定任意的约束条件以取得模型参数唯一解的步骤被称作标准化（normalization）。前面介绍的标准化被称作回归编码或虚拟变量编码，这只是处理名义变量的众多可能方法中的一种。在某些情况下，也可能需要分类变量影响的某种替代解释。方差分析（ANOVA）在统计上等价于包含虚拟变量的回归分析。但是，一般地，在方差分析中，对分类变量进行编码是为了使所得参数反映出与平均值的差异，而不是对某一参照类的偏差。这也被称为方差分析编码（ANOVA coding）或对中效应编码（centered effect coding）。方差分析编码限定虚拟变量的效应之和等于 0。也就是说，对于一个包含 J 个类别的定性变量，有

---

① 定义虚拟变量的方法有很多种。这里，我们比较回归编码方法（regression coding approach）与效应（或方差）编码方法（effect or ANOVA coding approach）。

$\sum_{j=1}^{J} \alpha_j = 0(j = 1, \cdots, J)$。在组规模相等的情况下（即当 $n_1 = n_2 = \cdots = n_J$ 时），截距项代表总平均值（overall or grand mean）。如果组规模不相等，它可以是任意的标准化均值。回归编码或方差分析编码设计可以获得同样的模型，但是，参数估计值的解释却不同。在接下来的章节中，我们会经常用到虚拟变量。

2.2.5　弱假定的线性模型

在研究过程中，i. i. d. 假定通常是不现实的。违背该假定的形式多种多样，其中主要的两类是异方差和自相关。对于连续型因变量，当 i. i. d. 假定被违背时，OLS 估计量是无效的，但仍然是无偏的和一致的。

当 i. i. d. 假定被违背时，违背的结构有时是已知的。研究者利用此附加信息可以通过一般化最小二乘（GLS）法来提高有效性，这一方法被广泛用来纠正异方差以及自相关问题。GLS 估计量是公式 2.6 中我们熟悉的 OLS 估计量的一般化形式。令残差的方差－协方差矩阵由矩阵 $\boldsymbol{\psi}_{n \times n} = V(\boldsymbol{\varepsilon})$ 表示，那么，GLS 回归估计量为：

$$\mathbf{b}_{\mathrm{GLS}} = [\mathbf{X}'\boldsymbol{\psi}^{-1}\mathbf{X}]^{-1}\mathbf{X}'\boldsymbol{\psi}^{-1}\mathbf{y} \tag{2.10}$$

其方差－协方差矩阵为：

$$\mathrm{var}(\mathbf{b}_{\mathrm{GLS}}) = \sigma_{\varepsilon}^2[\mathbf{X}'\boldsymbol{\psi}^{-1}\mathbf{X}]^{-1} \tag{2.11}$$

矩阵 $\boldsymbol{\psi}^{-1}$ 被看作加权矩阵（weighted matrix），从中可以看到 GLS 基本上是对原来的 y 和 x 变量进行变换，以使所得回归方程满足 i. i. d. 假定。因此，当满足 i. i. d. 假定时，GLS 估计量具有 OLS 的所有预期属性：无偏性、一致性、有效性和渐近的正态性。当 $\boldsymbol{\psi}$ 未知时，由它的估计值代替，得到的估计量被称为 EGLS（估计的 GLS）或 FGLS（可行的 GLS）估计量。如果违背的结构未知或难以设定，研究者仍然可以选用 OLS，但是估计值的方差/协方差的常用公式（即公式 2.7）是不正确的，应该用渐近"稳健"的公式（也称 Huber-White 估计量）（Greene，2008）。

我们在本节的后面会举例说明应用于分组数据的 FGLS 估计量。在这个例子中，FGLS 得到一个估计量，它与最大似然估计量具有同样的大样本属性。FGLS 估计量也可以通过每次迭代不断更新加权矩阵加以使用。这一技术产生迭代再加权最小二乘（IRLS）估计量，它可以应用于本书中的许多模型。迭代再加权最小二乘估计等价于第 3 章、第 4 章以及第 6 章中许多模型的最大似然估计。附录 B 在最大似然估计和一般化线性模型的背景下提供了有关此估计量的更多细节。

2. 2. 5. 1　FGLS 估计的例子

现在我们利用事件数和处于事件风险中的时间信息介绍如何将 FGLS 技术用来估计对数 – 比率模型（log-rate model）。我们将在第 6 章中更加详细地介绍此模型。现在我们简单介绍怎样用熟悉的回归技术估计一个非线性模型。在接下来的例子中，我们想知道年龄和时期对婴儿死亡率的影响。表 2 – 1 提供了可用于建构年龄 – 时期别发生率的数据。研究论文中经常提供类似于表 2 – 1 的概括性表格，这使得我们很容易进行二次分析（如 Lithell，1981）。[①]

表 2 – 1　瑞典于默奥市婴儿出生后前 6 个月的死亡数

年　龄	时　　期			
	1805 ~ 1807 年		1811 年	
	y	n	y	n
第 1 周	19	1073	10	339
第 2 ~ 4 周	70	3084	23	967
第 2 ~ 6 月	134	18520	69	4611

我们将经验发生率定义为：

$$\tilde{p}_i = \frac{y_i}{n_i}$$

这里，y_i 表示某一给定时期内死于某一年龄段的婴儿数量（事件数），n_i 表示某一给定时期内在某一特定年龄段内经历死亡风险的人 – 周生命时间总数。分母中的 n_i 代表该年龄和时期处于死亡风险中的暴露量（exposure）。[②]

因为率必须是正的，保证这一点的一个方法是使模型在对 $\tilde{p}$ 取对数后线性化。对数 $\tilde{p}$ 的线性模型被称为对数概率模型（log-probability model）。当发生率可以被表达为事件数与暴露时间之比，且 $n_i \geq 20$ 和 $p_i < 0.05$ 时，也可以将此模型称为对数 – 比率模型。可以用 FGLS 估计对数 – 比率模型。回归模型可以写为：

---

① 我们感谢 Jan Hoem 提供了这些数据。

② 我们所说的"率"，从技术上讲是一个比例。然而，当 n_i 很大（通常认为 $n_i \geq 20$）和 p_i 很小（通常取 $p_i < 0.05$）时，比例将会接近率。在这种情况下，我们将生命的每个星期视为贝努里试验。在单个试验中，婴儿要么死亡（以概率 p），要么存活（以概率 $1-p$）。这样，年龄/时期人口死亡率实际上是一个概率，使用与特定年龄/时期分类相对应的死亡数（y_i）和试验数（n_i）以贝努里试验的方式估计得到该概率。

$$\log p_i = \beta_0 + \beta_1 A2_i + \beta_2 A3_i + \beta_3 P2_i + \varepsilon_i$$

这里，$A2$ 是表示第二个年龄段（第 2~4 周）的（0，1）虚拟变量，$A3$ 是代表第三个年龄段（第 2~6 月）的虚拟变量，$P2$ 是表示第二个时期（1811 年）的虚拟变量，且 $\varepsilon_i = \log \tilde{p}_i - \log p_i$。虚拟变量编码——将每个变量的第一个类别作为参照类——将得到表 2-2 给出的列向数据矩阵，这是适合标准回归程序的数据输入格式。

表 2-2　列向布局的数据文件

y	N	$A2$	$A3$	$P2$
19	1073	0	0	0
70	3084	1	0	0
134	18520	0	1	0
10	339	0	0	1
23	967	1	0	1
69	4611	0	1	1

对数-比率模型是一个异方差回归模型的例子，其误差方差会随着年龄和时期的变化而不同。实际上，可以将误差方差看作比率的一个函数〔即 $\text{var}(\varepsilon_i) = (1 - p_i)/n_i p_i$〕，很明显，误差方差与样本规模成反比（如 Maddala，1983）。[1]

一般化最小二乘估计会用到一个由方差的倒数给出的加权矩阵。当经验比率被替代时，FGLS 权重为：

$$w_i = \frac{n_i \tilde{p}_i}{1 - \tilde{p}_i}$$

这里，不再是使公式 2.4 最小化，而是使加权平方和最小化。以 $\mathbf{x}_i$ 替代自变量（包括常数项）向量、以 y_i 替代因变量 $\log \tilde{p}_i$，则有

$$\begin{aligned} S(\boldsymbol{\beta}) &= \sum_i w_i (y_i - \mathbf{x}_i' \boldsymbol{\beta})^2 \\ &= (y_i - \mathbf{x}_i' \boldsymbol{\beta})' \mathbf{W} (y_i - \mathbf{x}_i' \boldsymbol{\beta}) \end{aligned} \tag{2.12}$$

---

[1]　一个统计上更加正确的方法是假定在一个时间间隔期 n_i 内，死亡数 y_i 服从比率为 p_i 的泊松分布。在这种情况下，对数 $\tilde{p}_i$ 的方差很简单，为 $1/y_i$。权重为 y_i 的加权最小二乘回归将产生与表 2-3 同样的结果。

它的解为：

$$\mathbf{b}_{\mathrm{GLS}} = [\mathbf{X'WX}]^{-1}\mathbf{X'Wy}$$

这里，$\mathbf{W}$ 是主对角线元素为 w_i、其他为 0 的对角线矩阵，且等于 $\mathbf{\psi}^{-1}$。

FGLS 估计量的方差是：

$$\mathrm{var}(\mathbf{b}_{\mathrm{GLS}}) = \sigma_{\varepsilon}^2[\mathbf{X'WX}]^{-1}$$

FGLS 的解也可以对转换变量使用 OLS 获得。在这种情况下（使用公式 2.12），我们用 $\sqrt{w_i}$ 乘以 $\log \tilde{p}_i$，并且用 $\sqrt{w_i}$ 乘以每个自变量（包括 1 这个常数向量）。然后，估计值的标准误应当除以模型报告的均方误（mean squared error，MSE）。

表 2-3 给出了以不同模型拟合表 2-1 中数据所得的估计值和标准误。结果显示，FGLS 估计值与通过假定婴儿死亡数服从泊松分布所得的最大似然估计值接近。因为模型在取对数后的比率上是线性的，我们用指数变换重新求得估计的死亡率。令 $b_k(k=0,\cdots,K)$ 表示 FGLS 估计值，则估计的（或预测的）率 $\hat{p}_i$ 可以表示为：

$$\hat{p}_i = \exp(b_0 + b_1 A2_i + b_2 A3_i + b_3 P2_i)$$

表 2-3　对数-比率模型的 OLS、FGLS 和 ML 估计值

变　量	OLS 估计值（标准误）	FGLS 估计值（标准误）	ML 估计值（标准误）
常数	-3.993	-4.042	-4.037
	(0.206)	(0.188)	(0.190)
A2	0.017	0.136	0.112
	(0.246)	(0.211)	(0.213)
A3	-0.787	-0.821	-0.826
	(0.246)	(0.196)	(0.199)
P2	0.428	0.535	0.519
	(0.201)	(0.119)	(0.120)

我们可以通过建构不同年龄段和时期的估计率（rate）的比值（ratio），来估计在任一年龄和时期估计相对于任何其他年龄和时期的死亡风险。有关相对风险概念的更多内容将在第 3、第 4 和第 6 章介绍。在本例中，婴儿在 1811 年死亡的风险估计值相对于在 1805~1807 年这一时期死亡的风险估计值（控制年龄）可

以简单地通过对 P2 的回归系数取指数求得，即 exp（b_3）= exp（0.535）= 1.71。因此，基于此模型，死于时期 2 的估计风险是时期 1 的 1.71 倍。我们可以用与 A2 和 A3 相关的估计值进行类似的计算，得到估计的年龄别风险（控制时期）。①

2.3 分类变量和连续型因变量之间的区别

分类变量取有限个可能值。当它们被用作回归中的自变量时，其作用可由虚拟变量加以解释。但是，当用作因变量时，分类变量需要进行特殊处理。如果它们在为连续型因变量而设计的经典回归模型中被用作因变量，那么，估计的和实质的问题都会出现。在此情况下，预测就会成为一个尤为严重的问题。对一个分类因变量拟合线性回归模型可能导致预测值超出因变量的合理取值范围。为了说明这一点，设想一个二分类因变量 y，它的取值在 0 至 1 之间。

如图 2 - 2 所示，一个 y 对 x 的线性回归意味着，如果 x 可以任意取值的话，预测线（predicted line）将不可避免地落在 [0, 1] 范围之外。显然，这是不合理的。通常比较合理的假定是 y 和 x 之间的关系在 y 接近 0 或 1 时变得更不明显。这种非线性关系可以由逻辑斯蒂回归模型来表达，这将在第 3 章加以解释。但是，许多其他变换也可以保证预测结果落入 [0, 1] 范围内。

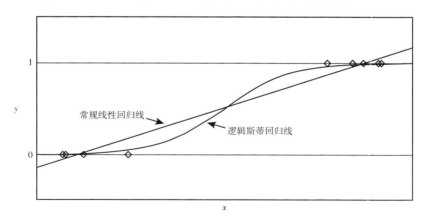

图 2 - 2 二分类数据的逻辑斯蒂回归与线性回归的比较

---

① 我们在 FGLS 模型中固定 MSE 为 1。

2.3.1 工作类型学

有关分类因变量的模型包括那些针对二分类变量、次序变量、非次序多分类变量、频次计数和删失连续型变量的模型。本书介绍可以用单一公式形式表达的回归类模型。表 2–4 中的类型分类提供了一个针对回归模型处理连续型和分类型数据的示意性指导。

案例 1~2 是本章所讨论的针对条件均值估计的经典回归方法。案例 3~4 包含二分类因变量，这些将在第 3 章、第 5 章讨论，第 6 章也略有涉及。案例 5~8 处理次序和名义因变量，将在第 7 章和第 8 章讨论，第 4 章也略有涉及。案例 9 是处理交叉分类数据的方法，将在第 4 章讨论。案例 10 涉及对比率的分析，将在第 6 章讨论。在"分析模型"一栏内，我们仅对相当宽泛的——有时是不同类型的——相关方法和模型给出了简要标注。

表 2–4　回归模型的类型

因变量	自变量	分析模型	案例
连续型变量	连续型变量	回归,相关	1
连续型变量	分类变量	回归,方差分析	2
二分类变量	分类变量	Logit/probit 模型,对数线性模型	3
二分类变量	连续型变量	Logit/probit	4
非次序多分类变量	分类变量	对数线性模型,多类别 logit 模型	5
非次序多分类变量	连续型变量	多类别 logit 模型	6
次序多分类变量	分类变量	次序 logit/probit 模型,对数线性模型	7
次序多分类变量	连续型变量	次序 logit/probit 模型	8
交叉分类数据	分类变量	对数线性模型	9
删失持续期数据	分类变量、连续型变量	对数线性模型,logit 或互补双对数模型	10

第 3 章

二分类数据模型

3.1　二分类数据介绍

在社会科学的许多领域，都会碰到从两个可能取值中取一个值的因变量。例如，一位年轻人可能高中毕业或未能毕业；一位工人可能被雇用或失业；一位处在临床试验中的病人在一个观察期内对治疗可能有反应或没反应。这类数据——具有两种可能的结果——被称为二分类数据。习惯上，其结果通常被描述为成功或失败。关注的实质结果一般被看作成功（$y=1$），而它的反面则被看作失败（$y=0$）。在此条件下，社会科学和生物科学研究领域中的学者经常将不成功的结果看作"成功"，如未能高中毕业，失业，或者在临床研究期间死亡。二分类变量也被称为（0，1）变量。对于二分类因变量，研究者的目标是以一组自变量为条件来估计或预测成功或失败的概率。

在最基本的层次上，二分类变量（0，1）的分析单位是个体，因此，每个人只能有一次试验，结果要么是 1（成功），要么是 0（失败）。这种试验类型被称为贝努里试验。一次贝努里试验有一个参数（p），即成功的概率。贝努里概率分布函数可以表示为：

$$\Pr(y \mid p) = p^y(1-p)^{1-y} \tag{3.1}$$

它给出成功的概率为 $\Pr(y=1)=p$，失败的概率为 $\Pr(y=0)=1-p$。从原理上讲，当成功的概率被建模为解释变量的函数时，可以取不同的数值。例如，第 i 个人高中辍学的可能性将取决于个体的许多特征，可记为 p_i。在实践中，当解释变量为分类变量时，研究者通常会将观测案例按二分类（0，1）结果加以分组。这类数据也常用列联表（或频数表）的形式加以呈现。例如，我们可能收集每一种族按性别分类的高中辍学人数。数据可以表示成一个 $2 \times 2 \times R$ 列联表，即频数可以按照 2 个可能的结果、2 个性别分类和 R 个种族分类做成交叉表。像我们在后面将要展示的，这张表中包含的关键信息是在每个性别 × 种族单元格中总试验的成功次数。如果每个单元格中所有的个体相互独立并一致符合贝努里试验分布，总的成功（或失败）数量遵循双参数 p 和 n 的贝努里分布，这里，n 是每一单元格的总试验数。贝努里概率函数可以表示为：

$$\Pr(y \mid n,p) = \binom{n}{y} p^y (1-p)^{n-y} \tag{3.2}$$

本章介绍适用于分组和个人水平的二分类数据的模型。我们从应用于分组（或重复）二分类数据的二项式模型开始。这些模型在直觉上就有吸引力，并且可以用简单的最小二乘法进行估计。许多概念将继续用来讨论个体水平的二分类数据。

3.2 变换的方法

对二分类数据建模的变换或统计方法源于这样的想法：样本数据和加以建模的总体量之间存在着一一对应关系。当数据按照分类自变量的排列进行分组时，这个想法是最为直接的。对于分组数据，频次计数可被变换为比例，这就是总体水平上的条件概率估计值。在线性概率模型的情况下，因变量是样本比例或经验概率（即总体比例的一个估计值），并且采用经典回归模型加以建模，用 OLS 或 FGLS 进行估计。像我们将看到的，此技术并不能保证预测的条件概率处在 [0，1] 范围内。这个缺陷在 logit 和 probit 模型中可以被避免，在这些模型中，变换被用来保证估计的条件概率被限定在 [0，1] 范围内。

3.2.1 线性概率模型

线性概率模型提供了一个讨论二分类因变量的好的起点。对于个体水平数据，线性概率模型使用二分类（0，1）因变量。对于非分组数据，我们并不推荐用线性概率模型，因为这样会违背 OLS 估计的若干假定。对于分组数据，这并不会有太大的问题，部分原因在于因变量上存在更多的变异，因为它是一个比例而不是一个二分类变量。对分组数据来讲，一张列联表就能够包含所有的信息。表 3-1 汇总了按种族（白人、黑人和西班牙裔）、性别（男性和女性）与家庭结构（完整家庭和不完整家庭）进行分类的高中毕业生的数量（y/n），原始数据来自全国青年跟踪调查（National Longitudinal Survey of Youth，NLSY）的一个年龄在 25～30 岁的子样本（Center for Human Resource Research，1979）。[①]

表 3-1　按种族、性别和家庭结构分类的高中毕业生

种　　族	完整家庭				不完整家庭			
	男性		女性		男性		女性	
	y	n	y	n	y	n	y	n
白　　人	843 (86%)	982	864 (93%)	931	168 (69%)	243	161 (77%)	208
黑　　人	346 (78%)	441	360 (88%)	410	231 (69%)	337	225 (80%)	283
西班牙裔	237 (78%)	305	208 (80%)	259	82 (64%)	128	78 (80%)	98

　　列联表的维度由自变量（或因素）的数量和每个变量的分类（或因素水平）决定。因为种族为三个类别，性别为两个类别，家庭结构为两个类别，因此我们得到 $3 \times 2 \times 2 = 12$ 个单元格。在每个单元格（i）内，需要有两个量——试验数（n_i）和毕业人数（y_i）——被用来估计在每一类别中高中毕业生的总体比例。

　　对种族、性别和家庭结构的因素水平采用虚拟变量编码，这张表的一个加法效应模型可以写为：

$$p_i = \beta_0 + \beta_1 \text{Black}_i + \beta_2 \text{Hispanic}_i + \beta_3 \text{Female}_i + \beta_4 \text{Nonintact}_i$$

这里，p_i 是在控制了种族、性别和家庭结构等变量后的毕业概率。参数 β_0 是截距项，剩下的系数（β_1，…，β_4）代表种族（黑人对白人或西班牙裔对白人）、性别（女性 vs. 男性）和家庭结构（不完整家庭 vs. 完整家庭）的"影响"。如果忽略种族、性别和家庭结构（即 $\beta_1 = \beta_2 = \beta_3 = \beta_4 = 0$），那么这一特殊的主效应模型会限定毕业的概率都一样。该模型常常被称为零模型（null model）。

　　加法效应模型假定一个自变量的影响不依赖于另一个自变量的取值。更一般

―――――――――――――

[①]　不完整家庭定义为孩子在 14 岁时没有生活在亲生父母的身边。

的模型可以包含交互项，允许自变量的影响依赖于与之存在交互作用的其他变量的取值水平。当一个模型包含所有可能的交互项时，模型实际上会对表中的每个单元格拟合唯一一个参数，因此模型参数将准确地再现观测数据。这被称为饱和模型（saturated model）。在实际的研究工作中，有实质意义的模型介于零模型和饱和模型这两个极端模型之间。但是，饱和模型是对数据拟合得最好的模型。例如，对于这些数据，最佳的模型有可能包含着家庭结构对毕业的影响在种族分类之内会随性别变化的模型。

像在任何包含分类自变量的回归中一样，标准化是恰好识别模型参数所必需的。在前面的例子中，我们采用了虚拟变量编码，用种族、性别和家庭结构的第一类做参照类，即白人、男性和完整家庭。出于估计的考虑，对于包含虚拟变量的情况，将表中的数据组织成列的形式往往会更方便，如表 3 - 2 所示。

表 3 - 2　用虚拟变量以列的形式概括表 3 - 1 的数据

黑人	西班牙裔	女性	家庭结构	y	n
0	0	0	0	843	982
0	0	1	0	864	931
1	0	0	0	346	441
1	0	1	0	360	410
0	1	0	0	237	305
0	1	1	0	208	259
0	0	0	1	168	243
0	0	1	1	161	208
1	0	0	1	231	337
1	0	1	1	225	283
0	1	0	1	82	128
0	1	1	1	78	98

在表 3 - 2 中，每一行数据表示表 3 - 1 中的一个单元格，y_i 表示毕业人数，n_i 表示第 i 个单元格的总观测人数。这些单元格可以用类似于个体水平观测样本的方式将其看作单独的分析单位，每组有一个比例。线性概率模型中的因变量是以种族、性别和家庭结构为条件估计的毕业概率（或经验概率），我们将其定义为 $\tilde{p}_i = y_i / n_i$。

令 x_{ik} 表示 K 个自变量中的第 k 个变量，它对应于第 i 个单元格中的分类——

同时包含一个元素为 1 的向量作为截距项——OLS 回归模型可以被写为：

$$\tilde{p}_i = \sum_{k=0}^{K} \beta_k x_{ik} + \varepsilon_i \tag{3.3}$$

这里，$\varepsilon_i = p_i - \tilde{p}_i$ 服从均值 $E(\varepsilon) = 0$ 和方差 $var(\varepsilon) = \sigma_e^2$ 的分布。

主效应线性概率模型的常规最小二乘估计产生下列估计值：

$$\hat{p}_i = 0.82 - 0.027\text{Black}_i - 0.059\text{Hispanic}_i + 0.089\text{Female}_i - 0.108\text{Nonintact}_i$$

主效应模型的解释简单直接。像经典回归模型一样，线性概率模型的系数具有与之相似的解释，即自变量对因变量的边际效应（marginal effect）。也就是说，x 对 p 的边际效应是 x 变化一个单位所带来的 p 的相应变化。在分类解释变量的情况下，效应是指当 $x = 1$ 时，与 $x = 0$ 相比的情况。在我们的例子中，常数项（$b_0 = 0.82$）给出了当所有协变量为 0 时（即来自完整家庭的白人男性）估计的基准毕业概率。剩下的那些项给出了当协变量取值为 1 时估计的毕业概率上升或下降的程度。例如，作为黑人，其毕业的概率下降 0.027；作为西班牙裔，其毕业的概率下降 0.059。类似地，作为女性，其毕业的概率上升 0.089，而如果来自不完整家庭，其毕业的概率会下降 0.108。估计值反映在控制（或排除）了模型中其他协变量的影响后自变量的效应。

前述的主效应模型解释了经验概率上 85% 的变异。对这个特殊数据，该模型似乎是合理的，因为其产生的估计毕业概率没有超出 [0，1] 范围。在这种情况下，线性概率模型很恰当，因为毕业概率并不会随组发生剧烈变化，而且单元格规模（n_i）较大。生活在不完整家庭的黑人男性的观测比例最小，为 0.64；而生活在亲生父母都健在家庭的白人女性的观测概率最大，为 0.93；剩余的概率都在 0.69 ~ 0.88 之间。作为一条经验规则，当经验概率随组的变化呈现很小的变异时，从估计和解释的便利角度来看，线性概率模型可能是有吸引力的。但是，线性概率模型方法有几个不足，且就目前的统计软件来说，这些模型很少被用来拟合二分类数据。

在一般化线性回归框架内，线性概率模型可以被表示为：

$$p_i = I(\eta_i) = \sum_{k=0}^{K} \beta_k x_{ik} \tag{3.4}$$

这里，$I(\eta) = \eta$ 表示恒等链接函数（identity link function），且 $\eta_i = \sum_{k=0}^{K} \beta_k x_{ik}$。

McCullagh 和 Nelder（1989）介绍了链接函数的不同设定如何得到不同的模型（见附录 B）。

尽管线性概率模型似乎拟合了我们例子中的数据，但是此方法有许多缺陷。此方法的一个缺陷是，隐含着的线性假定意味着毕业的概率是种族、性别和家庭结构的一个线性函数。在对分类自变量采用虚拟变量编码的情况下，线性似乎并不是一个很强的假定。函数的约束条件其实是交互项。在没有交互项的情况下，预测概率可能落在合理的范围之外。例如，在样本中的所有年轻女性都已高中毕业的情况下，年轻白人女性的预测毕业概率在线性概率模型下可能会大于 1。[1]更进一步讲，如果我们对计算概率的组间差异感兴趣，那么，这些量按概率公理就被限定在 [-1, 1] 之间。线性概率模型可能得出超出此范围的差值。

此方法的另一个缺陷是同方差或观测案例的方差不变假定。变量 y_i 服从方差为 $n_i p_i (1 - p_i)$ 的二项分布，而样本比例 $\tilde{p}_i$ 的方差为 $p_i (1 - p_i)/n_i$。因此，我们发现因变量的方差依赖于组的规模（或试验的次数）和成功的概率。因为这些量在单元格之间不是常数，误差就呈现异方差性。这意味着，在这种情况下，应当采用包含特定单元格方差的 GLS 估计策略。既然 p_i 是未知的，那么 FGLS（加权最小二乘法）解将用 $\tilde{p}_i = y_i / n_i$ 代入方差的表达式中，它是 p_i 的一个无偏估计。作为替代办法，我们也可以用从前面的 OLS 拟合所得到的预测概率（即 $\hat{p}_i = \sum_k b_k x_{ik}$）进行替代。使用经验概率，得到的回归权重为：[2]

$$w_i = n_i / [\tilde{p}_i (1 - \tilde{p}_i)]$$

同时拟最小化的加权平方和为：

$$S(\boldsymbol{\beta}) = \sum_i w_i \left(\tilde{p}_i - \sum_{k=0}^{K} \beta_k x_{ik} \right)^2$$

这个过程也被称为最小卡方（minimum χ^2）方法（如 Maddala，1983）。

尽管 FGLS 估计解决了异方差问题，但是它不能保证估计的概率处在 [0, 1] 之间。因为 β 及它们的估计值是不受限制的，因此预测值也是不受限制的。由于这一原因，线性概率模型在对二分类因变量建模时不如其他几个模型那么有

---

[1] 可以通过调整本书网站上关于实例的程序的数据得到证明。

[2] 可以通过用 p_i 的估计值来迭代此过程直到收敛为止的方法来改善这个估计量，这被称为迭代再加权最小二乘估计量。

用。但是，如果 p_i 不是很接近 0 或 1，且 n_i 足够大，线性概率模型因为使用方便和解释简单有时很具吸引力。下面，我们介绍 logit 和 probit 模型，它们对数据进行变换以保证在不对参数加以限定的情况下，其预测值被限定在 ［0，1］ 范围内。

3.2.2　Logit 模型

Logit 模型被广泛应用在社会科学和生物科学中。在流行病学和人口学研究中，该模型在评估解释因素对某些结果的相对风险的影响时尤为有用，例如，生育、死亡和疾病发作。逻辑斯蒂变换可以解释为成功对失败之发生比的对数，本节将更加详细地介绍发生比。成功概率 p 的逻辑斯蒂变换可以表示为：

$$\text{logit}(p_i) = \log\left(\frac{p_i}{1 - p_i}\right) \tag{3.5}$$

我们将公式 3.5 看作一般化线性模型框架内的一个链接函数，得到 logit 模型为（见附录 B）：

$$\log\left(\frac{p_i}{1 - p_i}\right) = \eta_i = \sum_{k=0}^{K} \beta_k x_{ik} \tag{3.6}$$

对概率 p_i 求解，得到：

$$p_i = \frac{\exp\left(\sum_{k=0}^{K} \beta_k x_{ik}\right)}{1 + \exp\left(\sum_{k=0}^{K} \beta_k x_{ik}\right)} = \Lambda(\eta_i) \tag{3.7}$$

这里，$\Lambda(\eta_i)$ 是函数 $\exp(\eta_i) / [1 + \exp(\eta_i)]$ 的简写。

对于 x 和 β 的所有可能取值，逻辑斯蒂变换保证了 p 始终在 ［0，1］ 区间内。随着 p 接近 0，$\text{logit}(p)$ 趋近于 $-\infty$；随着 p 接近 1，$\text{logit}(p)$ 趋近于 $+\infty$。使用一般化线性模型理论的术语，则 logit 链接使模型在未知参数上呈线性形式。[①]

3.2.2.1　比数（odds）、比数比（odds-ratio）和相对风险（relative risk）

当所关注的问题在于描述成功或其他实质结果的比数，或者某一群体相对于另一群体的成功的比数的时候，logit 模型就特别合适。比数被定义为一个结果的

[①]　大多数程序可以用个体数据（二项响应和试验）或经验比例（y_i/n_i）作为输入数据。

概率对另一个结果的概率之比。例如，令 p 表示成功的概率，$1-p$ 表示失败的概率，则成功的比数为 $\omega = p/(1-p)$。对于 logit 变换，这个量可以被看作 logit 的反对数 $\exp(\eta)$。这一证明留作练习。

比数的概念可扩展用来描述某一群体相对于另一群体的成功的比数之比。比数比正是这样一种测量。设想二分类数据包含两个群体，其成功概率分别为 p_1 和 p_2，那么，$\text{logit}(p_1) = \beta_0 + \gamma$，$\text{logit}(p_2) = \beta_0$，这里，$\beta_0$ 和 γ 是参数。在这个例子中，γ 可以被看作是与表示属于第一个群体的虚拟变量相对应的回归系数。比数比是第一个群体相对于第二个群体成功的比数之比，或者

$$\theta = \frac{\omega_1}{\omega_2} = \frac{p_1/(1-p_1)}{p_2/(1-p_2)} = \frac{\exp(\beta_0 + \gamma)}{\exp(\beta_0)} = \frac{\exp(\beta_0)\exp(\gamma)}{\exp(\beta_0)} = \exp(\gamma) \qquad (3.8)$$

如果两个群体都有相同的成功比数，那么比数比为 1。量 $\exp(\gamma)$ 表示第一个群体相对于第二个群体成功的比数。

比数比与相对风险的概念密切相联。风险被定义为在一个时间间隔内（或暴露期）的概率。通常用事件（event）这一术语定义成功（或一些其他的关注结果）在某一给定时期内是否发生。在时期的起始点，所有的对象都被假定处在某一特定事件或结果的风险中。风险是某一时期内发生在总体中的新事件数量与处在风险中的（或暴露在风险中的）总数量之比。例如，假设有 50 人正处于患某种罕见疾病的风险中，连续观察 10 年，其中有 5 人得病，则风险是 5/50，或 0.10。

设想初始样本实际上包含规模同为 25 人的两个试验组，其中一组接受药物试验（试验组），另一组接受安慰剂试验（控制组）。假设试验组有 2 人得病，控制组有 3 人得病。此时试验组的风险是 2/25 或 0.08，而控制组是 3/25 或 0.12。将试验组的风险记为 r_t，控制组记为 r_c。使用这些风险就可能评估相对风险，即某一组相对于其他组的风险。试验组相对于控制组的患病风险是：

$$\frac{r_t}{r_c} = 0.667$$

试验组的患病风险是控制组的三分之二。不同的表述是，控制组的患病风险是试验组的 1.5 倍（$1/0.667 = 1.5$）。

当成功（或事件）概率很小时，比数比经常被用作相对风险的近似。为说明这一点，考虑用前面的例子构造的比数比：

$$\theta = \frac{r_t / (1 - r_t)}{r_c / (1 - r_c)} = 0.64$$

当 r_t 和 r_c 很小时，因为表达式中比数的分母趋近于 1，所以比数比非常近似于相对风险。这就是为什么比数比常被广泛用于生物统计学和流行病学的患病率研究的一个原因。这些内容及相关概念会在 3.4 节与第 4、第 6 章做更全面的介绍。

3.2.3　Probit 模型

Probit 模型提供了对 logit 模型的一个替代选择。p 的一个非线性模型又一次被进行变换，因此一个 p 的单调函数成为关于解释变量的线性函数。第 i 个单元格或第 i 个观测的概率 p_i，用标准累积正态分布函数表示为：

$$p_i = \int_{-\infty}^{\eta_i} \frac{1}{\sqrt{2\pi}} \exp\left(-\frac{1}{2} u^2\right) \mathrm{d}u \tag{3.9}$$

注意，公式 3.9 与表示 logit 模型的公式 3.7 应当是可比的。公式 3.9 可以更方便地写成 $p_i = \Phi(\eta_i)$，这里，$\Phi(\cdot)$ 表示标准正态分布的累积分布函数。Probit（或 normit）变换或 probit 链接由标准累积正态分布函数的逆给出。对 η_i 求解公式 3.9，得到：

$$\eta_i = \Phi^{-1}(p_i) = \mathrm{probit}(p_i) \tag{3.10}$$

公式 3.10 定义了 probit 链接。因此，probit 模型可以被写为：

$$\Phi^{-1}(p_i) = \eta_i = \sum_{k=0}^{K} \beta_k x_{ik} \tag{3.11}$$

或者

$$p_i = \Phi\left(\sum_{k=0}^{K} \beta_k x_{ik}\right) \tag{3.12}$$

像逻辑斯蒂函数一样，probit 函数也围绕着 $p = 0.5$ 对称，$\mathrm{logit}(p)$ 和 $\mathrm{probit}(p)$ 在这一点上都是 0。随着 p 接近 1，$\mathrm{probit}(p)$ 趋近于 $+\infty$；随着 p 接近 0，$\mathrm{probit}(p)$ 趋近于 $-\infty$。令 $F^{-1}(p)$ 表示累积逻辑斯蒂函数或标准正态分布函数的逆（即链接函数），图 3-1 展示了 probit 和逻辑斯蒂变换之间的相似性。

你们会发现这些变换在 0.2~0.8 之间的范围内基本呈线性。在 p 的这一范围之外，两个函数都是高度非线性的。这意味着，如果 p 被作为一个连续解释变

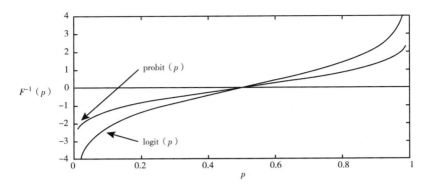

图 3 - 1 p 的 logit 和 probit 变换

量（x）的函数进行建模，x 对 p 的影响就不是常数，而会随 x 的变化而变化。例如，我们发现当 $\operatorname{probit}(p_i) = \operatorname{logit}(p_i) = \beta_0 + \beta_1 x_i = 0$ 时，x 变化所带来的 p 的变化比当 $\operatorname{logit}(p_i)$ 或 $\operatorname{probit}(p)$ 小于或大于 0 时要更大。我们在 3.4 节将更详细地讨论这一点在对 logit 和 probit 系数进行解释时所具有的含义。

3.2.4   使用分组数据的一个应用

表 3 - 3 是利用表 3 - 2 的数据采用线性概率模型、logit 模型和 probit 模型得到的估计值（括号中是标准误）。我们将观测比例代入加权公式中运用 FGLS 方法估计线性概率（LP）模型。同时将使用 ML 和 FGLS 方法（见附录 B）估计得到的 logit 和 probit 模型加以比较。

表 3 - 3   替代的二分类因变量模型估计结果

变量	LP FGLS	Logit ML	Logit FGLS	Probit ML	Probit FGLS
常数	0.849	1.754	1.749	1.047	1.046
	(0.009)	(0.074)	(0.073)	(0.039)	(0.040)
黑人	-0.045	-0.322	-0.312	-0.184	-0.183
	(0.012)	(0.091)	(0.090)	(0.051)	(0.051)
西班牙裔	-0.856	-0.564	-0.567	-0.327	-0.328
	(0.016)	(0.105)	(0.104)	(0.060)	(0.055)
女性	0.777	0.575	0.558	0.323	0.319
	(0.014)	(0.081)	(0.081)	(0.045)	(0.047)
不完整家庭	-0.116	-0.747	-0.750	-0.430	-0.430
	(0.014)	(0.083)	(0.082)	(0.048)	(0.047)

表 3 - 3 中的参数估计值可以用来再现预测的概率，见表 3 - 4。例如，当所有协变量取值 0 时（即生活在完整家庭的白人男性），线性概率模型、logit 模型和 probit 模型得到的高中毕业的基准概率分别为 0.849、0.852 和 0.852。[①]

表 3 - 4　按照种族、性别和家庭结构分类的估计毕业概率

种族 (x_1)	性别 (x_2)	家庭结构 (x_3)	经验概率	线性概率模型	Logit 模型	Probit 模型
白人	男性	完整家庭	0.858	0.849	0.852	0.852
白人	女性	完整家庭	0.928	0.927	0.911	0.915
黑人	男性	完整家庭	0.785	0.802	0.807	0.806
黑人	女性	完整家庭	0.878	0.880	0.882	0.882
西班牙裔	男性	完整家庭	0.777	0.764	0.767	0.764
西班牙裔	女性	完整家庭	0.803	0.841	0.854	0.851
白人	男性	不完整家庭	0.691	0.733	0.732	0.732
白人	女性	不完整家庭	0.774	0.811	0.829	0.826
黑人	男性	不完整家庭	0.685	0.686	0.665	0.668
黑人	女性	不完整家庭	0.795	0.764	0.779	0.775
西班牙裔	男性	不完整家庭	0.641	0.648	0.609	0.614
西班牙裔	女性	不完整家庭	0.796	0.725	0.735	0.730

线性概率的解释简单直接。模型中的每一项表示对概率的影响，因此，可以直接计算概率。Logit 和 probit 模型需要额外的变换。Logit 模型中的基准概率可以使用 $\exp(\hat{\beta}_0) / [1 + \exp(\hat{\beta}_0)]$ 这一变换得到。对于 probit 模型，我们计算累积正态分布函数 $\Phi(\hat{\beta}_0)$。此函数在大多数计算机软件包中都可以得到，而且许多计算器也有此程序；或者可以从正态概率表中得到。剩下的单元格概率通过将前面公式中的 $\hat{\beta}_0$ 替代为 $\sum_k \hat{\beta}_k x_{ik}$ 得到。表 3 - 4 表明估计概率很相似，且接近经验概率。

3.3　Logit 模型和 Probit 模型的论证

Logit 和 probit 模型的早期起源可以追溯到心理物理学（Thurstone，1927），

[①]　Logit 和 probit 模型的最大似然估计被用来得到预测概率。

但 logit 和 probit 模型的现代发展主要是生物鉴定或剂量 – 反应方法论领域的贡献（Cox，1970；Finney，1971）。二项因变量模型受到这类问题的启发：当一个试验中不同药品或化学混合物被用于一批试验对象时该如何分析。例如，设想一种特别的杀虫剂以某一给定剂量 u_i 被用于一批昆虫。在低剂量时，进入样本中的昆虫都没有死亡；在高剂量时，所有昆虫可能都死亡了。试验的目的是确定致死的剂量水平（或响应率），或者在某一剂量水平上，我们期望总体中出现某一特定的响应比例（以死亡量进行计算）。假定昆虫是否死亡取决于其对杀虫剂的耐药性，令 c_i 为表示某种昆虫耐药性的随机变量。如果（$u_i > c_i$），则第 i 个昆虫死亡（$y = 1$）；如果（$u_i < c_i$），则存活（$y = 0$）。因此，死亡的概率为：

$$\Pr(y = 1) = \Pr(u > c) \tag{3.13}$$

3.3.1 潜在变量方法

在社会科学的应用中，u 和 c 的解释较容易理解。例如，在对妇女就业的研究中，u 是市场工资，c 是保底工资。在迁移研究中，u 是迁移的收益，而 c 是相关的成本。一般情况下，u 通常被定义为效用，而 c 为判别标准。在经济学中，与效用相联的行为解释是"显示性偏好"（revealed preference）。在实际的研究工作中，我们直接观测不到 u 和 c；相反，我们只能观测到 $y = 1$ 或 $y = 0$ 的结果。观测结果是使理性的个人效用函数最大化。研究者期望在额外的结构约束条件下通过公式 3.13 "揭示"潜在的 u 和 c。正是在这一意义上，u 和 c 被称为潜在变量。

在潜在变量（u，c）和解释变量（x）之间的关系中，线性是其中的可能约束条件之一：

$$u = \sum_{k=0}^{K} \beta_k^u x_k + \varepsilon^u \tag{3.14}$$

$$c = \sum_{k=0}^{K} \beta_k^c x_k + \varepsilon^c \tag{3.15}$$

这里，β_k^u 和 β_k^c 分别是因变量 u 和 c 第 k 个自变量的系数，ε^u 和 ε^c 是两个公式的干扰项。

将公式 3.13 至公式 3.15 组合在一起，得到：

$$\Pr(y = 1) = \Pr(u > c)$$

$$= \Pr\left(\sum_{k=0}^{K} \beta_k^u x_k + \varepsilon^u > \sum_{k=0}^{K} \beta_k^c x_k + \varepsilon^c\right)$$

$$= \Pr\left(\varepsilon^c - \varepsilon^u < \sum_{k=0}^{K} \beta_k^u x_k - \sum_{k=0}^{K} \beta_k^c x_k\right) \tag{3.16}$$

$$= \Pr\left[\varepsilon^c - \varepsilon^u < \sum_{k=0}^{K} (\beta_k^u - \beta_k^c) x_k\right]$$

公式 3.16 暗含的模型是一个过度参数化的模型。主要问题是我们能够识别 u 和 c 之间要素的差值，但不能识别 u 和 c 两者。为了识别该模型，有必要增加若干约束条件。一个简单的方法是将 u 或 c 标准化为 0，即设定

$$\beta_k^u = 0, \quad (k = 0, \cdots, K); \quad \varepsilon^u = 0 \tag{3.17}$$

或

$$\beta_k^c = 0, \quad (k = 0, \cdots, K); \quad \varepsilon^c = 0 \tag{3.18}$$

公式 3.18 对应着一个包含随机效应而不是固定标准的模型。类似地，公式 3.17 得到的是一个包含固定效用而不是可变标准的模型。这两个设定可能导致不同的解释，但统计上是不可分割的。事实上，它们也被另一个一般形式的标准化所混淆，这包含其他两个公式：

$$\varepsilon = \varepsilon^c - \varepsilon^u$$
$$\beta_k = \beta_k^u - \beta_k^c, \quad k = 0, \cdots, K \tag{3.19}$$

公式 3.19 的标准化将公式 3.16 简化为：

$$\Pr(y = 1) = \Pr\left(\varepsilon < \sum_{k=0}^{K} \beta_k x_k\right) = F\left(\sum_{k=0}^{K} \beta_k x_k\right) \tag{3.20}$$

这里，$F(\cdot)$ 是 ε 的累积分布函数。为了识别参数 β 的大小，必须将均值和 ε 的方差加以标准化。这样做的原因是，与连续测量变量不同，二分类因变量并不具有内在的尺度。参数 β 的大小只有参照未知量 ε 的均值（μ_ε）和方差（σ_ε^2）时才有意义。因而将 ε 重新定义为一个共同标准是有用的：$\varepsilon^* = (\varepsilon - a)/b$，这里，$a$ 和 b 是两个指定的常数。标准化将公式 3.20 变为：

$$\Pr(y = 1) = F^*\left(\frac{\sum_{k=0}^{K} \beta_k x_k - a}{b}\right) \tag{3.21}$$

这里，$F^*(\cdot)$ 代表 ε^* 的累积分布函数。因此，必须指定 ε^* 的位置（公式 3.21 中的 a）和尺度（公式 3.21 中的 b）。如果我们设定 $a = \mu_\varepsilon$，$b = \sigma_\varepsilon$ 和 $F^* = \Phi(\cdot)$，则公式 3.21 是与公式 3.12 完全相同的表达。类似地，如果假定 ε 服从标准的逻辑斯蒂分布（公式 3.7），我们就得到 logit 模型。

标准逻辑斯蒂和标准正态分布的均值都为 0，但方差不同：标准正态分布的方差 $\text{var}(\varepsilon^*) = 1$，标准逻辑斯蒂分布的方差 $\text{var}(\varepsilon^*) = \pi^2/3$。这一差别被转化成 logit 模型的系数比可比的 probit 的系数大。理论上讲，一个 probit 模型的系数乘上大约 1.81（$\pi/\sqrt{3}$ 的近似值）就应当得到一个接近于 logit 系数的值。同理，logit 估计值乘上大约 0.55 也应当得到与 probit 估计值相对应的值。作为一个经验规则，其他学者建议以 1.61 和 0.625 作为乘数以得到更接近的近似值（Amemiya，1991；Maddala，1983）。

因为正态分布和逻辑斯蒂分布具有相似的形态，所以 probit 和 logit 模型非常相似。不论是实质上还是理论上都没有压倒性理由认为某一模型优于另一个模型。假定残差效用或标准源自大量小的、偶然的原因，一些学者求助于中心极限定理并从而倾向于 probit 模型。当采用这一思路时，logit 模型可能仍作为一个好的近似被加以使用，但是，需要研究者对这一思路加以论证，因为一个潜在变量的实际分布终归是人们猜测的。实际中，逻辑斯蒂分布因概率分布和密度函数的简单性而更受欢迎。[①] 因为 probit 模型的比数比没有简单的、封闭式的表达，以及对数比数比形式解释的便利性，logit 模型可能也更受欢迎。进一步讲，二项 logit 模型，以及其他各种各样的 logit 模型，都可以像对数线性模型那样加以估计，这就像我们将在第 6 章和第 7 章中所要讲的那样。

3.3.2　潜在变量方法的扩展

潜在变量方法通常与个体水平数据分析相联系。设想我们有一个包含数据点 x_{ik} 和 y_i（i，$\cdots$，n）的数据集，这里，y 是一个二分类因变量（$y = 0$，1），x_{ik} 是第 i 个人的第 k 个协变量的值（包括常数项）。对于第 i 个人，我们定义一个连续潜在变量 y_i^* 来表示 $y = 1$ 时的潜在倾向。将 y_i^* 表达为 x_{ik} 和残差 ε_i 的一个线性函数：

$$y_i^* = \sum_{k=0}^{K} \beta_k x_{ik} + \varepsilon_i \tag{3.22}$$

---

① 累积正态分布函数必须从数值上进行近似，而累积逻辑斯蒂分布可以用封闭的形式表达。

为了简单起见，我们以公式 3.18 这一固定标准的标准化来说明个体水平的模型——尽管其他标准化在统计上是等价的。因此，我们有下面的"阀值交叉"（threshold-crossing）测量模型：

$$y_i = \begin{cases} 1 & \text{如果 } y_i^* > 0; \\ 0 & \text{其他情况} \end{cases} \tag{3.23}$$

如果假定 ε_i 为一个标准正态分布并满足独立同分布（i.i.d.）性质，公式 3.22 和公式 3.23 构成 probit 模型的一般性公式。同样地，如果假定 ε_i 为一个标准逻辑斯蒂分布且满足独立同分布性质，就得到 logit 模型。

y 的观测值可以看作二项试验的结果，这里，试验次数都等于 1，而响应概率作为 x_{ik} 的函数在每次试验中都不同。这与分组数据的情况略有不同，因为它的概率是随组变化的，且试验次数反映了组的规模或列联表中单元格的合计数。这一差别表现出一个略有不同的估计问题，这将在后面提到。但是，分组数据情况下的 logit 和 probit 模型的所有性质对个体数据情况下的相同模型仍保留着。因此，我们在这里不再重复。

3.3.2.1　指引函数

潜在变量方法被广泛应用于计量经济学，因为它与效用概念紧密对应。本节介绍一些从该传统中借用过来的符号简写。

回想一下，潜在变量被表达成未知参数、自变量和误差的一个线性函数。根据公式 3.22，我们有：

$$y_i^* = \sum_{k=0}^{K} \beta_k x_{ik} + \varepsilon_i$$

包含自变量和未知回归参数的系统部分被看作一个指引函数（index function），通常以矩阵符号方便地表示为：

$$y_i^* = \mathbf{x}_i' \boldsymbol{\beta} + \varepsilon_i$$

表达式 $\mathbf{x}_i' \boldsymbol{\beta}$ 表示第 i 个个体的指引函数，其中 $\boldsymbol{\beta} = (\beta_0, \cdots, \beta_k)'$ 是回归系数的 $K+1$ 列向量，$\mathbf{x}_i' = (x_{i0}, \cdots, x_{ik})$ 是对应着第 i 个个体的自变量的 $K+1$ 行向量。这意味着指引函数 $\mathbf{x}_i' \boldsymbol{\beta}$ 等于潜在变量 y_i^* 的条件均值 $\mathrm{E}(y_i^* \mid \mathbf{x}_i)$。有必要用非线性变换函数将这个条件均值转换成一个概率。对于 logit 模型，预测概率是 $\Lambda(\mathbf{x}_i' \boldsymbol{\beta})$，用符号简略表示为 Λ_i；对于 probit 模型，预测概率是 $\Phi(\mathbf{x}_i' \boldsymbol{\beta})$，或简记

为 $\boldsymbol{\Phi}_i$。

尽管 logit 和 probit 模型在取逆变换（inverse transformation）后都是线性的，但是不能用前面介绍过的常规最小二乘法和加权最小二乘法加以估计。在未对数据进行分组的情况下，我们可能不能够将经验概率看成成功次数除以试验次数。每个观测代表一个单一（贝努里）试验的结果 0 或 1。我们也不能根据样本数据建立经验 logit 和 probit。

3.3.3 二分类因变量模型估计

不像分组数据时的模型，个体水平数据时的模型能够包括自变量，这些自变量理论上可以对所有抽中的个体有不同的值。在这一意义上，我们有可能解释在分组数据的情况下可能被"平均掉"了的个体别的异质性来源。用个体水平数据建构的模型与分组数据的模型在其他方面完全一样。通常，使用最大似然法或迭代再加权最小二乘法对一般化线性模型进行估计（见附录 B）。

将公式 3.1 中的 p 替换为 $F(\cdot)$，包含 n 个二分类结果的数据的似然值可以写为：

$$L = \prod_i F(\mathbf{x}'_i \boldsymbol{\beta})^{y_i} [1 - F(\mathbf{x}'_i \boldsymbol{\beta})]^{(1-y_i)} \tag{3.24}$$

对数似然函数为：

$$\log L = \sum_i \{ y_i \log F(\mathbf{x}'_i \boldsymbol{\beta}) + (1 - y_i) \log [1 - F(\mathbf{x}'_i \boldsymbol{\beta})] \} \tag{3.25}$$

对于参数个数大于 1 的模型，一阶条件要求我们同时解 $K + 1$ 个方程，以得到一个被称为得分函数（score function）的表达式:[1]

$$u_k = \frac{\partial \log L(\boldsymbol{\beta})}{\partial \beta_k} = 0, \quad k = 0, \cdots, K \tag{3.26}$$

对下式

$$h_{kl} = \frac{\partial^2 \log L(\boldsymbol{\beta})}{\partial \beta_k \beta_l} < 0 \quad (k = 0, \cdots, K)(l = 0, \cdots, K) \tag{3.27}$$

---

[1] 不同的统计软件包依赖不同的方法以寻找 logit 和 probit 模型的最大似然估计值。附录 B 介绍了迭代再加权最小二乘法技术，它被用于拟合一般化线性模型。计算机软件如 SAS（proc genmod）和 GLIM 使用此方法。Stata 的 glm 命令提供了一个算法选择。其他的方法，如牛顿 – 拉弗森（Newton-Raphson）法和赋值方法，可被用于获得同样的结果。

求解 logit 模型的一阶条件，我们得到其得分函数的下述表达式：

$$\frac{\partial \log L(\boldsymbol{\beta})}{\partial \boldsymbol{\beta}} = U(\boldsymbol{\beta}) = \sum_i (y_i - \Lambda_i) \mathbf{x}_i \tag{3.28}$$

这里，$\Lambda_i = \Lambda(\mathbf{x}_i' \boldsymbol{\beta}) = \exp(\mathbf{x}_i' \boldsymbol{\beta}) / [1 + \exp(\mathbf{x}_i' \boldsymbol{\beta})]$。

对于 probit 模型，一阶条件可以表示为：

$$\frac{\partial \log L(\boldsymbol{\beta})}{\partial \boldsymbol{\beta}} = U(\boldsymbol{\beta}) = \sum_{y_i = 0} -[\phi_i / (1 - \Phi_i)] \mathbf{x}_i + \sum_{y_i = 1} (\phi_i / \Phi_i) \mathbf{x}_i \tag{3.29}$$

这里，ϕ_i 是标准正态密度函数 $\phi(\mathbf{x}_i' \boldsymbol{\beta})$，$\Phi_i$ 是累积正态分布函数 $\Phi(\mathbf{x}_i' \boldsymbol{\beta})$。为了保证这些表达式取得最大值，二阶导数矩阵（或 Hessian 矩阵）必须是负定的（negative definite）。这意味着对数似然函数的斜率逐步下降到接近于 MLE（见附录 B）。

二阶导数矩阵在估计过程中起着重要作用，并且得到作为副产品的估计值的估计方差 – 协方差矩阵。Logit 和 probit 估计值的渐近方差 – 协方差矩阵通过对负的 Hessian（或期望的 Hessian）矩阵或信息矩阵（information matrix）取逆得到。Logit 模型的信息矩阵由表达式给出：

$$-\left[\frac{\partial^2 \log L(\boldsymbol{\beta})}{\partial \boldsymbol{\beta} \boldsymbol{\beta}'}\right] = \mathbf{I}(\boldsymbol{\beta}) = \sum_i \Lambda_i (1 - \Lambda_i) \mathbf{x}_i \mathbf{x}_i' \tag{3.30}$$

Probit 模型的相应表达式为：

$$-\left[\frac{\partial^2 \log L(\boldsymbol{\beta})}{\partial \boldsymbol{\beta} \boldsymbol{\beta}'}\right] = \mathbf{I}(\boldsymbol{\beta}) = \sum_i \frac{\phi_i^2}{\Phi_i (1 - \Phi_i)} \mathbf{x}_i \mathbf{x}_i' \tag{3.31}$$

在这种情况下，必须用迭代技术来得到 MLE，因为 Φ_i、ϕ_i 和 Λ_i 都是未知参数的非线性函数。在得到通过对 0/1 二分类变量进行 OLS 回归取得的初始值之后，估计值被成功更新，直到从一次迭代到下一次迭代所得估计值的差可以被忽略不计为止。

在第 t 次迭代时，得到的估计值为：

$$\hat{\boldsymbol{\beta}}^{(t)} = \hat{\boldsymbol{\beta}}^{(t-1)} + [\mathbf{I}(\hat{\boldsymbol{\beta}})^{(t-1)}]^{-1} U(\hat{\boldsymbol{\beta}})^{(t-1)}$$

最终的迭代取得估计值的渐近方差 – 协方差矩阵，其形式为信息矩阵的逆 $[\mathbf{I}(\hat{\boldsymbol{\beta}})]^{-1}$。当模型设定正确且为大样本时，$\hat{\boldsymbol{\beta}}$ 的最大似然估计值近似地服从正态分布，估计的方差等于逆信息矩阵的对角线元素 $\text{diag}[\mathbf{I}(\hat{\boldsymbol{\beta}})]^{-1}$。量

$\hat{\boldsymbol{\beta}}/\sqrt{\mathrm{diag}[\mathbf{I}(\hat{\boldsymbol{\beta}})]^{-1}}$ 服从一个渐近标准正态分布（或 Z 分布）。这可以用来进行个体参数的显著性检验。尽管从技术上看这个量是一个 Z 统计量，但在某些计算机软件的输出结果中它可能被称为 t 比值（t-ratio）。

3.3.4　拟合优度与模型选择

3.3.4.1　使用分组数据的模型的拟合测量指标

考虑一个一般的回归模型：

$$y_i = \sum_k \beta_k x_{ik} + \varepsilon_i$$

这里，ε 服从均值为 0 和方差为 σ_i^2 的分布。令 $\hat{\mathbf{W}}$ 表示用于对最小卡方（χ^2）模型的以 FGLS 进行求解的已知权重的对角线矩阵，其表达式为：

$$\mathbf{b}_{\mathrm{GLS}} = (\mathbf{X}'\hat{\mathbf{W}}\mathbf{X})^{-1}\mathbf{X}'\hat{\mathbf{W}}\mathbf{y}$$

我们可以根据该回归模型定义一个加权残差平方和为：

$$
\begin{aligned}
\mathrm{WSSR} &= \sum_i \hat{\sigma}_i^2 \Big(y_i - \sum_k b_k x_{ik}\Big)^2 \\
&= \Big(y_i - \sum_k b_k x_{ik}\Big)'\hat{\mathbf{W}}\Big(y_i - \sum_k b_k x_{ik}\Big)
\end{aligned}
\tag{3.32}
$$

这个统计量渐近地服从卡方分布，其自由度（df）等于观测样本数减去模型中的参数个数。可以用这个统计量来比较任意的两个嵌套模型。例如，令 K_u 表示一个未约束模型中的参数个数（$k = 1, \cdots, K_u$），K_r 表示约束模型中的参数个数（$k = 1, \cdots, K_r$），且令 $K_r < K_u$。两个模型之间的 WSSR 差值服从自由度为 $K_r - K_u$ 的卡方分布。

R 方（R-Squared）

用类似于 OLS 回归的方法，FGLS 回归模型中的模型拟合可用 R 方（R^2）加以衡量。Buse（1973）将测量指标 R^2 定义成误差削减比例（PRE）统计量，公式为：

$$R^2 = \frac{\mathrm{WSSR}_r - \mathrm{WSSR}_u}{\mathrm{WSSR}_r}
\tag{3.33}$$

对于 logit 模型，这里，$\hat{\mathbf{W}}$ 是一个对角线元素为 $w_i = 1/[n_i\tilde{p}_i(1-\tilde{p}_i)]$ 的矩阵，加权残差平方和公式也可以写为：

$$\text{WSSR} = \sum_i n_i [\tilde{p}_i (1 - \tilde{p}_i)]^{-1} (\tilde{p}_i - \hat{p}_i)^2 \tag{3.34}$$

这里，$\hat{p}_i = \exp(\sum_k b_k x_{ik}) / [1 + \exp(\sum_k b_k x_{ik})]$。

将此公式应用于表 3 - 3 中 FGLS 分组数据的 logit 模型，得到的 R^2 值为 $(1056.89 - 0.556) / 1056.89 = 0.99$。[①]

皮尔逊卡方（*Pearson χ^2*）

其他关于分组数据的拟合优度测量指标可以通过考虑模型预测观测数据的好坏加以建构。皮尔逊卡方统计量可以用观测频数（y_i）和某一给定模型下的预测值（$n_i \hat{p}_i$）加以建构：

$$\chi^2 = \sum_i \frac{(y_i - n_i \hat{p}_i)^2}{n_i \hat{p}_i (1 - \hat{p}_i)} \tag{3.35}$$

小的卡方值表示一致，或观测值和期望频数之间的拟合较好；反之，大的卡方值表示不一致，或拟合欠佳。计算的统计量与自由度为单元格数减去模型参数个数的卡方统计量相比较。对于表 3 - 3 中的 logit 模型，皮尔逊卡方值为 20.66，自由度为 7。

3.3.4.2　二项数据的对数似然函数

其他拟合指标来自似然函数，或对数似然函数 $\log L$。在讨论这些拟合优度指标之前，我们首先来推导二项数据的对数似然函数。对于独立同分布的（i. i. d.）观测样本，数据的似然值是个体概率密度函数的乘积。回想公式 3.2，对于 n 次试验的确切成功次数 y（成功概率为 p）的二项概率函数可以写为：

$$f(p) = \Pr(y \mid n, p) = \binom{n}{y} p^y (1 - p)^{n-y} \tag{3.36}$$

假定观测之间相互独立，其联合密度或似然值就是个体密度的乘积：

$$L = \prod_i f(p_i) = \prod_i \binom{n_i}{y_i} p_i^{y_i} (1 - p_i)^{n_i - y_i} \tag{3.37}$$

令个体概率取决于一组数目更少的协变量（$\mathbf{x}_i$）和未知参数（β），则似然值可以表示为：

---

① 用汇总数据通常总可以得到较高的 R^2 值。

$$L = \prod_i \binom{n_i}{y_i} F(\mathbf{x}'_i \boldsymbol{\beta})^{y_i} [1 - F(\mathbf{x}'_i \boldsymbol{\beta})]^{(n_i - y_i)} \tag{3.38}$$

同时，对数似然函数为：

$$\log L = \sum_i \left\{ \log \binom{n_i}{y_i} + y_i \log F(\mathbf{x}'_i \boldsymbol{\beta}) + (n_i - y_i) \log [1 - F(\mathbf{x}'_i \boldsymbol{\beta})] \right\} \tag{3.39}$$

这里，$F(\cdot)$ 是一个与逻辑斯蒂、正态或其他合适的分布相应的累积概率分布函数。

公式 3.38 和公式 3.39 中的二项系数 $\binom{n_i}{y_i}$ 只是一个常数乘数，并不包含未知参数。因此，实际上，我们只是将与公式 3.39 成比例的对数似然值最大化，即：

$$\log L = \sum_i \{ y_i \log F(\mathbf{x}'_i \boldsymbol{\beta}) + (n_i - y_i) \log [1 - F(\mathbf{x}'_i \boldsymbol{\beta})] \}$$

此式被最大化以得到 $\boldsymbol{\beta}$ 的最优值。注意，此式与 3.3.3 节中给出的个体数据的对数似然函数非常相似（见附录 B）。下面，我们考虑根据对数似然函数推导出的拟合优度测量指标。

3.3.4.3　似然比统计量

$\log L$ 不能单独被用作拟合指标，因为它受样本规模的影响。也就是说，更小的 $\log L$ 值（即更大的负数）与更大的样本规模有关。对相同数据的不同模型加以拟合将会得到不同的 $\log L$ 值。当评价模型的拟合情况时，我们通常关注的是一个模型相对于另一个模型拟合得如何。在评价模型拟合情况的时候，有三个模型特别重要——零模型、饱和（或完全）模型和当前模型。令 L_0 表示零模型估计的似然值。零模型将除了截距项（β_0）之外所有参数限定为 0。令 L_f 表示完全（或饱和）模型估计的似然值。完全模型包括与数据中每个单元格（或观测案例）相对应的一个参数，使得其拟合值完全等于观测数据。L_f 是数据可获得的最大似然值。令 L_c 表示当前模型，它包含的参数必定比零模型多但比饱和模型少，因此嵌套于完全模型中。当 L_c 小于 L_f 值时，就表示当前模型没有较好地拟合数据（或欠佳的模型拟合）。相反，当 L_c 和 L_f 值相似时，则当前模型拟合较好。一个通常报告的模型拟合指标是似然比统计量〔或偏差（deviance）〕G^2，它测量的是当前模型偏离饱和模型的程度。偏差是当前模型与饱和模型似然值之比的对数的 -2 倍，或

$$G^2 = -2\log(L_c/L_f) = -2(\log L_c - \log L_f) \tag{3.40}$$

令 $\hat{y}_i = n_i\hat{p}_i$ 表示 y_i 的拟合值或模型中成功的期望次数，二项模型的偏差可以表示为：

$$G^2 = 2\sum_i^n \left[y_i\log\frac{y_i}{\hat{y}_i} + (n_i - y_i)\log\left(\frac{n_i - y_i}{n_i - \hat{y}_i}\right) \right] \tag{3.41}$$

此式表明偏差是如何将 y_i 的拟合值与 y_i 的观测值加以比较的。

解释分组数据模型中的偏差

在线性模型中，偏差就是残差平方和，它具有一个已知的分布。在二项数据的模型中，我们必须依赖渐近性质。只要组规模（n_i）够大，偏差就会服从近似卡方分布。很不幸，并没有较好的经验规则来确切地知道 n_i 应当有多大。一个保险的经验规则是一张给定表中频数小于 5 的单元格数应当不超过 20%。在偏差可以作为拟合指标的情况下，我们能够把偏差比作恰当的自由度等于单元格数减去模型中参数个数的卡方统计量。如果 G^2 统计量比给定自由度的卡方分布大于 5% 的情况下（$100\times\alpha\%$，这里通常取 $\alpha = 0.05$）卡方值更大，则模型并不拟合数据。更一般地，如果当前模型的偏差近似地等于自由度（即 $G^2 \approx df$ 或 $G^2/df \approx 1$），则拟合可被认为是令人满意的。但是，我们要强调偏差作为一个拟合优度（或更准确地说，劣度）统计量，只有当每个单元格有足够的观测案例数时才应被使用。

解释个体水平数据的偏差

不像分组数据的模型，个体水平二分类数据（或稀疏的二项数据）模型的拟合优度不能用偏差统计量判断。对于二分类数据，该统计量的分布并不服从卡方分布，哪怕是渐近卡方分布。[1] 在极限情况下（即当样本规模趋于无穷大时），当每个观测要求有一个参数时，饱和模型的参数会变得无穷多。对于分组数据，或者当个体暴露在不止一次试验中时倘若数据并不稀疏，此问题并不严重。对于分组数据，拟合比例的形式为 $\hat{p}_i = y_i/n_i$。饱和模型的参数个数与 n_i 趋于无限时一样。增加试验次数并不会增加参数个数。有必要将这个条件应用于与 G^2 统计量相关的分布理论。

对于个体数据，饱和模型的似然值等于 1（$L_f = 1$ 和 $\log L_f = 0$）。因此，由公

---

① 更详细的讨论请见 Simonoff（1998）。

式 3.40 表示的偏差公式是：

$$G^2 = -2\log L_c$$

正如我们在前面指出的，$\log L$（或 $-2\log L$）不应作为一个拟合指标。然而，像我们将看到的，个体水平数据模型的偏差能够用来从一组竞争的嵌套模型中挑选出拟合最佳的模型。

偏差和模型卡方值的差异

评价拟合的一个更好的方法是比较不同模型的偏差。我们的目标通常是建立适合于数据的最好模型。比较竞争的嵌套模型的偏差提供了对因增加新的模型参数而导致的拟合改进进行评价的方法。偏差的差值服从准确的卡方分布，其自由度等于竞争模型中参数个数之差。

表 3 - 5 呈现了两个竞争模型。第一个模型是表 3 - 3 的初始主效应模型；第二个模型增加了种族和家庭结构的二维交互作用（即黑人 × 不完整家庭和西班牙裔 × 不完整家庭），因此更少限定的模型（模型 2）是：

$$\text{logit}(p_i) = \beta_0 + \beta_1 \text{Black}_i + \beta_2 \text{Hispanic}_i + \beta_3 \text{Female}_i + \beta_4 \text{Nonintact}_i +$$
$$\beta_5 \text{Black}_i \times \text{Nonintact}_i + \beta_6 \text{Hispanic}_i \times \text{Nonintact}_i$$

表 3 - 5 比较主效应和二维交互作用模型

变　量	模型 1		模型 2	
	估计值	标准误	估计值	标准误
常数	1.754	(0.071)	1.867	(0.080)
黑人	-0.322	(0.092)	-0.534	(0.118)
西班牙裔	-0.564	(0.105)	-0.788	(0.128)
女性	0.575	(0.081)	0.568	(0.184)
不完整家庭	-0.747	(0.083)	-1.121	(0.130)
黑人 × 不完整家庭			0.568	(0.184)
西班牙裔 × 不完整家庭			0.696	(0.222)
X^2	20.66		6.62	
G^2	20.12		6.56	
df	7		5	
Log L	-2071.34		-2064.56	
模型 χ^2	185.7		199.3	
$df \chi^2$	4		6	

用偏差本身来判别拟合优度，我们发现两个模型都提供了对数据的可接受的拟合。然而，偏差与自由度的比在模型 1 中是 2.87、在模型 2 中是 1.31。令 G_1^2 表示模型 1 的偏差，G_2^2 表示模型 2 的偏差。差值

$$\Delta G^2 = G_1^2 - G_2^2 = 13.6$$

服从卡方分布，其自由度等于在更少限定的模型中增加的参数个数。在这种情况下，增加的两个交互项显著地提高了模型的拟合度（$p = 0.001$）。

偏差或 G^2 统计量被称作似然比统计量的更具一般性测量指标的一个具体形式。许多计算机软件报告偏差（或尺度化的偏差），同时提供当前模型的 $\log L$ 和 $-2\log L$。

计算机结果可能也包括零模型中相应的 $\log L_0$ 或 $-2\log L_0$ 值。除此之外，也经常报告模型卡方（model χ^2）。模型卡方将当前模型的拟合与零模型的拟合加以比较：

$$\text{Model } \chi^2 = -2\log L_0 - (-2\log L_c) \tag{3.42}$$

模型卡方统计量评估了因在当前模型中增加参数而相对于零模型在拟合上的改进。模型卡方服从卡方分布，其自由度等于当前模型的参数个数与零模型之差（或 K）。令 G_0^2 表示零模型的偏差，则模型卡方可由 $G_0^2 - G_c^2$ 之差得到。对表 3 - 2 中的数据拟合一个零模型，得到 $L_0 = -2164.19$ 和 $G_0^2 = 205.82$。表 3 - 5 中报告的模型卡方值表明，与这些数据的其他模型相比，我们能够在通常的显著水平上拒绝零模型。

模型卡方的差也能够用来评估一个模型相对于另一个模型的拟合程度。在这种情况下，我们用更少限定的模型卡方减去更多限定的模型卡方。以表 3 - 5 中的模型为例，

$$\text{model } \chi_2^2 - \text{model } \chi_1^2 = G_1^2 - G_2^2 = 13.6$$

伪 R 方（Pseudo-R^2）测量指标

对数似然也能够用来计算 R^2 类测量指标。给定 $\log L_0 \leq \log L_c \leq \log L_f \leq 0$，量

$$\frac{\log L_c - \log L_0}{\log L_f - \log L_0}$$

必然落在 0 和 1 之间。若当前模型相对于零模型没有改进，该量为 0；当当前模型提供了对数据的完美拟合时，该量等于 1。

McFadden（1974）提出了另一个 R^2 测量指标为：

$$D = \frac{\log L_0 - \log L_c}{\log L_0}$$

或者，在分组二分类（或二项）数据情况下，可以用偏差统计量 G^2 表示：

$$D = \frac{G_0^2 - G_c^2}{G_0^2}$$

因为对二项数据缺乏一致认可的 R^2 指标，从根本上讲，常规的做法是慎重地使用这些测量指标。[①]

3.3.5　假设检验和统计推论

3.3.5.1　Z 检验

为了对与个体参数有关的假设加以检验，计算 Z 比值（Z-ratios）或置信区间可能是最容易的。当某些一般性条件得到满足时，最大似然估计量具有很多期望属性，所要求的是独立同分布的观测案例、$\mathbf{x}_i$ 和模型误差（ε_i）相互独立。在满足这些条件的情况下，最大似然估计量是渐近无偏的（或一致的），服从正态分布，而且在所有一致的和渐近正态估计量中具有最小的方差。逆信息矩阵提供了一个可获得的 MLE 方差的下限，而且是估计步骤中的一个副产品。该矩阵在许多统计检验中扮演着重要角色。

原假设 $\beta_k = 0$ 的 Z 比值可用通常的方法计算，即用估计值除以标准误。标准误被当作逆信息矩阵中相应的第 k 个对角线元素的平方根求得。然后这个值可以与标准正态表中的数值进行比较。许多计算机程序输出 Z 比值并在零假设为真这一假定下得到它的概率。令 Z^* 表示计算出的 Z 比值。p 值，$\Pr(\mid Z \mid \geqslant \mid Z^* \mid)$，给出了估计的显著水平（$\alpha$-level）或检验的 p 值。可以用相似的方法建构其他统计检验。

3.3.5.2　Wald 检验

Wald 检验是更具一般性的检验，可被用来检验若干个约束条件。不像似然比检验要求估计若干嵌套模型，Wald 检验允许检验一个或更多的模型，它们是某一单一的、更少限定的模型的约束版本。令 $\hat{\boldsymbol{\beta}}_r$ 表示估计参数向量 $\hat{\boldsymbol{\beta}}$ 的子向量。

---

① Long（1997）对针对二项数据的几个 R^2 指标的性质做了详细的回顾。

设想我们想检验交互效应是否为 0 （即表 3 - 5 中模型 2 的 β_5 和 β_6 都等于 0），那么 $\hat{\boldsymbol{\beta}}_r = (\hat{\beta}_5, \hat{\beta}_6)'$。令 **V** 表示 $\hat{\boldsymbol{\beta}}$ 的渐近方差 - 协方差矩阵，且令 $\mathbf{V}_r$ 表示 **V** 的相应子矩阵。假设 $\boldsymbol{\beta}_r = 0$ 的 Wald 卡方统计量是：

$$W = \hat{\boldsymbol{\beta}}_r' \mathbf{V}_r^{-1} \hat{\boldsymbol{\beta}}_r \qquad (3.43)$$

Wald 统计量服从自由度等于约束参数个数（*r*）的卡方分布。如只有单个参数，Wald 统计量就是 *Z* 比值的平方。如果多于一个参数，Wald 统计量必须通过提取和处理有关的矩阵与向量中的量来计算。对于表 3 - 5 中的模型 2，Wald 统计量是 31.69，其自由度为 2。因此，$\beta_5 = \beta_6 = 0$ 这一约束条件不被数据支持。

我们可以将 Wald 统计量一般化从而可以对其他约束条件加以检验。在前面的例子中，原假设可以写成下面的形式：

$$H_0 : \mathbf{R}\boldsymbol{\beta}_r = \mathbf{q}$$

这里，**R** 是一个约束矩阵，其中每行对应着一个系数向量的单一约束；**q** 是一个元素均为 0 的子矩阵。在前面的例子中，我们检验了两个限定，$\beta_5 = 0$ 和 $\beta_6 = 0$。

考虑到这些限定和我们的估计值向量 $\hat{\boldsymbol{\beta}}_r$，我们希望检验差异向量 $\mathbf{d} = \mathbf{R}\hat{\boldsymbol{\beta}}_r - \mathbf{q}$ 是否显著地不等于 0。在这种情况下，是对两个参数的联立检验。当检验一个或多个参数等于 0 时，Wald 统计量采用公式 3.43 的形式。但是，一般地，我们可以用稍加修正的统计量来检验各种线性约束：

$$W = \mathbf{d}' \mathbf{V}_d^{-1} \mathbf{d} \qquad (3.44)$$

这里，$\mathbf{V}_d = \mathbf{R}\mathbf{V}_r\mathbf{R}'$。

例如，对这些限定进行检验的差异向量是：

$$\mathbf{d} = \mathbf{R}\hat{\boldsymbol{\beta}}_r - \mathbf{q} = \begin{pmatrix} 1 & 0 \\ 0 & 1 \end{pmatrix} \begin{pmatrix} 0.568 \\ 0.696 \end{pmatrix} - \begin{pmatrix} 0 \\ 0 \end{pmatrix} = \begin{pmatrix} 0.568 \\ 0.696 \end{pmatrix}$$

其方差为 $\mathbf{R}'\mathbf{V}_r^{-1}\mathbf{R} = \mathbf{V}_d^{-1}$，与公式 3.43 中的一样。

设想我们想检验是否 $\beta_5 = \beta_6$。这对应着一个单一的交互项，比如，非白人 × 不完整家庭，并涉及一个与假设 $\beta_5 - \beta_6 = 0$ 等价的单一限定。该限定可以用差异向量的形式表示：

$$\mathbf{d} = \mathbf{R}\hat{\boldsymbol{\beta}}_r - \mathbf{q} = (1 \; -1) \begin{pmatrix} 0.568 \\ 0.696 \end{pmatrix} - (0) = -0.1281$$

这个统计量可以看作与对 $\beta_5 - \beta_6 = 0$ 这一差值进行 Z 检验相类似，但是考虑了估计值的协方差。在这种情况下，使用差值方差的常用公式，$\mathbf{V}_d = \mathrm{var}(\hat{\beta}_5) + \mathrm{var}(\hat{\beta}_6) - 2\mathrm{cov}(\hat{\beta}_5, \hat{\beta}_6) = 0.0494$，所以 Wald 统计量为 $W = (-0.128)^2/0.0494 = 0.332$，其自由度为 1，表明它支持了假设 $\beta_5 = \beta_6$。

再进一步，我们检验种族的效应是否能够归结为一个单一的"非白人"效应，这意味着，除了 $\beta_5 = \beta_6$ 之外，还有 $\beta_2 = \beta_3$。当这两个约束条件被检验时，Wald 统计量是 3.898，自由度为 2，支持联合限定的假设。

3.3.5.3 似然比检验

检验多约束条件最常用的方法是 3.3.4 节介绍的似然比检验。这个检验包括一个模型与另一个包含更多约束模型的对数似然值的比较。以表 3 - 5 的结果为例，约束更多的是模型 1，其对数似然值为 - 2071.34；约束较少的模型（模型 2）其对数似然值为 - 2064.56。令 M_1 代表约束更多的模型，M_2 代表约束较少的模型，则 M_1 嵌套于 M_2。令 L_1 表示 M_1 的似然值，L_2 表示 M_2 的似然值，则似然比卡方统计量是：

$$-2(\log L_1 - \log L_2)$$

该统计量服从自由度等于 $K_2 - K_1 (K_1 < K_2)$ 的卡方分布，这里，K_1 和 K_2 分别表示 M_1 和 M_2 的参数个数。以表 3 - 5 为例，似然比统计量是 13.6，其自由度为 2。这提供了进一步的事实来否定 $\beta_5 = \beta_6 = 0$ 的假设。注意，Wald 和似然比统计量是渐近等价的，但未必相同。这意味着，所得到的实质结论取决于检验类型。

3.4 解释估计值

至少有三种方法来解释 logit 和 probit 模型的估计值。第一种解释来自计量经济学的潜在变量框架。我们在前面指出过，指引函数 $\mathbf{x}_i'\boldsymbol{\beta}$ 可被解释为潜在变量 y_i^* 的条件均值。在这种解释下，参数估计值反映的是 x_{ik} 对 y_i^* 的边际（marginal）影响。这种解释可能令人不舒服，因为与潜在变量类似的样本并不存在。但是，如果关注点只是描述潜在偏好或效用，那么这种解释就足够了。如果我们想把讨论扩展到概率上面，那么更好的办法是采用比数比方法或恰当的时候采用相对风险方法来解释结果，或者报告 x_{ik} 对成功概率 $\mathrm{Pr}(y_i = 1)$ 的边际影响。

3.4.1　比数比（Odds-Ratio）

在 3.2.2 节，我们定义了分组数据 logit 模型情况下的比数比。这个概念很容易扩展到个体水平数据 logit 模型的情况。设想我们有一个在假想社区投票倾向（或可能性）的简单模型。令 y_i^* 是反映投票倾向的潜在连续变量，且假定这是一个收入和性别的线性函数。在样本层次上，我们无法观测到投票倾向本身，但可以观测到投票行为。如果一个被访者投票了，那么 $y_i = 1$，否则为 0。投票倾向被假定为一个连续自变量 x 和虚拟变量 d 的函数。其中，x 测量收入，以千美元为单位；d 表示性别，女性为 1，男性为 0。该 logit 模型可以写为：

$$y_i^* = \beta_0 + \beta_1 x_i + \beta_2 d_i + \varepsilon_i$$

设想这个模型产生下面的 ML 估计值：

$$\text{logit}[\Pr(y_i = 1)] = -1.92 + 0.012 x_i + 0.67 d_i$$

对于代表性别的虚拟变量，比数比的解释较为直截了当。比数比计算如下：

$$
\theta = \frac{\omega_1}{\omega_2} = \frac{\Pr(y_i = 1 \mid d_i = 1)/\Pr(y_i = 0 \mid d_i = 1)}{\Pr(y_i = 1 \mid d_i = 0)/\Pr(y_i = 0 \mid d_i = 0)}
$$
$$
= \exp(\hat{\beta}_2) = \exp(0.67) = 1.95
$$

此结果意味着，对于该选民，当收入变量保持不变时，女性当中投票的比数（odds）是男性的近 2 倍。

比数比对于连续变量的解释比较不那么直截了当。对于连续变量的情况，没有建构比（ratios）的自然而然的基线组。不过，我们能够在自变量的不同取值上评估比数，或者我们能够刻画自变量对比数的影响。在这种情况下，解释涉及乘法效应的概念而不是比数比本身。例如，设想我们想知道投票的比数如何随收入水平的变化而变化。我们可以计算一个取值为 $x + 1$ 的人相对于取值为 x 的人的比数为：

$$
\frac{\exp\{\hat{\beta}_1(x+1)\}}{\exp(\hat{\beta}_1 x)} = \exp\{\hat{\beta}_1(1)\} = 1.01
$$

在所有这些例子中，都可能以比数的百分比变化的形式对结果加以表述。以前面的例子为例，收入变化一个单位（即每变化 1000 美元），投票的比数上升 1%。

设想我们想知道收入变化 c 个单位将如何影响投票行为。用前面给出的一般性公式，可以表示为：

$$\frac{\exp\{\hat{\beta}_1(x+c)\}}{\exp(\hat{\beta}_1 x)} = \exp\{\hat{\beta}_1(c)\}$$

例如，如果收入增加 10000 美元，那么投票的比数大约提高 13%，或 $(e^{10\hat{\beta}_1}-1) \times 100\%$。

3.4.2 边际效应

Probit 模型没有类似于比数比这样的指标。正因如此，研究者经常报告成功概率的边际效应。[①] 边际效应表达了一个数量相对于另一个数量的率的变化。更具体地说，边际效应是自变量每单位的变化所引起的因变量的变化。对于 logit 和 probit 模型，因为它们是线性参数模型，所以 x_i 一个单位的变化会导致 y_i^* 变化 β 个单位。例如，在模型

$$y_i^* = \beta_0 + \beta_1 x_i + \beta_2 d_i + \varepsilon_i$$

中，x 每个单位的变化导致 y_i^* 的变化可以用偏导数表示为：

$$\frac{\partial y_i^*}{\partial x_i} = \beta_1$$

只要 x_i 是连续变量，这个概念化定义就适用。对于一个离散自变量，如前面例子中的性别变量，其边际效应由下面的差推导得出：

$$E(y_i^* \mid d_i = 1) - E(y_i^* \mid d_i = 0) = \beta_2$$

它在操作上与前述的表达式完全一致，且 $E(y_i^*)$ 是 y_i^* 的期望值。

边际效应也可以用概率本身来表达，这在文献中是最常用的。第 k 个自变量的边际效应是：

$$\frac{\partial \Pr(y_i = 1 \mid \mathbf{x}_i)}{\partial x_{ik}} = \frac{\partial F(\mathbf{x}_i' \boldsymbol{\beta})}{\partial x_{ik}} = f(\mathbf{x}_i' \boldsymbol{\beta}) \beta_k$$

这里，$F(\cdot)$ 表示累积分布函数，$f(\cdot)$ 表示密度函数。该量表示在 x 某一特定取值

---

① 见 Petersen（1985）对二项 logit 和 probit 模型边际效应的解释。

附近的成功概率的变化率。图 3 - 2 表明边际效应是对应于 x 每一特定取值的累积概率函数切线的斜率。因此，我们发现，与 OLS 回归不同，x 对 $\Pr(y=1)$ 的"效应"会随着 x 的变化而变化。我们也可以从图 3 - 2 中看到，当 $\Pr(y=1) = 0.5$ 时，logit 和 probit 模型取得最大边际效应。

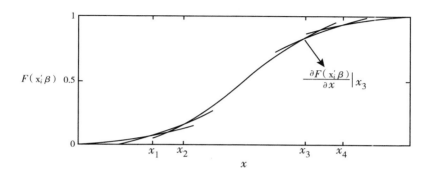

图 3 - 2　以累积概率函数曲线切线的斜率表示的边际效应

对于 probit 模型，x_{ik} 的边际效应是：

$$\frac{\partial F(\mathbf{x}_i' \boldsymbol{\beta})}{\partial x_{ik}} = \phi_i \beta_k$$

这里，$\phi_i = \phi(\mathbf{x}_i' \boldsymbol{\beta})$。对于 logit 模型，边际效应是：

$$\frac{\partial F(\mathbf{x}_i' \boldsymbol{\beta})}{\partial x_{ik}} = \Lambda_i (1 - \Lambda_i) \beta_k$$

这里，$\Lambda_i = \Lambda(\mathbf{x}_i' \hat{\boldsymbol{\beta}})$。

因为它们随着 x 而变化，所以通常的情况是计算 x 不同取值时的边际效应。在实际研究工作中，会将自变量的均值和参数估计值用在 ϕ_i 和 Λ_i 的表达式中以 $\bar{\mathbf{x}}' \hat{\boldsymbol{\beta}}$ 替换 $\mathbf{x}_i' \boldsymbol{\beta}$，从而得到"平均"边际效应。用这种办法求得一个与每个自变量有关的平均边际效应，就像与每一个 x 可能的值对立一样。

表 3 - 6 列出了影响投票倾向的自变量的边际效应。两个模型得到非常相似的边际效应。我们看到，当自变量为均值时，即收入在接近均值（35000 美元）处时每增加 1000 美元，投票概率变化 0.003。

表 3 – 6   收入和性别对投票倾向的影响

变量	Logit 模型		Probit 模型	
	估计值（标准误）	边际效应	估计值（标准误）	边际效应
常数	– 1.918		– 1.158	
	(0.262)		(0.150)	
收入(x)	0.012	0.0028	0.007	0.0027
	(0.005)		(0.003)	
性别(d)	0.670	0.1219	0.394	0.1237
	(0.213)		(0.124)	

对于像性别之类的分类变量，边际效应可以作为预测概率之差计算得到。对于 logit 模型，我们估计该边际效应为：

$$\Lambda(\hat{\beta}_0 + \hat{\beta}_1\bar{x} + \hat{\beta}_2) - \Lambda(\hat{\beta}_0 + \hat{\beta}_1\bar{x})$$

对于 probit 模型，我们估计性别的边际效应为：

$$\Phi(\hat{\beta}_0 + \hat{\beta}_1\bar{x} + \hat{\beta}_2) - \Phi(\hat{\beta}_0 + \hat{\beta}_1\bar{x})$$

图 3 – 3 显示了虚拟变量的边际效应如何能被解释为在 x 轴一个给定点处的累积概率函数的差值。我们再次看到，对于 x 的所有取值，这些效应并不是固定不变的，并且最大的差值出现在 $\Pr(y=1)=0.5$ 时。在这个例子中，当家庭收入为样本均值时，作为女性会提高投票概率约 0.12。

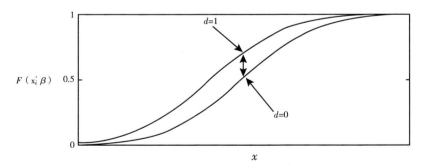

图 3 – 3   虚拟变量的边际效应

应当指出的是，边际效应或其他根据最大似然估计值得到的量都有抽样分布。以渐近理论为基础的统计程序可以像最大似然估计值的函数那样被用来确定估计量的大样本方差。但是，得到最大似然估计值非线性函数方差的方法比线性函数情况下的方法要更为复杂。一种被称为 δ 方法（Rao，1973）的技术在估计非线性函数的方差时较为有用。令 $g(\hat{\theta})$ 表示一个最大似然估计值 $\hat{\theta}$ 的非线性函数，$g(\hat{\theta})$ 的渐近（或大样本）方差近似地表示为：

$$\text{var}\big[\,g(\hat{\theta})\,\big] = \left[\frac{\partial g(\hat{\theta})}{\partial \hat{\theta}}\right]^2 \text{var}(\hat{\theta})$$

这个技术可以用来确定边际效应的置信区间。Greene（2008）提供了 logit 和 probit 模型情况下边际效应渐近方差的简明推导。

这可以扩展到若干最大似然估计值函数的情况。例如，设想一个包含 $K+1$ 个估计值 $\hat{\theta}$ 的向量的非线性函数。$g(\hat{\theta})$ 的渐近方差可以近似地写为：

$$\text{var}\big[\,g(\hat{\theta})\,\big] = \sum_{r=1}^{K}\sum_{s=1}^{K}\left[\frac{\partial g(\hat{\theta})}{\partial \hat{\theta}_r}\right]\left[\frac{\partial g(\hat{\theta})}{\partial \hat{\theta}_s}\right]\text{cov}(\hat{\theta}_r,\hat{\theta}_s)$$

3.4.3　一个使用个体水平数据的应用

表 3 - 7 提供了 probit 和 logit 模型使用个体水平数据的最大似然估计值。数据来自全国青年跟踪调查的 1643 名 20 ~ 24 岁的男性样本。因变量是青年人在 1985 年

表 3 - 7　个人水平数据的 logit 和 probit 模型估计值

变　量	Logit 模型		Probit 模型	
	估计值	（标准误）	估计值	（标准误）
常数	1.651	（0.274）	0.947	（0.151）
NONWHT	0.801	（0.171）	0.468	（0.097）
NONINT	− 0.719	（0.160）	− 0.400	（0.091）
MHS	0.349	（0.176）	0.193	（0.089）
FHS	0.309	（0.178）	0.186	（0.090）
INC/10000	0.531	（0.224）	0.293	（0.122）
ASVAB	1.488	（0.113）	0.836	（0.061）
NSIBS	− 0.036	（0.029）	− 0.023	（0.170）
Log L_c	− 561.05		− 558.84	
Log L_0	− 765.73		− 765.73	
模型 χ^2	409.35		413.77	
df	7		7	

注：如果被访者是黑人或西班牙裔，则 NONWHT = 1，否则为 0；如果被访者在 14 岁时没有生活在亲生父母身边，则 NONINT = 1，否则为 0；如果被访者的母亲高中毕业，则 MHS = 1，否则为 0；如果被访者的父亲高中毕业，则 FHS = 1，否则为 0；INC/10000 是 1979 年以千美元为单位的家庭总收入（根据家庭规模进行了调整）；ASVAB 是 1980 年每个被访者兵种倾向选择测验（Armed Services Vocational Aptitude Battery Test，ASVAB）的标准分；NSIBS 是姐妹的数量。

之前是否高中毕业。我们控制若干自变量，如父母的受教育水平、种族、家庭收入、姐妹数、家庭结构和测量的能力等。两个模型得到基本相同的实质结论。这是经常出现的情况，除非当许多预测值非常接近 0 或 1 的时候。

可以用"logit"来计算比数比。例如，在控制了个体水平的协变量后，我们发现一名来自不完整家庭的男性青年高中毕业的估计比数是来自完整家庭男性青年的 $e^{-0.719} = 0.487$ 倍。略为不同的表述是，一名生活在完整家庭的男性青年高中毕业的比数是生活在不完整家庭男性青年的 $1/e^{-0.719} = 2.05$ 倍。在控制了家庭层面和个体层面的协变量后，非白人高中毕业的估计比数是白人的两倍多。

对于诸如家庭收入和 ASVAB 测验分这类连续变量来讲，比数比不完全恰当。相反，我们可以用乘积效应（multiplicative effect）术语来表达收入或测验分变化对毕业比数的影响。例如，家庭收入增加 10000 美元将使毕业比数上升 $e^{0.531} = 1.7$ 倍或以百分数表示为提高 $100 \times (e^{0.531} - 1)\% = 70\%$。类似地，标准化的 ASVAB 测验分每增加一个标准差，毕业比数增加 4.428 倍或 340% 多。通过检验 ASVAB 测验分对预测概率的边际效应，我们得到相似的实质结论。对于 probit 模型，当 ASVAB 测验分的均值在 -0.034 处被加以计算时，ASVAB 分值增加一个标准差，则毕业概率的变化是 0.146。

3.4.3.1 预测概率

作为计算边际效应的一个替代方法，另一个评价连续变量效果的方法是画出连续变量所有取值范围的概率。例如，如果我们想看毕业概率随收入水平的变化情况，可以将除了收入之外的所有协变量固定在它们的均值（或一些其他指定的数值）处，并计算收入取不同值时的预测概率。以表 3 - 7 中的 probit 估计值为例，图 3 - 4 画出了毕业概率和家庭收入之间的关系。

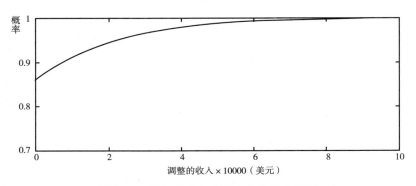

图 3 - 4　按家庭收入水平变化的毕业概率

3.5　其他的概率模型

除了逻辑斯蒂和正态分布之外，还有许多分布可以用来对二分类结果建模。其中，文献中常见的一个模型是互补双对数模型（complementary log-log model）。像 logit 和 probit 模型一样，互补双对数变换保证了预测概率处在 0 至 1 的范围内。与正态和逻辑斯蒂分布不同，它的分布函数不是关于 0 对称的，而是偏向右边。图 3 – 5 展示了互补双对数变换〔累积分布函数的逆 $F^{-1}(p)$〕并不是围绕着 $p = 0.5$ 对称的。

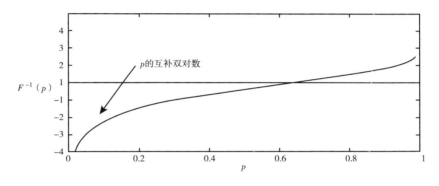

图 3 – 5　p 的互补双对数变换

3.5.1　互补双对数模型

互补双对数模型源于这样的假定：误差分布（或潜在变量的分布）服从一个标准的极值分布。对于随机变量 U，标准化的极值分布的概率密度函数具有以下的形式：

$$f(u) = \exp(u) \exp\{-\exp(u)\}$$

这里，$\mathrm{E}(U) = 0.5704$，且 $\mathrm{var}(U) = \pi^2/6$。累积分布函数有方便的封闭形式

$$F(u) = 1 - \exp\{-\exp(u)\}$$

成功的概率可以表示为未知回归参数的一个函数

$$p_i = 1 - \exp\left\{-\exp\left(\sum_k \beta_k x_{ik}\right)\right\}$$

在累积分布函数的逆，即 p_i 补数的负对数的对数或 $\log\{-\log(1-p_i)\}$ 上，模型是线性的，这里，

$$\log\{-\log(1-p_i)\} = \sum_k \beta_k x_{ik}$$

对于较小的 p_i 值，此函数近似等于 $\log p_i$。这意味着 $\log(1-p_i) \approx -p_i$，以及 $\log\{p_i/(1-p_i)\} \approx \log p_i + p_i$。除了将它作为一个替代的概率模型这一用途之外，此模型已被广泛地用于分组生存数据建模（Aranda-Ordaz，1983）。

对于个体水平数据，我们可以再次使用随机效应函数或潜在变量框架：

$$y_i^* = \mathbf{x}_i'\boldsymbol{\beta} + \varepsilon_i$$

这里，ε_i 被假定服从标准的极值分布。除了 $\exp(\beta_k)$ 表示风险比或相对风险而不是比数比之外，参数具有与逻辑斯蒂回归所得参数相似的解释。以互补双对数链接函数为例，我们发现基于投票倾向数据的估计值与表 3-6 中 logit 模型的估计值非常相似：

$$\log\{-\log(1-\hat{p}_i)\} = -1.953 + 0.010x_i + 0.573d_i$$

3.5.2　二项结果模型的实现程序

二项结果模型可以用许多被广泛使用的统计软件包来估计。本书的网站提供了许多统计软件包的应用程序实例，包括 SAS、Stata、R、GLIM 以及 LIMDEP 等。这些模型背后的数值/计算方法使用高斯（GAUSS）编程语言加以举例说明。Stata、R、TDA 和 LIMDEP 的一般编程功能我们会加以举例说明。[①] SAS、Stata 和 R 都有估计一般化线性模型的程序，它们可能包括了本章讨论到的所有模型和第 4 章将要讨论到的大多数模型。

3.6　小结

本章对大多数二分类数据建模的常见技术进行了回顾。我们介绍了变换方

---

① 我们将继续更新我们的网站，以包括一些专门软件的例子，如 ℓEM、TDA 和 aML。

法，并且介绍了在数据以列联表的形式（或固定方格）呈现时，如何针对经验概率变换使用 FGLS 估计技术。对于分组或未分组数据，IRLS 技术可用来得到 logit、probit 和互补双对数模型作为一般化线性模型的 ML 估计值。因此，IRLS 技术提供了 FGLS 技术对个体水平数据的一个自然而然的扩展。Logit 和 probit 模型都可以用效应最大化概念加以论证。潜在变量公式是此观点的一个自然而然的扩展。

第 4 章

列联表的对数线性模型

4.1 列联表

列联表是两个及以上分类变量的联合频次分布。更严格地说,列联表可以被认为是对两个或更多变量可能取值(或类别)的交叉分类,并在每个交叉分类的单元中显示出相应的观测频次。当涉及两个变量时,得到的列联表被称为二维表;当涉及三个变量时,得到的列联表被称为三维表。一个三维或更高维表被简称为多维表。

列联表,或"交叉表",是被社会科学家们应用最久且最为广泛的统计工具之一。它们如此受欢迎的一个主要原因在于它们的简洁性,另外,则是由于列联表是非参数的或仅要求很弱的参数(或分布)假定。研究者们往往直接对列联表所展现的描述性统计量进行解释并得出实质性结论,而不求助于明确的建模。但是,当研究者试图探究复杂关系或对多维表进行分析时,这种仅依靠目测的方法是非常不准确的。这一章,我们将学习如何基于理论上推论得到的假设对列联表进行建模,以及如何消除抽样波动所带来的明显的不规则性。

4.1.1 列联表类型

Goodman(1981a)列出了二维列联表的三种理想类型。它们是:

1. 两个解释变量的联合分布(例如,身高和体重)。
2. 一个结果变量取决于一个解释变量的因果关系(例如,吸烟和肺癌)。
3. 两个结果变量间的关联(例如,对堕胎的态度和对婚前性行为的态度)。

注意，列联表三种类型间的区别只是概念性的，因为它们表现为同样的形式。事实上，本章中讨论的列联表统计模型是将频次而非结果变量作为因变量在一般化线性模型中来进行估计的。与相关关系的情形一样，交叉表本质上是对称的。对于仅包含一个自变量的简单回归来说，斜率系数可以根据因变量和自变量之间对称的相关系数加上这两个变量的尺度参数得到。同样地，尽管我们能够对结果变量和解释变量进行概念性的区分，但列联表分析的统计模型从估计的角度来讲也是对称的。

4.1.2 范例及标示符号

为了超越过于简单的目测方法，就需要对列联表进行建模。对数线性模型正是针对此目的而设计的。相同的统计模型适用于前面提到的列联表的三种类型，它们被称作对数线性模型，我们会在本章的后面对它们进行正式定义。现在，我们通过一个具体的例子来对有关的设定和标示符号进行说明。

表 4 - 1 是对受教育水平和对婚前性行为的态度的一个交叉表。[①] 数据来自1987 ~ 1991 年合并后的综合社会调查（GSS）。为便于说明，我们假定这个列联表属于上文中所说的类型 2，其中，受教育水平是解释变量，对婚前性行为的态度是结果变量。

表 4 - 1 受教育水平和对婚前性行为的态度

受教育水平	对婚前性行为的态度		
	不赞成	赞 成	总 和
高中或以下	873	1190	2063
大学及以上	533	1208	1741
总 和	1406	2398	3804

注意，我们用符号 + 表示求和。下标 $i+$ 表示行边缘总和：

$$f_{i+} = \sum_{j=1}^{J} f_{ij} \text{ 和 } F_{i+} = \sum_{j=1}^{J} F_{ij}$$

---

① GSS 最初的问题为："如果一对男女在婚前发生性关系，你认为这种行为总是错的、几乎总是错的、有时是错的，或是根本没错？"我们将前两项回答合并为"不赞成"，将后两项回答合并为"赞成"。

类似地，下标 $+j$ 表示列边缘总和：

$$f_{+j} = \sum_{i=1}^{I} f_{ij} \text{ 和 } F_{+j} = \sum_{i=1}^{I} F_{ij}$$

而下标 ++ 代表全部的总和：

$$f_{++} = \sum_{j=1}^{J} \sum_{i=1}^{I} f_{ij} \text{ 和 } F_{++} = \sum_{j=1}^{J} \sum_{i=1}^{I} F_{ij}$$

显然，$f_{++} = n$，即样本规模。实际上，几乎所有模型都有 $F_{++} = f_{++}$ 这一特性。正如将在本章稍后部分讲到的，在社会科学的大多数应用中，实际上都会维持期望频数的边缘总和与观测频数的边缘总和之间的相等。

一般地，我们设定二维列联表由两个变量组成：一个行变量（R）和一个列变量（C）。令 R 随行指引 i 变化，即 $i = 1, \cdots, I$，令 C 随列指引 j 变化，即 $j = 1, \cdots, J$。当两个变量之一是结果变量而另一个是解释变量时（即类型 2），我们习惯于以 R 表示解释变量、以 C 表示结果变量。我们将第 i 行第 j 列的单元格频次记为 f_{ij}，并将它在某一模型下的期望频次记为 F_{ij}。观测频次（f）和期望频次（F）之间的差别在饱和模型的特殊情况下不存在，此时，对于表中的所有单元格都有 $f = F$。在这个例子中，对观测频次和期望频次（见括号中）的标示如表 4-2 所示。

表 4-2　观测（期望）频次

受教育水平	对婚前性行为的态度		
	不赞成	赞成	总和
高中或以下	$f_{11}(F_{11})$	$f_{12}(F_{12})$	$f_{1+}(F_{1+})$
大学及以上	$f_{21}(F_{21})$	$f_{22}(F_{22})$	$f_{2+}(F_{2+})$
总　　和	$f_{+1}(F_{+1})$	$f_{+2}(F_{+2})$	$f_{++}(F_{++})$

4.1.3　独立与皮尔逊卡方统计量

与使用任意样本观测数据的情况一样，我们应当把列联表中的频次当作一个潜在过程的实现。由于存在抽样波动，观测频次可能要比其潜在模式表现得更为不规律。一个可能且常常十分有趣的模式是行变量和列变量之间的独立性。也就是说，我们有时想知道观测频次是否符合独立性的零假设（即只在抽样误差范围内偏离了独立性）。在我们的 GSS 例子中，独立性假设意味着受教育水平与对婚前性行为的态度无关。

为了检验独立性假设，我们可以把它想象成一个特殊的统计模型。一般地，令 F_{ij} 代表某模型下 f_{ij} 的期望值。令 π_{ij} 代表与单元格 (i, j) 有关的期望概率。根据定义，

$$F_{ij} = n\pi_{ij} \qquad (4.1)$$

类似地，我们定义 π_{i+} 和 π_{+j} 分别为行变量和列变量的期望边缘概率。对于我们的例子，期望概率的标示符号如表 4 - 3 所示。

表 4 - 3　期望概率

受教育水平	对婚前性行为的态度		
	不赞成	赞成	总　和
高中或以下	π_{11}	π_{12}	π_{1+}
大学及以上	π_{21}	π_{22}	π_{2+}
总　　和	π_{+1}	π_{+2}	$\pi_{++} = 1$

独立模型意味着联合概率 π_{ij} 是两个相应边缘概率的乘积：

$$\pi_{ij} = \pi_{i+}\pi_{+j} \qquad (4.2)$$

通过观测值得到边缘概率：

$$\pi_{i+} = f_{i+}/f_{++}$$
$$\pi_{+j} = f_{+j}/f_{++} \qquad (4.3)$$

合并公式 4.1、4.2 和 4.3，我们得到

$$F_{ij} = f_{i+}f_{+j}/f_{++} \qquad (4.4)$$

这意味着任何单元格的期望频次都是由与它相关的边缘总和决定的。也就是说，独立性假设考虑了行变量和列变量边缘分布上的相异性。这与我们的直觉相符。在表 4 - 1 的例子中，我们期望在受教育水平与态度无关的情况下单元格（2，1）的频数较小，因为在我们的 GSS 样本中，仅有不到一半（46%）的被访者是大学学历，同时仅有不到一半（37%）的被访者不赞成婚前性行为。在数量上，我们可以很容易地求得独立模型下的预测频次，如表 4 - 4 所示。

表 4 − 4　独立情形下的期望频次

受教育水平	对婚前性行为的态度		
	不赞成	赞　成	总　和
高中或以下	762.51	1300.49	2063
大学及以上	643.49	1097.51	1741
总　　和	1406	2398	3804

一个被广泛用来检验独立模型的统计量是皮尔逊卡方。它的计算方法为：

$$\chi^2 = \sum_{i=1}^{I} \sum_{j=1}^{J} \frac{(F_{ij} - f_{ij})^2}{F_{ij}} \tag{4.5}$$

其自由度等于 $(I-1)(J-1)$。由于拟合频次和观测频次之间的差，$F_{ij} - f_{ij}$ 被称为残差，诸如公式 4.5 这类用来测量拟合劣度的卡方统计量因此也常常被称为基于残差的卡方统计量。本章稍后部分将会更详细地对自由度加以说明。在我们的范例中，皮尔逊卡方统计量是 55.50，自由度为 1，它在 0.001 的 α 水平上显著，这说明，如果表 4 − 1 中受教育水平和对婚前性行为的态度这两个变量在总体中相互独立的话，那么观测到二者之间真实关联的可能性是非常微小的。具体的单元格对卡方值的贡献（如公式 4.5 中所示）见表 4 − 5。

表 4 − 5　各单元格对皮尔逊卡方的贡献

受教育水平	对婚前性行为的态度		
	不赞成	赞　成	总　和
高中或以下	16.01	9.39	25.40
大学及以上	18.97	11.12	30.10
总　　和	34.98	20.51	55.50

注意，尽管公式 4.5 常常与根据公式 4.4 计算期望频次的独立模型相联系，但它其实是一个计算以残差为基础的皮尔逊卡方统计量的一般性公式。计算交叉表的统计程序一般都会报告独立假设条件下的这一统计量。

4.2　关联的测量

4.2.1　同质性比例

另一个描述独立模型的替代方法是查看条件比例。当二维交叉表中的两个分类变量之一为结果变量时，就像在关于态度的例子中那样，这一方法尤为适用。表 4 - 6 显示的是独立情形下期望频次（即表 4 - 4）的行比例（row-specific proportions）。

表 4 - 6　独立情形下的行比例

受教育水平	对婚前性行为的态度		
	不赞成	赞　成	总　　和
高中或以下	0.370	0.630	1.000
大学及以上	0.370	0.630	1.000
总　　和	0.370	0.630	1.000

我们看到，各行的比例相同。这并不令我们感到奇怪，因为期望频次是在隐含着比例同质性的独立模型下得到的。令条件比例记为 $\pi_{j|i}$，可以很容易地得到独立情形下的这一比例：

$$\pi_{j|i} = \frac{F_{ij}}{f_{i+}} = \frac{f_{i+}f_{+j}}{f_{i+}f_{++}} = \frac{f_{+j}}{f_{++}} = \pi_{+j} \tag{4.6}$$

显然，独立模型限定所有的行比例都等于边缘比例，并因此相等。根据对称性，这一特性对列比例同样成立。相反，如果比例在行或列之间不同，则行变量和列变量之间存在相互依赖。根据前面采用的皮尔逊卡方统计量，我们推断，就我们的数据集而言，比例是不同的。为了说明这一点，表 4 - 7 显示了这一观测数据的行比例。

表 4 - 7　观测数据的行比例

受教育水平	对婚前性行为的态度		
	不赞成	赞　成	总　　和
高中或以下	0.423	0.577	1.000
大学及以上	0.306	0.694	1.000
总　　和	0.370	0.630	1.000

该表显示出受教育水平较高的被访者比那些仅受过高中或以下教育的被访者更可能赞成婚前性行为。之前报告的皮尔逊卡方统计量表明这一关系不可能仅仅是出于偶然性。

4.2.2 相对风险

对于一个二分类结果变量，只需一个比例就可以概括所含信息。另一个比例是其补数，因此是冗余的。一般地，对于一个包含 J 个类别的结果变量，只有 $J-1$ 个比例是非冗余的。在关于态度的例子中，我们只需知道不赞成的比例或赞成的比例。既然只关注两个结果类别中的任意一个，那么，一个对基于解释变量上的差异加以测量的概要指标往往很有用。正如我们关于态度的例子那样，当解释变量只有两个类别时，只需一个概要测量。一个简便的测量是将行变量和列变量两者的第一类作为参照，取条件比例的比：

$$\frac{\pi_{2|2}}{\pi_{2|1}} \tag{4.7}$$

如在第 3 章中所定义的，公式 4.7 被称为相对风险。注意，第一类结果的相对风险是一个不同但被限定的数：$\pi_{1|2}/\pi_{1|1} = (1-\pi_{2|2})/(1-\pi_{2|1})$。一般地，对于一个包含 I 个类别的解释变量，存在 $(I-1)$ 个非冗余的比较。在关于态度的例子中，具有更高受教育水平的被访者与那些不具有更高受教育水平的被访者之间持赞成态度的相对风险为 $0.694/0.577 = 1.203$。

4.2.3 比数比

由于许多对数线性模型都能用比数比来刻画，因此比数比是对数线性模型的基础。在我们定义比数比之前，我们先来回顾一下比数这个概念。如前面我们在 logit 模型的相关讨论中所说的那样，比数是一个事件发生的概率与其不发生的概率之比。对于一个 2×2 表，将 $j=2$ 作为积极结果时，那么其第一行和第二行的比数为：

$$\omega_1 = \pi_{12}/\pi_{11}$$
$$\omega_2 = \pi_{22}/\pi_{21}$$

作为概率的单调变换形式，比数测量了一个事件发生的可能性。这个数值越高，则意味着结果 2 相对于结果 1 发生的可能性越高。为测量相对可能性，我们可以求得另一个分类变量（往往为解释变量）两个类别间比数的比值，称作比数比。形式上，一个 2×2 表的比数比为：

$$\theta = \frac{\omega_2}{\omega_1} = \frac{\pi_{22}/\pi_{21}}{\pi_{12}/\pi_{11}} = \frac{\pi_{22}\pi_{11}}{\pi_{12}\pi_{21}} = \frac{F_{11}F_{22}}{F_{12}F_{21}} \tag{4.8}$$

尽管公式 4.8 中使用的是期望频次（F），但实际应用中也常常使用观测频次（f）。当使用观测频次时，所得比数比被称为观测比数比。注意，比数比总是为正，并在（0，∞）这一范围内变化。像所有相对测量指标一样，对比数比的解释取决于参照类的选择。如公式 4.8 所示，一个大于 1 的比数比意味着行变量和列变量的第二个类别——或者相反，行变量和列变量的第一个类别——存在正相关。一个等于 1 的比数比表明两个变量之间的零关系，对应着统计独立。取比数比的自然对数以便将其转化为对数比数比（LOR）通常是很方便的。LOR 在（$-\infty$，∞）的范围内变化，0 对应着独立。在我们关于态度的例子中，比数比是 1.663，LOR 为 0.508。

对于一个 2×2 表，只存在一个有意义的比数比。重新设定参照类别将得到要么相同的比数比，要么就是其倒数。基于公式 4.8，比数比也被称为交叉乘积比，它以主对角线上频次的乘积作为分子。对于一个 $I \times J$ 的一般性二维表，有 $(I-1)(J-1)$ 个非冗余的比数比，其他的比数比可根据它们推算出来。为方便起见，我们定义那些从由具有相邻行和列构成的 $(I-1)(J-1)$ 个 2×2 表所得的比数比为基本的非冗余比数比。令 θ_{ij} 表示这些"局部比数比"，其定义为：

$$\theta_{ij} = \frac{F_{ij}F_{(i+1)(j+1)}}{F_{i(j+1)}F_{(i+1)j}}, \qquad i = 1, \cdots, I-1; \qquad j = 1, \cdots, J-1 \qquad (4.9)$$

要想弄清楚这些基本的局部比数比如何约束其他比数比，首先应意识到一个 $I \times J$ 的表格会有很多可能的比数比，因为每个比数比都会牵涉行变量的两个类别和列变量的两个类别的组合。为进一步说明，我们使用态度例子的一个更完整的表格（见表 4-8），它基于受教育水平的 4 个类别和对婚前性行为态度的 4 个李克特尺度的（Likert-scale）类别得到。

表 4-8 态度例子的完整表格

受教育水平	对婚前性行为的态度			
	总是错的(1)	几乎总是错的(2)	有时是错的(3)	根本没错(4)
高中以下(1)	332	99	141	311
高中(2)	313	129	258	480
大学未毕业(3)	199	87	218	423
大学及以上(4)	176	71	208	359

对于这个 4×4 表，我们可以很容易地计算出 9 个局部比数比，每个都牵涉一个由相邻行和列构成的 2×2 表。其结果如表 4-9 所示。任何其他的比数比都可以通过这些局部比数比推算出来。例如，我们想得到涉及第 2 行和第 3 行与第 2 列和第 4 列的比数比。采用公式 4.9 中的标示符号，我们看到（通过在分子和分母中同时乘以 $F_{23}F_{33}$）：

$$\frac{F_{22}F_{34}}{F_{32}F_{24}} = \frac{F_{22}F_{34}F_{23}F_{33}}{F_{32}F_{24}F_{23}F_{33}} = \left(\frac{F_{22}F_{33}}{F_{23}F_{32}}\right)\left(\frac{F_{23}F_{34}}{F_{33}F_{24}}\right) = \theta_{22}\theta_{23} \qquad (4.10)$$

作为练习，请使用表 4-8 中的观测频次证明公式 4.10 在数值上是正确的。

表 4-9 基于相邻行和列的局部比数比

受教育水平	对婚前性行为的态度		
	C：2 相对于 1	C：3 相对于 2	C：4 相对于 3
R：2 相对于 1	1.382	1.404	0.843
R：3 相对于 2	1.061	1.253	1.043
R：4 相对于 3	0.923	1.169	0.890

4.2.4 比数比的不变性

比数比不随（1）总样本量，（2）行边缘分布，及（3）列边缘分布的变化而变化。这一特点用下面的例子可以很容易地加以说明。例如，对于以下 2×2 表格，观测频次为 f，比数比记为 θ：

$$\begin{matrix} f_{11} & f_{12} \\ f_{21} & f_{22} \end{matrix}$$

$$\theta = \frac{f_{11}f_{22}}{f_{12}f_{21}}$$

如果我们将样本量乘以因子 c，所有的频次都被相同的因子 c 改变，但是比数比保持不变：

$$\begin{matrix} cf_{11} & cf_{12} \\ cf_{21} & cf_{22} \end{matrix}$$

$$\theta = \frac{cf_{11}cf_{22}}{cf_{12}cf_{21}} = \frac{f_{11}f_{22}}{f_{12}f_{21}}$$

如果改变行边缘的分布，将第一行各频次乘以因子 c，第二行各频次乘以因子 d，比数比仍旧保持不变：

$$
\begin{array}{cc}
cf_{11} & cf_{12} \\
df_{21} & df_{22}
\end{array}
$$

$$
\theta = \frac{cf_{11}\,df_{22}}{cf_{12}\,df_{21}} = \frac{f_{11}f_{22}}{f_{12}f_{21}}
$$

同样，如果我们改变列边缘的分布，将第一列各频次乘以因子 c，将第二列各频次乘以因子 d，我们会得到相同的结果：

$$
\begin{array}{cc}
cf_{11} & df_{12} \\
cf_{21} & df_{22}
\end{array}
$$

$$
\theta = \frac{cf_{11}\,df_{22}}{df_{12}\,cf_{21}} = \frac{f_{11}f_{22}}{f_{12}f_{21}}
$$

总之，由于边缘分布的变化被转换为在行间或列间成比例的增加或减少，因此，比数比对边缘分布的变化是不变的。一些研究想要去除边缘分布上的差别（例如，Featherman，Jones，& Hauser，1975），比数比的不变特性使其成为这种研究的测量工具。也正是由于这种不变特性，只要关心的是比数比的估计，那么适用于简单随机样本的最大似然估计就可以被直接应用到分层样本中，这里，样本或者基于解释变量进行分层（即分层样本），或者基于结果变量进行分层（即案例控制研究）（Xie & Manski，1989）。

比数比与独立模型紧密相关，该模型允许边缘分布自由变化。如我们前面所讨论的，一个 $I \times J$ 表的独立模型有 $(I-1)(J-1)$ 个自由度，或者说 $(I-1)(J-1)$ 个约束条件。现在我们更清楚：独立模型设定 $(I-1)(J-1)$ 个非冗余的比数比等于 1。拒绝独立模型意味着某些比数比不等于 1。这也就解释了为什么针对列联表的大多数模型都把独立模型作为基线模型（即控制了边缘分布），而更为复杂的模型通常可以用比数比来表示。

4.3　估计与拟合优度

对于任何给定的数据，往往存在许多潜在的模型。研究者认为哪个模型才是正确的在很大程度上取决于研究者的理论假设和观点。但是，通常会出现这样的情况，即从理论的角度考虑好几个模型都具有同等的吸引力。在这种情形下，研究者可能希望估计不同的模型，并使用经验检验来评价它们的相对合理性。因此，讨论估计及模型拟合优度的测量就显得十分重要。

4.3.1 简单模型和皮尔逊卡方统计量

公式 4.5 提供了计算皮尔逊卡方统计量的一般性公式。尽管这一公式通常被应用于计算独立模型下的皮尔逊卡方，但它可以适用于任何模型的情况。让我们以前文提到的态度例子作为说明，集中讨论一下模型的约束条件和自由度。根据前面的讨论，我们已经知道独立模型不能拟合数据。在这一小节中，我们将讨论一些更幼稚但却更简单的模型。让我们先来考虑“等概率”模型（模型 A）。等概率模型要求频次分布在所有单元格中都相等：

$$F_{ij} = F$$

这一模型的约束条件为各单元格的期望频次既不会随 i 也不会随 j 而变化。对它的估计非常简单：

$$\pi_{ij} = \frac{1}{4} \text{ 或者 } \hat{F}_{ij} = \frac{n}{4} = 951$$

这一模型消耗了一个自由度用于估计平均频次。因此，$df = 4 - 1 = 3$。应用公式 4.5 来计算此模型的皮尔逊卡方统计量，我们得到表 4 - 10 所示的结果。

表 4 - 10　模型 A 下的皮尔逊卡方构成

受教育水平	对婚前性行为的态度		
	不赞成	赞　成	总　和
高中或以下	6. 40	60. 06	66. 46
大学及以上	183. 73	69. 45	253. 18
总　　和	190. 12	129. 52	319. 64

显然，这个模型对数据拟合得非常差。这个模型的“幼稚”之处在于它既没有认识到解释变量（受教育水平）在各类别间的不均匀分布，也没有认识到结果变量（态度）在各类别间的不均匀分布。

现在我们来考虑“控制列的等概率”模型（模型 B）。这一模型设定每列中两个单元格的频次分布相等：

$$\pi_{ij} = \frac{1}{2}$$

据此，很容易得到 $\hat{F}_{ij}$ 的估计，它不随 i 而变化：

$$\pi_{ij} = \pi_{+j}\pi_{i|j} = \frac{\pi_{+j}}{2}; \quad \hat{F}_{ij} = \frac{\hat{F}_{+j}}{2} = \frac{f_{+j}}{2}$$

最后一个相等关系成立是由于我们精确地拟合了列边缘。因此，在这个模型中，要消耗两个自由度来估计两个列边缘总和：$df = 4 - 2 = 2$。从这个模型计算出的皮尔逊卡方统计量是 82.35。模型 B 是对模型 A 的一个改进，因为它考虑到了结果变量的第一个类别较第二个类别拥有更低比例的被访者。而受教育水平变量的边缘分布仍尚未被考虑。

类似地，我们也可以拟合一个幼稚的"控制行的等概率"模型（模型 C）。模型 C 拟合行边缘但不拟合列边缘（其皮尔逊卡方统计量为 310.41，$df = 2$）。如果我们同时拟合行和列边缘分布，所得模型就变成了"独立"模型（模型 D）。如前所示，模型 D 下的皮尔逊卡方统计量为 55.50。只剩下了 1 个自由度，因为独立模型消耗了 3 个自由度：总样本规模、列比例（π_{+1} 或 π_{+2}）和行比例（π_{1+} 或 π_{2+}）：$df = 4 - 3 = 1$。

从以上的例子中我们看到，计算皮尔逊卡方统计量很容易。主要步骤就在于得到期望频次（$\hat{F}$）。一旦 $\hat{F}$ 已知，我们就可以直接应用公式 4.5。在模型正确这一假设下，皮尔逊卡方统计量渐近地服从卡方分布。研究者可以将算得的卡方值与卡方表中相应的临界值进行比较。

4.3.2 抽样模型和最大似然估计

我们在本章中要介绍的模型族被称作对数线性模型，它们以 $\log(F)$ 作为因变量。如前面章节所述，这样的非线性模型最好使用最大似然法进行估计，或者等效地，使用适用于一般化线性模型的迭代再加权最小二乘法。但是，ML 估计的关键条件是要求具备对模型随机部分抽样分布的先验知识（或假定）。对于列联表来说，通常会提到三个抽样模型。

4.3.2.1 泊松分布

泊松模型是适用于固定空间和时间内观测总数的最为自然的抽样模型。它是最简单的分布之一，仅有一个参数 λ。如果变量 f 服从一个 $\lambda = F$ 的泊松分布，它的概率密度函数（probability mass function）为：

$$p(f \mid F) = \frac{\exp(-F)F^f}{f!} \qquad \text{对于 } f = 0, 1, 2, \cdots \tag{4.11}$$

公式 4. 11 保证了 $E(f) = \text{var}(f) = F$。注意，我们忽略了 f 和 F 的下标，它们分别代表观测频次和期望频次。这是因为多维列联表可能会包含两个或更多的下标。这里，重要的是，每个交叉分类单元格中的频次总数都被假定服从一个独立的泊松分布。这样的例子包括事故、拘捕、科学发现和出生等。在列联表的情形中，我们假定这些频次是根据界定结果或解释变量（如年龄和受教育水平）的某些特征进行交叉分类的。这些独立泊松分布变量的总和，即总样本规模（n），也是一个服从泊松分布的随机变量。

4. 3. 2. 2 多项分布

多项分布是二项分布的一般化。如果总样本规模 n 是固定的，n 个观测值在多个类别中的分布可以被看作服从多项分布。如果使用二维表的标示符号，多项分布的概率密度函数为：

$$p(f_{11}, \cdots, f_{IJ}) = \frac{n!}{\prod\limits_{i=1}^{I} \prod\limits_{j=1}^{J} f_{ij}!} \prod_{i=1}^{I} \prod_{j=1}^{J} \pi_{ij}^{f_{ij}} \qquad (4.12)$$

公式 4. 12 是对我们更熟悉的二项分布的一个扩展。这里的不确定性不再像在泊松模型中那样来自样本量，而是来自如何把一个固定总量的样本中的元素分配到各个类别之中。例如，研究者可能将婚姻状况区分为单身、已婚、离婚或分居和丧偶，并根据性别将婚姻状况划分到一个格（grid）之中。调查中，每一个被抽中的个体必须被划分到八个互斥类别中的一个中去。

4. 3. 2. 3 乘积 – 多项分布

很多时候，仅仅固定样本总量是很不够的。在很多研究中，特别是在试验或分层样本中，解释变量不同类别的边缘总和根据研究设计被固定了。在其他情况下，结果变量的边缘总和根据研究设计或研究需要也被固定了。例如，当我们采用非比例的分层方法抽取样本时，就会发生这样的情况。所以，有时候，更为自然的做法是控制列联表的行或列变量边缘总和。在这种情况下，抽样分布被简化成一个更宽泛类别内的独立多项分布，它与适用于整个数据集的乘积 – 多项抽样模型相同。例如，如果我们对行总和进行控制，概率密度函数为：

$$p(f_{i1}, \cdots, f_{iJ}) = \frac{n_{i+}!}{\prod\limits_{j=1}^{J} f_{ij}!} \prod_{j=1}^{J} \pi_{j|i}^{f_{ij}} \qquad (4.13)$$

幸运的是，三个抽样模型下的最大似然估计是等同的（参见 Fienberg，

1980：167 – 170）。附录 B 概述了涉及泊松抽样情况下的估计步骤。三个抽样模型间的主要差别在于对总的总和与边缘总和的处理。在实际应用中，这种区别并不重要，因为研究者通常会纳入参数来准确地拟合总的总和与边缘总和。因此，只要边缘总和被拟合，就不必去选择一个特定的抽样模型。

4.3.3　似然比卡方统计量

如在附录 B 中所述，最大似然估计得到的参数估计会最大化所有观测事件发生的联合概率。由于通常只有似然函数的一部分牵涉未知参数，因此我们可以仅仅关注这一被称为核（kernel）的部分，而忽略剩下的部分。例如，在多项抽样模型下（公式 4.12），似然函数与下式成比例：

$$\prod_{i=1}^{I} \prod_{j=1}^{J} \pi_{ij}^{f_{ij}}, \quad \text{所有 } \pi_{ij} \geq 0 \text{ 且 } \sum_{i=1}^{I} \sum_{j=1}^{J} \pi_{ij} = 1 \tag{4.14}$$

公式 4.14 即为核。似然函数中包含阶乘比值的部分不牵涉任何未知的参数，因此可以被排除在核的表达式之外。当核被最大化时，联合概率也被最大化了。在实际应用中，出于计算的方便，我们最大化似然函数的对数，因此也就最大化了核的对数形式。令 M_r 表示一个受约束的模型，M_u 表示饱和模型。在 M_r 中，令 $\hat{\pi}_{ij}^r$ 表示 π_{ij} 的 ML 估计值，$\hat{F}_{ij}^r$ 表示 F_{ij} 的 ML 估计值，或者在不会混淆时，直接用 $\hat{F}_{ij}$ 代表 F_{ij} 的 ML 估计值。$\hat{F}_{ij}^r = \hat{\pi}_{ij}^r n$。在 M_u 中，$\hat{\pi}_{ij}^u = f_{ij}/n$，$\hat{F}_{ij}^u = f_{ij}$。$M_r$ 与 M_u 之间核的比为：

$$Q = \frac{\prod_{i=1}^{I} \prod_{j=1}^{J} (\hat{\pi}_{ij}^r)^{f_{ij}}}{\prod_{i=1}^{I} \prod_{j=1}^{J} (\hat{\pi}_{ij}^u)^{f_{ij}}} = \frac{\prod_{i=1}^{I} \prod_{j=1}^{J} (\hat{F}_{ij}^r/n)^{f_{ij}}}{\prod_{i=1}^{I} \prod_{j=1}^{J} (\hat{F}_{ij}^u/n)^{f_{ij}}} = \prod_{i=1}^{I} \prod_{j=1}^{J} (\hat{F}_{ij}/f_{ij})^{f_{ij}} \tag{4.15}$$

$Q \leq 1$ 作为一个限制条件只能恶化模型的拟合优度。现在让我们定义检验统计量 G^2（有时也记为 L^2）为：

$$\begin{aligned} G^2 &= -2\log Q = -2 \sum_{i=1}^{I} \sum_{j=1}^{J} f_{ij} \log(\hat{F}_{ij}/f_{ij}) \\ &= 2 \sum_{i=1}^{I} \sum_{j=1}^{J} f_{ij} \log(f_{ij}/\hat{F}_{ij}) \end{aligned} \tag{4.16}$$

统计量 G^2 被称为似然比卡方统计量。在受约束模型为真这一假定下，非负的 G^2 渐近地服从卡方分布。自由度可以作为起始总单元格数（即 IJ）与拟合参数个数之间的差计算得到。

一般地，G^2 可以被看作 -2 倍的对数似然值的差：

$$G^2 = -2(\log L_r - \log L_u) \tag{4.17}$$

这里，$\log L_r$ 和 $\log L_u$ 分别表示受约束模型和未受约束模型的对数似然值。当报告的某个模型的 G^2 没有一个明确的未约束模型作为参照时，隐含的参照为饱和模型。在这种情况下，G^2 在若干统计软件的输出结果中也被称为尺度化偏差（scaled deviance）。对于饱和模型，$G^2 = 0$。当研究者想要检验两个嵌套模型间差别的统计显著性时，他/她既可以直接应用一般性公式 4.17，也可以间接地通过两个模型的 G^2 的差来求得，因为这两种方法可以得到同样的卡方检验。

例如，对于独立性假设（对所有 i 和 j，$\pi_{ij} = \pi_{i+}\,\pi_{+j}$），当 $\hat{\pi}_{i+} = f_{i+}/n$ 且 $\hat{\pi}_{+j} = f_{+j}/n$ 时，似然值被最大化。因此，我们可以根据公式 4.16 计算 G^2。如果零假设为真，G^2 将服从自由度为 $(I-1)(J-1)$ 的卡方分布。对于我们关于婚前性行为态度的例子（表 4–1 所示的 2×2 表），$G^2 = 55.98$，$df = 1$。皮尔逊卡方统计量（χ^2）和似然比卡方统计量（G^2）是渐近地等价的。

4.3.4　贝叶斯信息标准

G^2 作为一个测量拟合优度的统计量一直受到 Raftery 的批评（1986，1995），他认为，G^2 在大样本情况下拒绝一个模型而支持另一个模型的表现并不令人满意。争论的实质在于，当样本规模较大时，更容易接受（或至少更难拒绝）更为复杂的模型，因为似然比检验（G^2）被设计用来对模型与观测数据间的任何偏离进行探测。往一个模型中加入更多的项总是能够改善拟合优度，但是随着样本的增大，从微不足道的改善中区别出拟合优度上"真正的"改善将变得更加困难。在这一意义上，似然比检验通常会拒绝原本可以接受的模型。针对这个问题的一个解决方法是使用 BIC（贝叶斯信息标准，Beyesian Information Criterion）统计量来寻找对数据提供"足够的"拟合的简约模型（parsimonious models）。

BIC 指数是对 -2 倍的对数转换的贝叶斯因子（Bayes factor）的近似，其中，贝叶斯因子可以被看作是一个模型（M_0）与另一个模型（M_1）之间的似然值之比。基本的逻辑在于比较两个模型的相对合理性，而不是找出观测数据对某一特定模型的绝对偏离。在实际应用中，研究者通常选择饱和模型作为 M_1，并作为参照来评估 M_0 的适当性。计算贝叶斯因子的统计方法非常复杂，超出了本书的范围。BIC 统计量被 Raftery（1986，1995）加以推广，许多应用研究者都发现它很有用。它被定义为：

$$\text{BIC} = G^2 - df \log n \tag{4.18}$$

该式表明，对于每个自由度，相对于更小样本的情况，BIC 以 $\log n$ 这一比率来更多地惩罚更大样本情况下的 G^2。对于模型 M_0 而言，更小的 BIC 值意味着 M_0 比 M_1 更可能是合理的，因此，研究者应该选择 M_0 而非 M_1。当对多个模型进行比较时，BIC 的值越小则意味着模型具有越好的拟合优度。但是，研究者不应盲目地依赖 BIC 来作为模型选择的唯一标准，因为它是基于近似值的。在实际应用中，我们建议研究者考虑各种拟合优度标准，包括但不限于 G^2 和 BIC。例子稍后会给出。

应当注意，对于基于个体层次数据采用最大似然法估计的模型，如第 3 章中讨论的二分类响应模型，隐含的比较是相对于零模型而非饱和模型进行的。在这种情况下，BIC 被定义为：

$$\text{BIC} = -2\log L + df \log n \tag{4.19}$$

4.4　二维表模型

4.4.1　一般性设定

有两种方式来表达列联表的对数线性模型。令 R 表示行，C 表示列，f_{ij}（$i = 1, \cdots, I$；$j = 1, \cdots, J$）表示第 i 行第 j 列的观测频次。我们从该模型的乘积形式开始，这里，期望频次（F_{ij}）被设定成各乘积项的一个函数：

$$F_{ij} = \tau \tau_i^R \tau_j^C \tau_{ij}^{RC} \tag{4.20}$$

这里，参数 τ 受到稍后将做深入讨论的标准化约束的影响。使用 ANOVA 类的标准化约束（即 τ 沿着所有恰当的维度相乘等于 1），τ 代表（未加权的）总平均值；τ^R 和 τ^C 分别代表 R 和 C 的边缘效应；τ^{RC} 代表 R 与 C 的二维交互。正如稍后将提到的，交互参数 τ^{RC} 实质上测量的是 R 与 C 之间的比数比。对于所有 i 和 j，当 $\tau_{ij}^{RC} = 1$ 时，模型就是我们熟悉的独立模型。

由于频次总是正的，我们进一步限定 τ 参数为正。一个大于 1 的 τ 参数增加期望频次，而一个小于 1 的 τ 参数则会降低期望频次。一个等于 1 的 τ 根本不会对期望频次造成任何影响。由于乘积形式比相加形式更难处理，我们可以将公式 4.20 的乘积形式模型变换成对数相加形式：

$$\log F_{ij} = \log(\tau) + \log(\tau_i^R) + \log(\tau_j^C) + \log(\tau_{ij}^{RC})$$
$$= \mu + \mu_i^R + \mu_j^C + \mu_{ij}^{RC} \tag{4.21}$$

注意，乘积形式（公式 4.20）中的 τ 参数与公式 4.21 的对数相加形式中的 μ 参数是一一对应的。由于对数线性比对数相加更为我们所熟悉且更具一般性，所以我们把第二种形式定义为对数线性形式。

4.4.2 标准化

并不是公式 4.20 和公式 4.21 中的所有参数都能唯一地被识别，这与线性回归中研究者只能使用 $J - 1$ 个虚拟变量来代表包含 J 个类别的名义自变量的情形并没有什么不同。对于一个 $I \times J$ 表，可识别参数的个数的上限如表 4 – 11 所示。

表 4 – 11　可识别的参数

参数类型	τ 的标示符号	μ 的标示符号	参数个数
总的总和	τ	μ	1
行边缘	τ_i^R	μ_i^R	$I-1$
列边缘	τ_j^C	μ_j^C	$J-1$
交　互	τ_{ij}^{RC}	μ_{ij}^{RC}	$(I-1)(J-1)$
总　计			IJ

当拟合饱和模型时，会达到这一上限。为实现可识别，有许多不同的方法对这些参数进行标准化。其中的一些并没有被研究者广泛地使用，但是在一些情况下它们可能是有用的。例如，为了唯一地识别 I 个行边缘总和或 J 个列边缘总和，表示总的总和的参数有时可以方便地删去。

对于大多数应用而言，通常使用两种规则。一种是 ANOVA 类型的编码（也被称为效应编码），它保留了总的总和的含义：

$$\prod_i \tau_i^R = \prod_j \tau_j^C = \prod_i \tau_{ij}^{RC} = \prod_j \tau_{ij}^{RC} = 1 \quad \text{或者}$$
$$\sum_i \mu_i^R = \sum_j \mu_j^C = \sum_i \mu_{ij}^{RC} = \sum_j \mu_{ij}^{RC} = 0 \tag{4.22}$$

另一种规则为虚拟变量编码，它等价于排除掉 R 和 C 的一个类别。我们现在将两者的第一个类别排除掉：

$$\tau_1^R = \tau_1^C = \tau_{1j}^{RC} = \tau_{i1}^{RC} = 1 \quad \text{或者}$$
$$\mu_1^R = \mu_1^C = \mu_{1j}^{RC} = \mu_{i1}^{RC} = 0 \tag{4.23}$$

使用哪种标准化系统往往取决于计算机程序，例如，ECTA 使用 ANOVA 编码。大多数其他计算机程序，如 GLIM、Stata、R、S-Plus 和 SAS（proc genmod）都使用虚拟变量编码。对于本章中的经验例子，除非特别声明，我们都将使用以第一类作为参照的虚拟变量标准化。但是，重要的是要意识到两套标准化系统间的差别仅仅是随意的且人为的。读者应该能够在此两者之间来回进行转换。让我们用一个线性回归的简单例子来进一步说明这一点。假如我们有一个二分类变量性别（男性相对于女性），我们可以用以下设计矩阵来创建两个虚拟变量：

性别	x_1	x_2
男性	1	0
女性	0	1

但是，一般地，我们不能同时使用 x_1 和 x_2 两者，因为在模型中纳入截距时它们会是冗余的。对于任何以这一方式编码的数据集，$x_1 + x_2 = x_0$，其中，x_0 是一个元素为 1 的向量。此时，同时加入截距项（β_0）、x_1 和 x_2 将导致模型出现完全多重共线性。有很多方法可以解决这个问题。一般的虚拟变量标准化设定 $\beta_1 = 0$，使得 $\beta_0 + \beta_1 x_1 + \beta_2 x_2 = \beta_0 + \beta_2 x_2$。相比较而言，ANOVA 类型的标准化则同时包括 x_1 和 x_2，因为它限定 $\beta_1 + \beta_2 = 0$，使得 $\beta_1 = -\beta_2$。

一般地，一个标准化系统具有以下的形式：

$$\sum_{k=1}^{K} w_k \beta_k = 0$$

这里，K 为类别数，w_k 为每个类别的权重。例如，虚拟变量标准化通过设定 $w_1 = 1$，$w_k = 0$（当 $k \neq 1$ 时）来实现。通常，（未加权的）ANOVA 类型的标准化设定对所有 k 都有 $w_k = 1$。有时，w_k 被设定为变量边缘分布的第 k 个类别的样本比例，以使截距项可以被解释为加权的总平均值（grand mean）。

简而言之，虚拟变量和 ANOVA 类型的标准化都是用来识别对数线性模型的参数的。特定的标准化不同，得到的参数将会不同。但是，不应该有任何由对标准化的选择本身所造成的实质性差异。

4.4.3 对参数的解释

对数线性模型与线性回归的不同之处在于对数线性模型的"因变量"是频次而不是结果变量。也就是说，结果变量和解释变量对称地出现在对数线性模型中。如果因果关联存在的话，需要依靠研究者根据模型参数来推断它们之间的因果关联。这一事实影响着对对数线性参数的恰当解释。对数线性模型通常包含许多参数。研究者需要自行区分"噪声"（或无趣的）参数和具有实质意义的参数。在大多数应用中，具有实质意义的参数多为交互参数。这是事实，因为"主"效应参数被用来饱和或准确地拟合行和列变量的边缘分布。

解释对数线性参数的一个方法是考虑条件比数。例如，假定行变量是解释变量，列变量是结果变量。令 j 和 j' 代表列（结果）变量的两个随意的类别。我们有

$$
\begin{aligned}
\log\left(\frac{\pi_{j|i}}{\pi_{j'|i}}\right) &= \log\left(\frac{F_{ji}}{F_{j'i}}\right) = \log(F_{ji}) - \log(F_{j'i}) \\
&= \mu + \mu_i^R + \mu_j^C + \mu_{ij}^{RC} - (\mu + \mu_i^R + \mu_{j'}^C + \mu_{ij'}^{RC}) \\
&= \mu_j^C - \mu_{j'}^C + \mu_{ij}^{RC} - \mu_{ij'}^{RC}
\end{aligned}
\tag{4.24}
$$

如果研究者将 j' 设为参照类别使用虚拟变量标准化，则公式 4.24 可以简化为 μ_j^C $+\mu_{ij}^{RC}$。在独立模型下，$\mu_{ij}^{RC} = 0$，列变量的边缘参数（μ_j^C）界定了条件比数或对数比数。同时，由于比例的同质性，它也定义了边缘比数或对数比数。

如果独立模型不成立，那么条件比数会随行而变化，其变化量由交互参数（μ_{ij}^{RC}）决定。一般地，边缘参数吸收了边缘分布，而二维交互参数测量了二维关联。事实上，二维交互参数直接对应着 LOR 测量。对于涉及行（i，i'）和列（j，j'）这一分表（subtable）的四个单元格的 $\log\theta$：

$$
\begin{aligned}
\log\theta &= \log\frac{F_{ij}F_{i'j'}}{F_{ij'}F_{i'j}} = \log F_{ij} + \log F_{i'j'} - \log F_{ij'} - \log F_{i'j} \\
&= (\mu + \mu_i^R + \mu_j^C + \mu_{ij}^{RC}) + (\mu + \mu_{i'}^R + \mu_{j'}^C + \mu_{i'j'}^{RC}) \\
&\quad - (\mu + \mu_i^R + \mu_{j'}^C + \mu_{ij'}^{RC}) - (\mu + \mu_{i'}^R + \mu_j^C + \mu_{i'j}^{RC}) \\
&= \mu_{ij}^{RC} + \mu_{i'j'}^{RC} - \mu_{ij'}^{RC} - \mu_{i'j}^{RC}
\end{aligned}
\tag{4.25}
$$

如果应用虚拟变量编码进行标准化，而 i' 和 j' 碰巧是行和列变量的参照类，则公式 4.25 可以简化为 μ_{ij}^{RC}。也就是说，在虚拟变量编码的情况下，二维交互参数代表了当前行和列类别与它们的参照类别间的 LOR。涉及任何其他两对的 LOR 都可以根据公式 4.25 十分容易地得到。

4.4.4　拓扑模型

在边缘总和被精确拟合的情况下，研究者对二维表的实质兴趣在于 R 与 C 之间的关联。关联由二维交互参数（公式 4.20 中的 τ_{ij}^{RC} 和公式 4.21 中的 μ_{ij}^{RC}）来刻画。理解这种关联最容易的方法之一就是在饱和模型中估计出所有非冗余的交互参数。对于一个 $I \times J$ 表，这意味着我们可以对 $(I-1)(J-1)$ 个由相邻行和列组成的 2×2 分表的局部比数比进行估计。让我们更深入地了解接下来的例子。这是一个根据子代职业与父代职业进行交叉分类得到的代际社会流动表（见表 4-12）（取自 Hauser，1979）。

表 4-12　Hauser 的流动表格

父代职业	子代职业[a]				
	（1）	（2）	（3）	（4）	（5）
高端非体力（1）	1414	521	302	643	40
低端非体力（2）	724	524	254	703	48
高端体力（3）	798	648	856	1676	108
低端体力（4）	756	914	771	3325	237
农业（5）	409	357	441	1611	1832

[a] 子代职业（列）以与父代职业（行）相同的方式进行界定。

现在我们用虚拟变量标准化来估计该表的饱和模型，以第一行和第一列作为参照类。估计的 μ_{ij}^{RC} 系数如表 4-13 所示（括号中为渐近标准误）。

表 4-13　饱和模型的交互参数：代际流动的例子

父代职业	子代职业				
	（1）	（2）	（3）	（4）	（5）
高端非体力（1）	0	0	0	0	0
	—	—	—	—	—
低端非体力（2）	0	0.675	0.496	0.759	0.852
	—	（0.077）	（0.097）	（0.071）	（0.219）
高端体力（3）	0	0.790	1.614	1.530	1.565
	—	（0.074）	（0.080）	（0.064）	（0.190）
低端体力（4）	0	1.188	1.563	2.269	2.405
	—	（0.071）	（0.081）	（0.062）	（0.177）
农业（5）	0	0.862	1.619	2.159	5.065
		（0.089）	（0.089）	（0.093）	（0.169）

以比数比方式（公式 4.25）对估计值进行解释应当是简单直接的。例如，我们看到子代从事农业的可能性高度地依赖于父代从事农业这一事实。具体来说，将最后一列和第一列与最后一行和第二行进行比较，我们可以得出农业工人子代与低端非体力工人子代之间作为农业工人相对于作为高端非体力工人的对数比数：

$$\log \frac{F_{55}/F_{51}}{F_{25}/F_{21}} = 5.065 + 0 - 0.852 - 0 = 4.213$$

饱和模型并不是很有意义，因为它不简约。在寻找简约模型的过程中，研究者可能将具有相似比数比值的单元格归入一个类型，或水平，从而将交互参数归为一个拓扑模式或者不同的水平。例如，Hauser（1979）就基于表 4-12 中观测比数比的模式设计了如下的矩阵：

$$
\begin{matrix}
2 & 4 & 5 & 5 & 5 \\
3 & 4 & 5 & 5 & 5 \\
5 & 5 & 5 & 5 & 5 \\
5 & 5 & 5 & 4 & 4 \\
5 & 5 & 5 & 4 & 1
\end{matrix}
$$

该矩阵中的数值代表着不同的交互参数。在行和列边缘饱和拟合的情况下，对这一表示二维交互的水平矩阵进行拟合的模型被称为水平模型（levels model），或者拓扑模型（topological model）。如果我们使用将类别 1 作为参照类的虚拟变量编码，则将估计 4 个水平参数。我们将它们分别记为 μ_2^h、μ_3^h、μ_4^h 和 μ_5^h。我们的估计得到 $G^2 = 66.57$，$df = 12$，这相对于 $G^2 = 6170.1$、$df = 16$ 的独立模型是一个极大的改进。考虑到样本规模较大（19912），因此 Hauser 的拓扑模型对数据拟合得非常好（BIC = -52.22）。[①] 交互参数的估计系数如表 4-14 所示。

表 4-14 参数 μ^h 的估计值

参　数	估计值	（标准误）	参　数	估计值	（标准误）
μ_2^h	-1.813	(0.076)	μ_4^h	-2.803	(0.058)
μ_3^h	-2.497	(0.080)	μ_5^h	-3.403	(0.060)

① 由于水平模型原本就是被设计用来最大化拟合度的，这个结果并不奇怪。

涉及任意两行和两列的 LOR 都可以根据这些 μ^h 参数计算出来。例如，考虑第 2 和第 3 行、第 2 和第 3 列。

$$\log \theta_{22} = \log \frac{F_{22}F_{33}}{F_{23}F_{32}} = \mu_4^h + \mu_5^h - \mu_5^h - \mu_5^h$$

$$= \mu_4^h - \mu_5^h = -2.803 + 3.403 = 0.6$$

注意，Hauser 的设计矩阵包括了整张表，而不只是表 4-13 中的 16 个具有非零数值的单元格。一般地，拓扑模型的设计矩阵将不同水平（levels）指派给一张表中的所有单元格。饱和或完全交互模型是采用以下设计矩阵的拓扑模型的一个特殊情况：

$$
\begin{array}{ccccc}
1 & 1 & 1 & 1 & 1 \\
1 & 2 & 3 & 4 & 5 \\
1 & 6 & 7 & 8 & 9 \\
1 & 10 & 11 & 12 & 13 \\
1 & 14 & 15 & 16 & 17
\end{array}
$$

事实上，如稍后将要提到的，许多特殊的模型都可以方便地被参数化为拓扑模型。

4.4.5　准独立模型

在流动表和其他类似的行与列变量之间具有一致性的表格中，对角线上的单元格一般都很大。也就是说，这些表呈现出沿主对角线聚集的倾向。社会分层领域的研究者称这种沿对角线单元格聚集的倾向为继承效应（inheritance effects）。这些较大的对角线单元格对独立模型的欠佳拟合贡献巨大。因此，一个实质上令人感兴趣的假设为表格的其余部分在控制对角线单元格之后是否满足独立性假设。这就导出了准独立模型（quasi-independence model）。

如果一个方表（square table）的 R 和 C 在非对角线单元格中相互独立，那么它就满足准独立性。也就是，

$$\pi_{ij} = \pi_{i+}\pi_{+j}, \quad i \neq j$$

与独立模型相比，准独立模型消耗了 I 个额外的自由度，所以剩下 $(I-1)(I-1)-I$ 个自由度用于估计残差。损失掉的 I 个自由度既可以被解释为数据点个数减少了 I 个，也可以被解释为额外增加了 I 个参数。事实上，每一种解释对

应着一个估计方法。对于第一种解释，研究者在估计独立模型时可以（例如，通过一个加权矩阵）将对角线单元格排除掉。对于第二种解释，研究者可以为对角线单元格增加独特的参数，从而有效地估计出一个拓扑模型。对于一个 5×5 表，设计矩阵为：

$$\begin{matrix} 2 & 1 & 1 & 1 & 1 \\ 1 & 3 & 1 & 1 & 1 \\ 1 & 1 & 4 & 1 & 1 \\ 1 & 1 & 1 & 5 & 1 \\ 1 & 1 & 1 & 1 & 6 \end{matrix}$$

用这两种估计方法可以得到相同的结果。主要的差别在于第二种方法会给出对角线单元格的估计值，但第一种不会。第二种方法也可以用来将一些对角线参数限定为相等。对于这个例子，准独立模型在拟合优度上相对于独立模型是一个显著的改善，其 $G^2 = 683.34$，$df = 11$。如 Goodman（1972）所述，这种方法可以被有效地用来对局部区域的部分独立性进行检验或对一些频次特别大的单元格进行解释。

4.4.6　对称和准对称

对于 $I \times I$ 方表，研究者可能会对行和列变量彼此是否对称感兴趣。对称模型（symmetry model）为：

$$\log F_{ij} = \mu + \mu_i + \mu_j + \mu_{ij} \tag{4.26}$$

这里，$\mu_{ij} = \mu_{ji}$。我们有意忽略了 μ 项的上标 R 和 C，因为它们对 R 和 C 两者都适合。对称模型意味着所有单元格跨主对角线相互对称：$F_{ij} = F_{ji}$。显然，这是一个包含高度约束的模型，因此用处有限。残差的自由度是非对角线单元格数的一半，或 $I(I-1)/2$。

我们可以将公式 4.26 的对称性分解为两个部分：边缘同质性和对称交互。如果我们用边缘异质性取代边缘同质性而保留对称交互，我们就得到了准对称模型（model of quasi-symmetry）：

$$\log F_{ij} = \mu + \mu_i^R + \mu_j^C + \mu_{ij}^{RC} \tag{4.27}$$

这里，$\mu_{ij}^{RC} = \mu_{ji}^{RC}$。也就是说，准对称模型允许边缘异质性但是限定交互参数是跨主对角线对称的。许多研究者发现准对称模型更为有用，因为它依赖于边缘分布上的差异，这种差异不应当被加上约束条件。例如，Sobel、Hout 和 Duncan（1985）应用准对称模型以测量行和列边缘分布上差异的参数来描述结构流动性。因为准对称模型相对于对称模型增加了 $I-1$ 个额外参数，所以准对称模型的残差自由度为 $I(I-1)/2-(I-1)=(I-1)(I-2)/2$。

通过拓扑编码，可以很容易地估计准对称模型。例如，对于 5×5 表的情况，交互的设计矩阵可以被表达为：

$$\begin{array}{ccccc} 2 & 1 & 1 & 1 & 1 \\ 1 & 3 & 7 & 8 & 9 \\ 1 & 7 & 4 & 10 & 11 \\ 1 & 8 & 10 & 5 & 12 \\ 1 & 9 & 11 & 12 & 6 \end{array}$$

对于我们关于职业流动的例子，$G^2=27.45$，$df=6$；BIC $=-31.95$。准对称模型比准独立模型更具一般性。

4.4.7 跨越模型（Crossings Model）

并不是所有我们可能感兴趣的模型都能用一个单一的设计矩阵来将其表达为拓扑模型的形式。一个这样的例子就是跨越模型（Goodman，1972）。跨越模型暗含的假设为，一个名义变量的不同类别代表着不同的跨越难度。行变量的两个类别间隔得越远，列变量两个类别间的交互参数就越小。形式上，跨越模型将公式 4.20 简化为：

$$F_{ij} = \tau \tau_i^R \tau_j^C \nu_{ij}^{RC} \tag{4.28}$$

其中，

$$\nu_{ij}^{RC} = \begin{cases} \displaystyle\prod_{u=j}^{i-1} v_u & \text{对于 } i > j \\ \displaystyle\prod_{u=i}^{j-1} v_u & \text{对于 } i < j \\ \xi_i & \text{对于 } i = j \end{cases}$$

例如，对于一个 5×5 表（如表 $4-12$ 所示的职业流动的例子），交互参数 ν_{ij}^{RC} 可以被表示为：

$$
\begin{array}{ccccc}
\xi_1 & v_1 & v_1 v_2 & v_1 v_2 v_3 & v_1 v_2 v_3 v_4 \\
v_1 & \xi_2 & v_2 & v_2 v_3 & v_2 v_3 v_4 \\
v_1 v_2 & v_2 & \xi_3 & v_3 & v_3 v_4 \\
v_1 v_2 v_3 & v_2 v_3 & v_3 & \xi_4 & v_4 \\
v_1 v_2 v_3 v_4 & v_2 v_3 v_4 & v_3 v_4 & v_4 & \xi_5
\end{array}
$$

注意，在这一表述中，我们遵循 Goodman（1972）的做法精确拟合了对角线，如同在准独立和准对称模型中那样。但有时出于简约性的原因，研究者可能不想精确地拟合对角线单元格（如 Mare，1991）。在公式 4.28 的对数线性形式中，对于 $i \neq j$ 的单元格，交互参数 v_{ij}^{RC} 可以被参数化为如下四组设计矩阵的系数之和：

$$
\begin{array}{llll}
\begin{matrix}
0 & 1 & 1 & 1 \\
1 & 0 & 0 & 0 \\
1 & 0 & 0 & 0 \\
1 & 0 & 0 & 0 \\
1 & 0 & 0 & 0
\end{matrix}
&
\begin{matrix}
0 & 0 & 1 & 1 \\
0 & 0 & 1 & 1 \\
1 & 1 & 0 & 0 \\
1 & 1 & 0 & 0 \\
1 & 1 & 0 & 0
\end{matrix}
&
\begin{matrix}
0 & 0 & 0 & 1 \\
0 & 0 & 0 & 1 \\
0 & 0 & 0 & 1 \\
1 & 1 & 1 & 0 \\
1 & 1 & 1 & 0
\end{matrix}
&
\begin{matrix}
0 & 0 & 0 & 1 \\
0 & 0 & 0 & 1 \\
0 & 0 & 0 & 1 \\
0 & 0 & 0 & 1 \\
1 & 1 & 1 & 0
\end{matrix}
\end{array}
$$

这四个矩阵分别对应 v_1、v_2、v_3 和 v_4。由于对角线单元格被 ξ 参数排除掉了，公式 4.28 中的 $(I-1)$ 个 v 参数中只有 $(I-3)$ 个被识别。在我们的 5×5 表的例子中，只有两个 v 参数被识别。Goodman（1972）建议标准化第一个和最后一个 v：$v_1 = v_{I-1} = 1$。如果不排除对角线单元格，则所有 $(I-1)$ 个 v 参数都是可识别的。

跨越模型的一个有趣的特点在于不涉及对角线单元格相邻两行和两列的局部比数比满足局部独立性。对于我们的 5×5 表的例子，我们考虑涉及第 4 和第 5 行与第 1 和第 2 列单元的比数比：

$$
\theta_{41} = \frac{F_{41} F_{52}}{F_{42} F_{51}} = \frac{(v_1 v_2 v_3)(v_2 v_3 v_4)}{(v_2 v_3)(v_1 v_2 v_3 v_4)} = 1
$$

对于 Hauser 的代际流动的例子，跨越模型对观测数据拟合得非常好。G^2 统计量为 64.24，自由度为 9（BIC = −24.85）。不排除对角线单元格的模型的 G^2 统计量为 89.91，自由度为 12（BIC = −28.88）。尽管（任一情况下的）跨越模型单从拟合优度的角度来看不如 Hauser 的拓扑模型，但跨越模型得到的估计参数更容易解释。例如，对于第二种情况，跨越模型的估计值的对数（从第二个职业类别到最后一个）为（−0.4256，−0.3675，−0.2935，−1.403）。因此，在所有区分相邻类别的界线中，区分低端体力职业和农业的最后一道界线是最难跨越的，而仅次于它的是区分高端非体力和低端非体力职业的那道界线。

4.5　次序变量模型

到目前为止，我们一直将行和列变量都当作名义变量（即拥有未排序类别的离散变量）来处理。在实际应用中，假定类别为排序的通常是合理的，这意味着它们在可观测的或潜在的尺度上可以被排序。这一关于次序的额外信息可以被用来得到简约的模型设定。

一般来说，研究者只会用次序信息来设定交互（即公式 4.21 中的 μ_{ij}^{RC}），使边缘分布精确拟合。这是一种保守的做法，因为次序信息仅被用于行和列变量之间的关联上。如前所示，对于一个 $I \times J$ 表，在边缘总和被精确拟合后，还有 $(I-1)(J-1)$ 个自由度用于估计交互参数。如果使用次序信息，可能仅需要消耗极少的（有时仅 1 个）自由度来对关联进行描述。注意，次序信息的回报会随着类别数的增加而增加。

4.5.1　线性乘线性关联

令 x_i 和 y_j 分别表示行和列变量的测得属性（或指数）。它们可以被用在线性乘线性关联（linear-by-linear association）的设定上，如下所示：

$$\log F_{ij} = \mu + \mu_i^R + \mu_j^C + \beta x_i y_j \tag{4.29}$$

与公式 4.21 相比，线性乘线性关联模型用一个更为简约的形式 $\beta x_i y_j$ 取代了 μ_{ij}^{RC} 项，其中，β 可以被看作 x 和 y 之间的关联系数。对于涉及任何一对行（i 和 i'）和任何一对列（j 和 j'）的比数比，公式 4.25 可以简化为：

$$\log \theta = \log \frac{F_{ij} F_{i'j'}}{F_{ij'} F_{i'j}} = \beta (x_i - x_{i'})(y_j - y_{j'}) \tag{4.30}$$

也就是说，LOR 是与行和列变量在指引分（index scores）上的距离的乘积成比例的。只要线性乘线性项的数目小于 $(I-1)(J-1)$，我们就可以使用多重线性乘线性项将公式 4.29 变为：

$$\log F_{ij} = \mu + \mu_i^R + \mu_j^C + \sum_m \beta_m x_{im} y_{jm} \tag{4.31}$$

这里，x_m 和 y_m 是第 m 个线性乘线性关联的行和列属性。相同的行（或列）属性可以被用来与不同的列（或行）属性进行组合。使用这种方法的例子可以参见 Hout（1984）与 Lin 和 Xie（1998）。

例如，在 Lin 和 Xie（1998）的州际迁移模型中，各州的经济增长率（记为 g）被用来说明迁移的"推力"和"拉力"。来源地的推力由 $1/g_i$ 来衡量，目的地的拉力由 g_j 来衡量。该模型类似于以 $(1/g_i)g_j$ 作为来源地和目的地之间交互的公式 4.29。Lin 和 Xie 发现推力和拉力的交互关系对于解释美国的州际迁移流是非常重要的。

4.5.2 统一关联

上面的讨论假定存在行和列变量的属性（或指引）变量。如果不存在这样的指引变量，研究者又能做什么呢？这个问题有两个答案：一个是将某一间距得分结构（interval-score structure）强加给这些类别；另一个是估计出与这些类别相关的潜在得分（latent score）。我们在这一节对第一种方法进行讨论，而将第二种方法留到 4.5.4 "Goodman 的 RC 模型"一节中。

如果各个类别形成了一个次序尺度且被正确地排序，那么，最简单的设定间距结构的方式就是将连续整数指派给各个类别。在对婚前性行为态度的例子（完整表格，表 4 – 8）中，我们可以指派以下得分。对于结果变量，指定总是错的 =1，几乎总是错的 =2，有时是错的 =3，根本没错 =4。对于受教育水平这一解释变量，指定高中以下 =1，高中 =2，大学未毕业 =3，大学及以上 =4。这种指派得分的方法基本上假定任何两个相邻类别之间的距离在所有可能取值之间都是相同的。我们称这种赋值方法（scoring methods）为整数赋值（integer-scoring），由此所得的模型为统一关联模型（uniform association model）。所赋的特定取值并不重要，只要它们之间具有相同的间隔。也就是说，（1，2，3，4）与（−10，−8，−6，−4）所得到的模型是相同的。但是作为惯例，我们使用起点为 1 的连续整数。也就是说，设 $x_i=i$，$y_j=j$。将这些强加的统一得分（uniform scores）代入公式 4.29，得到：

$$\log F_{ij} = \mu + \mu_i^R + \mu_j^C + \beta ij \tag{4.32}$$

由于在交互上只需消耗 1 个自由度，因此统一关联模型有 $(I-1)(J-1)-1$ 个自由度用于估计残差。统一关联模型的一个独特之处是其涉及相邻两行和两列的比数比是不变的。用公式 4.23 的约束条件求解公式 4.9，我们看到：

$$\theta_{ij} = \frac{F_{ij}F_{(i+1)(j+1)}}{F_{i(j+1)}F_{(i+1)j}} = \exp(\beta) \tag{4.33}$$

以及

$$\log \theta_{ij} = \beta$$

　　事实上，公式 4.32 的这个重要特性可被用来定义统一关联模型（Goodman，1979）。对于一个涉及任意对（i 和 i' 为行，j 和 j' 为列）的比数比，其 LOR 为：

$$\beta(i - i')(j - j')$$

对于我们关于婚前性行为态度的例子，统一关联模型得到的 G^2 为 31.33，自由度为 8。β 的估计值为 0.097，标准误为 0.013。

　　统一关联模型是线性乘线性模型的一个特例，它使用了整数赋值。更一般地，其他赋值方法也可能是合理的。例如，中值或加权均值可以被用来将原本属于间距变量的各类别加以线性化。对于态度例子中的受教育水平变量，我们可以指定高中以下为 10、高中为 12、大学未毕业为 14 以及大学及以上为 17。

4.5.3　行效应和列效应模型

　　统一关联模型对行和列变量同时进行了整数赋值。一个约束性更小的方法是对行变量和列变量之一而不是两者进行整数赋值。当对列变量采用整数赋值方法时，所得模型被称为行效应模型（row-effect model）。相反，当对行变量采用整数赋值方法时，所得模型被称为列效应模型（column-effect model）。这些模型都是由 Goodman（1979）发展出来的。有关的创造性应用，参见 Duncan（1979）对一个 8×8 代际流动表所做的研究。

　　对于行效应模型，公式 4.21 被简化为：

$$\log F_{ij} = \mu + \mu_i^R + \mu_j^C + j\phi_i \tag{4.34}$$

这里，ϕ_i 可以被看作通过模型估计出的行效应（或行得分）。假定列变量的类别被正确地排序且大致具备整数赋值的尺度，行效应模型就是统一关联模型的一般化。但是，对比公式 4.34 和表述统一关联模型的公式 4.32，我们看到行效应模型是不存在 β 的。这是由于这样一个事实：行效应（ϕ_i）是潜在的且需要对其进行标准化。换言之，当 ϕ_i 为潜在的时，不可能将 β 从 $\beta\phi_i$ 中分离出来。因此，我们设定 $\beta = 1$ 来标准化 ϕ_i 的尺度。另外，我们还需要标准化 ϕ_i 的位置。一个方便的标准化方法就是使用以第一类作为参照类的虚拟变量编码，这使得 $\phi_1 = 0$。由于包含（$I-1$）个行和列之间的交互参数，因此行效应模型有（$I-1$）（$J-2$）个自由度。根据 $R-C$ 交互关系的这些设定，可以很容易看出它是公式 4.30 的一个特殊变形：

$$\log \frac{F_{ij}F_{i'j'}}{F_{ij'}F_{i'j}} = (\phi_i - \phi_{i'})(j - j') \tag{4.35}$$

对于基本的局部 LOR，

$$\log \theta_{ij} = \log\left(\frac{F_{ij}F_{(i+1)(j+1)}}{F_{i(j+1)}F_{(i+1)j}}\right) = \phi_{i+1} - \phi_i \tag{4.36}$$

同样地，我们可以用相似的方式定义列效应模型，即将公式 4.21 变为：

$$\log F_{ij} = \mu + \mu_i^R + \mu_j^C + i\varphi_j \tag{4.37}$$

这里，φ_j 被称为列效应，且需要对其进行标准化。列效应模型有（$I-2$）（$J-1$）个自由度。注意，列效应模型假定行变量的类别被正确地排序且大致具备赋值的尺度。对于列效应模型来说，其任意两对类别的 LOR 结构皆为：

$$\log \frac{F_{ij}F_{i'j'}}{F_{ij'}F_{i'j}} = (\varphi_j - \varphi_{j'})(i - i') \tag{4.38}$$

且局部分表的 LOR 为：

$$\log \theta_{ij} = \log\left(\frac{F_{ij}F_{(i+1)(j+1)}}{F_{i(j+1)}F_{(i+1)j}}\right) = \varphi_{j+1} - \varphi_j \tag{4.39}$$

因此，我们可以看到统一关联模型、行效应模型和列效应模型之间的相似性与差异。统一关联模型可以被看作行效应或列效应模型的特例，它们远比饱和模型要更简约。简约性上的收益会随着表格维度的增加而迅速地增加。如许多简约模型一样，这三种模型也可以与准独立模型的关键特征〔即排除对角线单元格（或表中单元格的任意子集）〕结合起来使用。

现在我们将统一关联模型和行效应模型应用于 Hauser 的职业流动数据，先直接应用然后再考虑排除对角线单元格。行效应模型借自 Duncan（1979）。为了将这些模型与其他替代性设定进行比较，我们也列出了其他我们曾经讨论过的模型的拟合优度统计量。其结果如表 4 - 15 所示。标注了 G^2 的列是残差的似然比卡方（如公式 4.17），其自由度呈现在标注了 df 的列内。BIC 以 $n = 19912$ 根据公式 4.18 进行计算。作为拟合优度的一个纯粹描述性的测量，我们也使用了相异性指数（Index of Dissimilarity）（Shryock & Siegel，1976：131），标注为 Δ。这里，相异性指数可以被理解为根据某一个模型下的期望频次所得到的被错误分类的频次的比例。

表 4 – 15   流动表模型的拟合优度统计量

模型设定	G^2	df	BIC	Δ^a
独立	6170.13	16	6011.74	20.07
行效应	2080.18	12	1961.39	12.32
统一相关（UA）	2280.69	15	2132.21	11.98
准独立	683.34	11	574.45	5.52
行效应,排除对角线	34.91	7	– 34.39	1.10
UA,排除对角线	73.01	10	– 25.98	1.95
Hauser 的拓扑模型	66.57	12	– 52.22	1.77
准对称	27.45	6	– 31.95	1.13
跨越（保留对角线）	89.91	12	– 28.88	2.12
跨越（排除对角线）	64.24	9	– 24.85	1.63

[a] Δ 是观测和预测频次间的相异性指数（%形式）。

如表 4 – 15 中所示，除 Hauser 的拓扑模型之外，好几个模型都很好地拟合了数据。例如，排除了对角线单元格的行效应模型和统一关联模型都对数据拟合得很好（BIC = – 34.39，– 25.98）。另外两个对数据拟合较好的模型是准对称模型（BIC = – 31.95）和跨越模型（BIC = – 28.88）。

4.5.4 Goodman 的 *RC* 模型

如果我们进一步沿着从统一关联模型到行效应和列效应模型的一般化思路，我们可能想知道当我们将行和列得分都作为未知的来处理时会是怎样的情形。在 1979 年发表于《美国统计学学会杂志》（*Journal of the American Statistical Association*）的一篇极富影响力的论文中，Goodman 讨论了这个问题。Goodman 最初的解决方法包括两种模型：行和列效应关联模型 I（row-and-column-effects Model I）与行和列效应关联模型 II（row-and-column-effects Model II）〔后者被 Goodman（1981b）重新命名为 *RC* 模型，现在普遍使用这一新名称〕。

Goodman 的关联模型 I 将公式 4.21 简化为：

$$\log F_{ij} = \mu + \mu_i^R + \mu_j^C + j\phi_i + i\varphi_j \tag{4.40}$$

这里，如行效应模型和列效应模型一样，ϕ_i 和 φ_j 分别为行和列的得分。也就是说，模型 I 可被看作将公式 4.21 中的交互 μ^{RC} 设定为行效应模型和列效应模型的交互的和（$j\phi_i + i\varphi_j$）。但是，除对 ϕ_i 和 φ_j 的位置进行标准化之外，还有必要对它们中的一个增加一个尺度标准化条件。例如，一种可能的标准化为 $\phi_1 = \varphi_1 = \varphi_J = 0$。残差的自由度为 $(I-2)(J-2)$。LOR 的一般性公式为：

$$\log\left(\frac{F_{ij}F_{i'j'}}{F_{ij'}F_{i'j}}\right) = (\phi_i - \phi_{i'})(j - j') + (\varphi_j - \varphi_{j'})(i - i') \qquad (4.41)$$

这是行得分之间和列得分之间的加权距离的和。读者应当将公式 4.41 与公式 4.35 和公式 4.38 进行比较。与行效应模型和列效应模型相似，模型 I 也假定行变量和列变量的类别都被正确地排序。这一特性意味着该模型会随着行和列变量类别位置的变动而变动。如果研究者事先并不知道各类别是否被正确排序，或者事实上正需要确定各类别的正确次序，那么模型 I 的使用就受到了限制。由于这个原因，Goodman 的模型 II 受到更多的关注。它的形式为：

$$\log F_{ij} = \mu + \mu_i^R + \mu_j^C + \phi_i\varphi_j \qquad (4.42)$$

这里，ϕ_i 和 φ_j 分别为行和列得分，总共需要三个标准化约束条件。一种可能的标准化是设定 ϕ_i 和 φ_j 两者的位置（例如，$\sum \phi_i = 0$ 和 $\sum \varphi_j = 0$）与 ϕ_i 或 φ_j 的尺度（例如 $\sum \phi_i^2 = 1$）。模型 II 具有与模型 I 相同的自由度 $(I-2)(J-2)$，因为只有 $I + J - 3$ 个参数被用来描述行 – 列关联。这一模型并不要求行或列类别的正确次序。得分（ϕ_i 和 φ_j）的估计会揭示出隐含在模型之中的类别的次序。涉及任意两对类别的 LOR 为：

$$\log\left(\frac{F_{ij}F_{i'j'}}{F_{ij'}F_{i'j}}\right) = (\phi_i - \phi_{i'})(\varphi_j - \varphi_{j'}) \qquad (4.43)$$

这是行得分之间的距离和列得分之间的距离的乘积。Goodman 的相关模型 II 也被称为对数乘积模型（log-multiplicative model）（Clogg，1982），因为二维交互在公式 4.42 中由涉及两个未知参数的乘积项来刻画。这为估计带来了一些困难，因为 ϕ_i 和 φ_j 不能在一个单独的估计中相互分开，因此需要一个迭代过程来进行估计。迭代过程轮流将一组估计值（或初始值），比如 ϕ_i，作为已知值来更新另一组估计值（或初始值），比如 φ_j，直到它们稳定下来。[①] 除了可以从本书的网站

---

① 在 GLIM 这样的标准软件包中，这一过程得不到正确的标准误。

上得到 GLIM 的宏外，还有一些专门为这种模型设计的计算机软件包（如 ASSOC 和 ℓEM）。

　　Goodman 提出的关联模型是十分简约的，因为交互参数的个数只增加了（$I+J-3$）个，而不像在饱和模型情况下那样增加了（$I-1$）（$J-1$）个。显然，这些模型的简约性只有在拥有足够多维度的表格的情况下才能表现出来。作为一个规则，变量的类别数应当至少为三个此类模型才适用。

　　对维度的要求在考虑到对所估得分（ϕ_i 和 φ_j）进行解释的情况下甚至更为明确。如 Clogg（1982）所示，所估得分的真实意义在于两个相邻类别之间间距上的差别。间距上的这些差别对于仅有少于三个类别的变量来说是没有意义的。

　　公式 4.42 中的对数乘积模型可以被进一步一般化到多个维度的情况，以便反映观测特性具有多个维度的情况。这被称为 $RC(m)$ 模型，Goodman（1986）与 Becker 和 Clogg（1989）对此做过深入讨论。在多个维度的情况下，要重新对未知参数进行参数化，比较方便的方法是通过增加一个未知系数 β 并对下式重新进行标准化：

$$\log F_{ij} = \mu + \mu_i^R + \mu_j^C + \sum_m \beta_m \phi_{im} \varphi_{jm} \tag{4.44}$$

其中，

$$\sum \phi_{im} = 0; \quad \sum \phi_{im}^2 = 1$$
$$\sum \varphi_{jm} = 0; \quad \sum \varphi_{jm}^2 = 1$$

这里，β_m 测量第 m 个维度的关联强度。对于某些应用，为节省自由度，研究者可能会对不同 m 之间的 ϕ_{im} 和 φ_{jm} 甚至在方表中的 ϕ_{im} 和 φ_{jm} 添加约束条件。

　　为说明 RC 关联模型的有用性，我们来看一下 Clogg（1982）基于 1977 年 GSS 数据的例子。所复制的表格数据如表 4-16 所示。行变量由符合 Guttman 尺度的模式组成，测量了被访者对堕胎的态度。括号中是针对妇女在三种不同情况下是否应该被允许合法堕胎的回答：（1）如果她没有结婚且不想嫁给他；（2）如果家庭收入极低因此不能养活更多的孩子；（3）如果她已经结婚但不想要更多的孩子。考虑到三种情况下的不同严重性，大多数被访者会遵从一种模式，即如果赞成更不严重情况下的堕胎，那么她们也会赞成更严重情况下的堕胎。第一"错误"的类别包括那些不能被明确地归入 Guttman 尺度的被访者。

表 4 – 16　对堕胎和婚前性行为的态度

对堕胎的态度	对婚前性行为的态度[a]			
	（1）	（2）	（3）	（4）
（1）错误	44	11	38	62
（2）（是，是，是）	59	41	147	293
（3）（是，是，否）	23	11	13	27
（4）（是，否，否）	27	8	16	27
（5）（否，否，否）	258	57	105	110

[a] 对于列变量，（1）＝总是错的；（2）＝几乎总是错的；（3）＝有时是错的；（4）＝根本没错。

众所周知，Guttman 尺度只能得到次序变量。也就是说，对于我们的例子，我们只知道类别（5）中的被访者比类别（4）中的被访者更不赞成堕胎，而那些类别（4）中的被访者依次比类别（3）中的被访者更不赞成堕胎，等等。我们不知道区分这些不同类别的相对距离是多少。另外，我们也不知道应该把类别（1）中的非一致性被访者归于什么位置。

Clogg（1982）选取测得的对于婚前性行为的态度作为确定堕胎态度这一次序测量的尺度的工具。为了做到这一点，Clogg 将 RC 模型应用于这些数据。我们通过以一个 GLIM 宏来实现的迭代 ML 估计程序复制了 Clogg 的结果。该程序可以在本书的网站上找到。我们采用公式 4.44 中的惯例来对模型进行标准化，因此对行和列得分的位置和尺度都做了限定，并让关联参数 β 被自由估计。估计的模型对数据拟合得非常好（$G^2 = 5.55$，$df = 6$；BIC $= -37.81$）。估计的得分如表 4 – 17 所示，估计所得参数 β 为 1.308，这意味着对堕胎的态度和对婚前性行为的态度之间具有很强的关联。

表 4 – 17　估计的测度得分

	行	列
	（堕胎）	（婚前性行为）
（1）	0.075	– 0.743
（2）	0.776	– 0.127
（3）	– 0.098	0.271
（4）	– 0.155	0.598
（5）	– 0.598	—

这些估计的参数基本上与 Clogg 所报告的结果是相同的，尽管不同的标准化方法使得它们看似不同。估计的得分应当以相对距离的形式被加以解释。例如，估计结果显示第一个行类别（"错误"）中的被访者比类别（2）中的那些被访者更不赞成堕胎，但比其他类别中的被访者更加赞成堕胎。需要强调的是，各类别位置的改变并不会影响 *RC* 模型的估计。也就是说，尽管 *RC* 模型假定行和列变量具有次序尺度，但它并不要求各类别的正确序次。模型估计揭示出类别的序次。对于表 4 – 16 中的数据，列类别被正确地排序，但行类别没有。

4.6　多维表的模型

社会科学中的大多数研究都会关注各变量间的关系，因为这样的关系通常揭示了潜在的社会过程。二维表是展示观测变量间相互联系的最基本形式。在过去的 20 多年中，社会研究者们卓有成效地将前面章节中展示的对数线性模型应用于分析二维表中的关联。

但是，二维表内在地具有局限性，因为它所包含的信息太少。例如，两个变量可能由于它们与第三个变量都存在关联才显现出关联性。当第三个变量被控制时，两个变量间的偏关联可能就是零。为了对这样的"忽略变量偏差"进行检验，有必要将其他维度引入多变量研究中来。

另外，当主要研究兴趣在于二维关联沿着一个或多个维度变动时，研究者也常常会对三维或更高维表格进行分析。这样的例子包括趋势分析和比较分析。我们将在这一节的后面介绍一些出现在社会学文献中的例子。

在下一节中，我们将介绍对三维和更高维的列联表进行分析的对数线性模型。我们将三维或更高维的表统一归在"多维"表这一一般性标签下。尽管我们的讨论只集中在针对三维表的模型上面，但一般化到更高维表的模型的情况应该是较为简单直接的。重要的是要认识到针对多维表的模型其实是前面介绍的针对二维表的模型的一般化。

4.6.1　三维表

令 *R*、*C* 和 *L* 分别代表行、列和层变量，其中，层即为额外的第三个变量。*R* × *C* × *L* 的三维表展示了 *R*、*C* 和 *L* 之间的详细关联。在这个三维表中，当将第三个变量（*L*）控制在某一给定类别上不变时，研究者能够得到任何两个变量

（比如 R 和 C）之间的偏表（partial tables）。$R \times C$ 偏表中的 $R - C$ 关联被称为偏关联（partial association）。当 $R - C$ 偏关联在 L 的不同类别之间发生变动时，我们认为 R、C 和 L 之间存在三维交互作用。研究者也可以忽略第三个变量（比如 L）而将三维表（$R \times C \times L$）合并为一个二维表。这个二维表被称为边缘表（marginal table）（$R \times C$），它包含两个变量（R 和 C）之间的边缘关联（marginal association）。一般地，偏关联不同于边缘关联，否则，研究者就会选择基于更简单的表建立统计模型。在下一小节中，我们将讨论在何种情况下偏关联会等于边缘关联。

表 4 - 18 显示的是加州大学伯克利分校的研究生录取数据。表 4 - 18 涉及三个变量：申请者的性别（男性对女性）、录取结果（录取对未录取）以及专业（A 至 F）。这些数据被用于研究加州大学伯克利分校的研究生录取是否更偏向于男性而排斥女性（Bickel，Hammel，& O'Connell，1975；Freedman，Pisani，& Purves，1978）。为方便起见，我们标示性别为 R，录取结果为 C，专业为 L。尽管表 4 - 18 中的数据形式为性别与专业不同组合的比例和频次，将该表转换为根据 $R \times C \times L$ 分类的频次表是很容易的。[1]

表 4 - 18　加州大学伯克利分校的研究生录取数据

专　业	男性		女性	
	申请者数量	录取率	申请者数量	录取率
A	825	62	108	82
B	560	63	25	68
C	352	37	593	34
D	417	33	375	35
E	191	28	393	24
F	373	6	341	7

表 4 - 18 清晰地表明，在任何一个专业中，女性申请者的录取率并不远低于男性申请者。如果说存在显著的性别差异的话，那就是女性在专业 A 中的录取率（82%）高于男性（62%）。但是，如果我们沿着专业把该数据合并为一个二维的边缘表的话，性别和录取结果之间的关系看起来很不一样。表 4 - 19 为所得

---

① 转换所得频次表格可见本书的网站。

的表。

表 4 – 19 显示出女性的录取率（30%）远远低于男性（45%）。为什么基于同样的数据得到的两张表却告诉我们两个不同的故事呢？理解这一难题是表格数据的多元分析的本质所在。

表 4 – 19　合并后的研究生录取数据

性别	申请者数量（人）	录取率（%）
男性	2691	45
女性	1835	30

4.6.2　三维表的饱和模型

对于三维表 $R \times C \times L$，令 f_{ijk} 表示由第 i 行、第 j 列和第 k 层所标注单元格的观测频次，F_{ijk} 表示其期望频次。类似于公式 4.20，三维表的饱和模型可以被写成：

$$F_{ijk} = \tau \tau_i^R \tau_j^C \tau_k^L \tau_{ij}^{RC} \tau_{ik}^{RL} \tau_{jk}^{CL} \tau_{ijk}^{RCL} \tag{4.45}$$

这里，τ 参数受到通常的标准化约束的影响。该模型的对数线性形式为：

$$\log F_{ijk} = \mu + \mu_i^R + \mu_j^C + \mu_k^L + \mu_{ij}^{RC} + \mu_{ik}^{RL} + \mu_{jk}^{CL} + \mu_{ijk}^{RCL} \tag{4.46}$$

这里，μ 参数为 τ 参数的对数，因此也受到同样的标准化约束的影响。对于 ANOVA 类型的标准化，

$$
\begin{aligned}
\prod_i \tau_i^R &= \prod_j \tau_j^C = \prod_k \tau_k^L = \prod_i \tau_{ij}^{RC} = \prod_j \tau_{ij}^{RC} \\
&= \prod_i \tau_{ik}^{RL} = \prod_k \tau_{ik}^{RL} = \prod_j \tau_{jk}^{CL} = \prod_k \tau_{jk}^{CL} \\
&= \prod_i \tau_{ijk}^{RCL} = \prod_j \tau_{ijk}^{RCL} = \prod_k \tau_{ijk}^{RCL} = 1
\end{aligned}
\tag{4.47}
$$

或者，用 μ 参数的话，

$$
\begin{aligned}
\sum_i \mu_i^R &= \sum_j \mu_j^C = \sum_k \mu_k^L = \sum_i \mu_{ij}^{RC} = \sum_j \mu_{ij}^{RC} = \sum_i \mu_{ik}^{RL} \\
&= \sum_k \mu_{ik}^{RL} = \sum_j \mu_{jk}^{CL} = \sum_k \mu_{jk}^{CL} \\
&= \sum_i \mu_{ijk}^{RCL} = \sum_j \mu_{ijk}^{RCL} = \sum_k \mu_{ijk}^{RCL} = 0
\end{aligned}
\tag{4.48}
$$

作为替代，我们可以应用虚拟变量编码，设定如下的标准化约束（以第一个类别作为参照）：

$$
\begin{aligned}
\tau_1^R &= \tau_1^C = \tau_1^L = \tau_{1j}^{RC} = \tau_{i1}^{RC} = \tau_{1k}^{RL} \\
&= \tau_{i1}^{RL} = \tau_{1k}^{CL} = \tau_{j1}^{CL} = \tau_{1jk}^{RCL} \\
&= \tau_{i1k}^{RCL} = \tau_{ij1}^{RCL} = 1
\end{aligned}
\tag{4.49}
$$

或者，用 μ 参数的话，

$$
\begin{aligned}
\mu_1^R &= \mu_1^C = \mu_1^L = \mu_{1j}^{RC} = \mu_{i1}^{RC} = \mu_{1k}^{RL} \\
&= \mu_{i1}^{RL} = \mu_{1k}^{CL} = \mu_{j1}^{CL} = \mu_{1jk}^{RCL} \\
&= \mu_{i1k}^{RCL} = \mu_{ij1}^{RCL} = 0
\end{aligned}
\tag{4.50}
$$

公式 4.45 中的 τ^R、τ^C 和 τ^L 参数（或者公式 4.46 中的 μ^R、μ^C 和 μ^L）被称为边缘参数，τ^{RC}、τ^{RL} 和 τ^{CL} 参数（或者公式 4.46 中的 μ^{RC}、μ^{RL} 和 μ^{CL}）被称为二维交互，τ^{RCL}（或者公式 4.46 中的 μ^{RCL}）被称为三维交互。由于加法项要比乘积项更容易处理，所以我们一般会使用公式 4.46 所表示的对数线性形式。

4.6.3 可合并性

当研究兴趣在于两个特定变量之间的关联时，可合并性就变得有意义了。问题在于测得的关联在一个三维表格被合并为二维表格前后是否有所不同。当沿着不涉及我们主要关注的关联的变量对三维表进行合并时，如果偏关联与边缘关联相等，那么这个三维表格被认为是可合并的。也就是说，如果边缘关联和偏关联相同，则一个表格被认为是可合并的。

更准确地，假如我们的主要兴趣在于 $R \times C \times L$ 表中的 $R - C$ 关联。那么，如果 $R \times C$ 表的边缘关联与控制 L 后的 $R - C$ 之间的偏关联相同，则这个表可以沿 L 被合并为边缘的 $R \times C$ 二维表。

$R \times C \times L$ 三维表可合并为 $R \times C$ 二维表的条件为：

1. 不存在三维的 RCL 交互：对于所有 i、j 和 k，$\mu_{ijk}^{RCL} = 0$。

2. 二维的 RL 或 CL 交互为零：对于所有 i、j 和 k，$\mu_{ik}^{RL} = 0$ 或 $\mu_{jk}^{CL} = 0$。

为了理解这两个条件，我们回顾一下线性回归背景下的忽略变量偏差的条件：当且仅当下面的两个条件都被满足时，一个被忽略的变量才可能会导致主要关注变量对因变量的估计效应存在偏差：

1. 被忽略变量与主要关注变量（无条件地）相关。

2. 被忽略变量会影响因变量。

当这两个条件中的任何一个未被满足时，都不会出现忽略变量偏差。例如，在一个试验研究中，由于随机化确保了其他有关的解释变量与主要关注的变量——试验处理之间的独立性，因此研究者可以忽略其他有关的解释变量。

类似地，如果控制变量与主要解释变量或结果变量无关，那么我们可以沿着控制变量来合并一个三维表。与线性回归中忽略变量偏差的情况不同，合并列联表的无关条件（unrelatedness）指的是偏关联而非无条件关联。可合并性在多维列联表的分析中非常重要，因为研究者在可能的情况下应当总是设法将分析加以简化。

在录取数据的例子中，我们可以看到，当试图按专业合并该数据时，两个可合并性条件并不成立：由于不同专业内存在性别隔离，因此性别与专业有关（即 $RL \neq 0$），同时被录取的比例在专业之间剧烈地变动（即 $CL \neq 0$）。考虑到这些情况，合并将得到一个边缘相关（如表 4 - 19 所示），但它不同于控制专业后所得的偏关联（如表 4 - 18 所示）。与评价忽略变量偏差的情况相同，我们也可以推断边缘关联和偏关联之间差异的方向。在我们的研究生录取例子中，RL 和 CL 交互显示出女性申请者出现在录取比例较高的专业（如专业 A）中的比例较低。如果沿着专业的维度来合并该三维表的话，这一组合导致被录取女性的比例更低。

可合并性条件的一个用处在于排除比率中第三个变量的干扰效应（confounding effects）。假定不存在三维交互，Clogg（1978）建议在研究 R（主要解释变量）和 C（可用来计算比率的结果变量）相关性的过程中为了排除干扰因素 L，可以根据下式对频次进行调整：

$$f_{ijk}^* = \frac{f_{ijk}}{\tau_{ik}^{RL}} \tag{4.51}$$

这里，f^* 是调整后的频次，它被用来计算排除干扰效应后的比率。根据公式 4.51 的这一调整确保了调整后的频次不存在 R 和 L 之间的偏关联。因此，这就满足了可合并性条件，从而使得第三个维度 L 在调整后的表中可以被忽略。Xie（1989）通过用一种不同的方式来满足可合并性的条件进一步提出了一种排除比率中干扰因素的替代办法：

$$f_{ijk}^* = \frac{f_{ijk}}{\tau_{jk}^{CL}} \tag{4.52}$$

（即通过消除 C 和 L 之间的偏关联）。Clogg（1978）讨论了当三维交互（τ^{RCL}）存在时去除这种偏关联的方法。

4.6.4　三维表的模型类别

与二维表的情况相似，饱和模型极少具有研究意义，因为它仅对观测频次进行了参数化。研究者通常希望建立更为简约的模型并对比观测数据对其进行检验。让我们将公式 4.45 和公式 4.46 中的饱和模型进一步简化为下列各种模型类别。从现在开始，我们将使用公式 4.46 中的对数线性标示符号——尽管可以很容易地得到公式 4.45 所示的对数线性形式情况下的相应标示符号。在我们使用的模型标示符号中，加和项由逗号分隔，变量间的交互则不分开。除非特别指明，否则都维持各项的层级结构，因此一个更高阶的交互隐含地假定存在更低阶的交互和边缘参数。所以，公式 4.46 所表达的饱和模型可以被简单地记为（RCL）。

类别 1。我们首先来考虑"相互独立"（mutual independence）模型，记为（R，C，L）。这个模型的关键特点在于不存在交互。在这个模型下，所有的二维和三维交互参数都为零（即对所有 i、j 和 k，$\mu^{RC} = \mu^{RL} = \mu^{CL} = \mu^{RCL} = 0$）。这一模型假定这三个变量成对地两两相互独立：

- R 和 C 相互独立，
- R 和 L 相互独立，以及
- C 和 L 相互独立。

由于不存在二维交互作用，这个三维表可以在所有三个维度上进行合并。也就是说，

- 对于任何一对变量，边缘关联 = 偏关联 = 0。

如果这个模型成立，那么就需要进行单变量分析。

类别 2。现在我们考虑"联合独立"（joint independence）模型，记为（R，CL）、（RC，L）或（RL，C）。这类模型仅允许一个二维交互。因此，其他两组二维交互和三维交互都不存在。我们用模型（R，CL）为例进行说明。在这种情况下，对于所有的 i、j 和 k，$\mu^{RC} = \mu^{RL} = \mu^{RCL} = 0$，因此，$R$ 与其他两个变量（C 和 L）是相互独立的：

- R 和 L 相互独立，且
- R 和 C 相互独立。

三维表在所有三个维度上都是可合并的。我们有：

- 对于任何一对变量，边缘关联 = 偏关联。此外，
- 边缘 RL 和 RC 关联 = 偏 RL 和 RC 关联 = 0。

类别 3。我们进一步考虑"条件独立"（conditional independence）模型，记为（RL, CL）、（RC, CL）或（RC, RL）。这类模型包括两个二维交互。以（RL, CL）为例，条件独立模型意味着在 L 的每一个水平上 R 和 C 都相互独立：

- 给定 L，R 和 C 相互独立。

表可以沿着 R 和 C 但不可以沿着 L 进行合并。换句话说，

- 边缘 RL 和 CL 关联 = 偏 RL 和 CL 关联，但是
- 边缘 RC 关联 ≠ 偏 RC 关联（= 0）。

这是一个重要的模型。它意味着如果忽略一个有关的变量（L），边缘关联（RC）是虚假的，这类似于线性回归中的忽略变量偏差。如在后文中将要提到的，这个模型对研究生录取的例子拟合得相当好。

类别 4。最后，我们来考虑"无三维交互"（no three-way interaction）模型（RC, RL, CL）。这个模型包含了所有三个二维交互。它不意味着条件独立性。无三维交互意味着同质性关联（homogeneous association）：偏二维关联不随第三个变量而变动。

该表在任何方向上都不是可合并的。也就是说，

- 对于任何一对变量，边缘二维关联 ≠ 偏二维关联。

最后，如果（RC, RL, CL）模型不能拟合数据，则偏二维关联（RC、RL 和 CL）会作为第三个变量的函数而变动。这一特性被称为异质性关联（heterogeneous association），要求建模中包含三维交互。

现在我们应用不同的模型来对上面表 4 - 18 中的研究生录取数据进行分析。该数据的维度为 $2 \times 2 \times 6$（对于 $R \times C \times L$ 的情况），其中，R 为性别，C 为录取结果，L 为专业。不同模型的拟合度的概要测量指标如表 4 - 20 所示。模型 1 为相互独立模型，它没有拟合数据（$G^2 = 2092.69$，$df = 16$；BIC = 1958.01），但是它仍被呈现在这里作为其他模型的基线。模型 2 为联合独立模型，它考虑了性别和专业之间的交互。在考虑性别与专业之间交互作用的过程中，我们将各专业的性别隔离作为先于录取过程的一个先在条件搁置起来。模型 2 的 $G^2 = 872.08$，$df =$

表 4 – 20　　对录取数据所拟合模型的拟合优度统计量

模型	参数项[a]	G^2	df	BIC	Δ
（1）	(R,C,L)	2092. 69	16	1958. 01	25. 98
（2）	(RL,C)	872. 08	11	779. 48	16. 85
（3）	(RL,CL)	21. 13	6	– 29. 37	1. 66
（4）	$(RL,CL,$虚拟变量$)$	2. 81	5	– 39. 28	0. 81

[a]R = 性别，C = 录取结果，L = 专业。虚拟变量特指 R = 女性、C = 被录取、L = 专业 A 的单元格。Δ 为观测和预测频次间的相异性指数（％形式）。

11；BIC = 779. 48，该模型在拟合优度上是对模型 1 的显著改进。在模型 3 中，我们进一步考虑专业和录取结果间的交互作用，并有效地设定条件独立。在控制专业的情况下，性别和录取结果之间不存在净关联（net association）。模型 3 对数据拟合得很好（$G^2 = 21. 13$，$df = 6$；BIC = – 29. 37）。基于 BIC 统计量，我们可以认为数据支持条件独立性假设。

但是，我们在前面部分看到女性申请者似乎在专业 A 中具有优势。为检验这个具体的三维交互作用，我们在模型 4 中加入一个虚拟变量来代表这个特殊的单元格，其中，R = 女性，C = 被录取，L = 专业 A。如拟合优度统计量所示，模型 4 对数据拟合得极好（$G^2 = 2. 81$，$df = 5$；BIC = – 39. 28）。最后一个模型意味着条件独立性对除专业 A 之外的所有专业都成立，因为专业 A 中的录取率存在性别差别。如表 4 – 21 中的估计参数所示，专业 A 中的性别差异体现为有利于女性，这与对加州大学伯克利分校偏向男性申请者的批评相悖。根据参数估计值，我们也清楚地看到，专业 A 和 B 中女性申请者的比例偏低，而在专业 C 到 F 中其比例又偏高，同时，专业 A 和 B 中的录取率又高于其他专业，而专业 F 中的录取率尤其低。

4.6.5　关联变异的分析

在前一小节我们考虑了一些常见的三维表模型。这些模型主要被用来检验存不存在偏关联。根据这些检验，我们可以推断一个三维表是否能够沿某个维度被合并。我们没有考虑超出无三维交互模型之外的复杂情况。

当无三维交互模型不能拟合数据时，我们应该做什么呢？拟合饱和模型通常不是一个令人满意的答案，因为饱和模型一点也不简约。对于录取数据的例子，通过仔细查看该数据表，我们可以看出存在一个局部的三维交互。

表 4 – 21　模型 4 的交互参数估计值

参数类别	参　数	估计值	（标准误）
性别与专业交互	女性 × 专业 A	—	—
	女性 × 专业 B	− 0.329	（0.311）
	女性 × 专业 C	3.382	（0.244）
	女性 × 专业 D	2.674	（0.244）
	女性 × 专业 E	3.502	（0.250）
	女性 × 专业 F	2.691	（0.245）
被录取与专业交互	被录取 × 专业 A	—	—
	被录取 × 专业 B	0.052	（0.112）
	被录取 × 专业 C	− 1.106	（0.100）
	被录取 × 专业 D	− 1.155	（0.104）
	被录取 × 专业 E	− 1.572	（0.119）
	被录取 × 专业 F	− 3.159	（0.168）
虚拟变量	女性, 专业 A, 被录取	1.027	（0.261）

　　现在我们来考虑一个一般性情况，即当研究者的研究兴趣集中于分析二维关联在第三个变量（或更一般地，其他维度的组合）上的变异时。在社会科学中这种例子很多。例如，研究比较社会流动的研究者可能会感兴趣于父代职业与子代职业之间的关联是否会作为某一国家特征的一个函数呈现系统性变动（Grusky & Hauser, 1984）。家庭社会学家可能会对教育同类婚配是否已经随时间推移而增强感兴趣（Mare, 1991）。

　　在本节中，我们推荐一种"条件性"方法来对关联中的变异进行分析，它是对二维表对数线性模型的一般化。这种条件性方法有两个优势：首先，研究者往往能够获得简约性；其次，此方法得到的参数相对易于解释。

　　我们以一个 $R \times C \times L$ 的三维表为例对这种方法加以说明，这里的主要研究兴趣在于对 $R - C$ 关联沿着维度 L 的变动情况进行分析。在饱和模型下，期望频次如公式 4.45 所示。由于研究目的是对关联沿着第三个维度的变动情况进行分析，因此，研究者通常希望从条件独立模型（RL, CL）开始，也就是，

$$F_{ijk} = \tau \tau_i^R \tau_j^C \tau_k^L \tau_{ik}^{RL} \tau_{jk}^{CL} \tag{4.53}$$

这意味着，在给定 L 的情况下，R 和 C 之间不存在关联。与公式 4.45 所示的饱和模型相比，我们看到基线二维交互（τ^{RC}）和三维交互（τ^{RCL}）在公式 4.53 中

被略去。研究者通常关注 τ^{RC} 和 τ^{RCL} 的设定。这就是我们称为条件性方法的意涵所在，因为对关联变异的分析现在是以公式 4.53 为条件的。如果我们根据公式 4.45 写出在控制 $L = k$ 情况下的局部比数比，这一点就更清楚了：

$$\theta_{ijlk} = \frac{F_{ijk}F_{(i+1)(j+1)k}}{F_{i(j+1)k}F_{(i+1)jk}} = \frac{\tau^{RC}_{ij}\tau^{RC}_{(i+1)(j+1)}}{\tau^{RC}_{i(j+1)}\tau^{RC}_{(i+1)j}} \frac{\tau^{RCL}_{ijk}\tau^{RCL}_{(i+1)(j+1)k}}{\tau^{RCL}_{i(j+1)k}\tau^{RCL}_{(i+1)jk}} \tag{4.54}$$

也就是说，条件比数比只取决于二维交互 τ^{RC} 参数和三维交互 τ^{RCL} 参数。

有许多方法来参数化 τ^{RC} 和 τ^{RCL}。参见 Goodman（1986）、Xie（1992）以及 Goodman 和 Hout（1998）对这个问题更为详尽的处理。注意，τ^{RC} 和 τ^{RCL} 都包含一个 R – C 二维关联。对 τ^{RCL} 的最普遍设定是设定一个二维 R – C 关联模式与层面交互。比如，τ^{RC} 被建模成服从一个基线关联 ω^{RC}，同时建构一个二维跨层"偏差"关联（ψ^{RC}）与层（L）之间的交互来对 τ^{RCL} 进行建模。ω^{RC} 和 ψ^{RC} 可以相同。采用这一标示符号，我们将提供一些一般性准则并通过一个具体例子对其进行说明。

建议 1。如果有一个将 ω 和 ψ 简化成只含 ψ 的简单模型那就比较理想。这相当于设定二维 R – C 关联在不同层之间具有同样的模式。当情况确实如此时，我们可以设定 τ^{RC} 为 1，同时设定 τ^{RCL} 为 ψ 和 L 之间的交互。这个策略要求 ψ 应当是一个比 R 和 C 的完全交互更为简约的设定〔即消耗的自由度少于（$I-1$）（$J-1$）个〕，否则所得模型就是饱和模型。这个策略会起作用，因为我们只对基本二维关联设定相同的关联函数，但允许该函数的参数在层之间变动。例如，研究者可能为各层设定一个通用的 RC 相关模型，同时在不同层上估计不同的 RC 参数（Becker & Clogg，1989；Clogg，1982）。

建议 2。如果有必要对基线关联 ω 和偏差关联 ψ 进行不同的设定，比较理想的情况是 ψ 具有比 ω 更加简约的设定。这源于直觉，因为随着 ψ 的复杂程度增加，RCL 三维交互（也就是 ψ 和 L 的交互）的参数个数会迅速增加。研究者有时会将 ω 设定为饱和模型以便得到更好的拟合。例如，在 Mare（1991）对教育同类婚配（educational homogamy）趋势的研究中，ω 为完全交互，但 ψ 为仅有 4 个参数的跨越模型。将 4 个跨越参数与时间进行交互，就可以展示出教育同类婚配强度的变化趋势。

建议 3。将 ψ 和 L 之间设定成对数乘积层面的形式（log-multiplicative-layer specification）而不是简单交互的形式（simple interaction specification）是较为理

想的。如果建议 1 被采纳以至于 ψ 和 ω 是相同的，那么，这个方法尤其有效。用对数乘积层面设定这一表述，我们指的是下列模型（Xie，1992）（其中，$\omega = 1$）：

$$F_{ijk} = \tau\tau_i^R\tau_j^C\tau_k^L\tau_{ik}^{RL}\tau_{jk}^{CL}\exp(\psi_{ij}\phi_k) \tag{4.55}$$

这里，ψ 参数描述了 $R-C$ 二维偏差关联，ϕ 则代表了层别的（layer-specific）关联偏差。采用这一设定条件，条件局部 LOR（根据公式 4.54）被简化为：

$$\begin{aligned}\log(\theta_{ij|k}) &= (\psi_{ij} + \psi_{(i+1)(j+1)} - \psi_{i(j+1)} - \psi_{(i+1)j})\phi_k\\&= \phi_k\log(\theta_{ij})\end{aligned}$$

这里，θ_{ij} 是 ψ 参数的函数，它可以被看作基线比数比。该对数乘积层面模型是较为简约的，因为它只多用了（$K-1$）个自由度对三维交互进行检验，就得到了针对每一额外层的一个自由度为 1 的检验。此外，在每一层中，$R-C$ 关联都遵循相同的模式但具有不同的强度。对 $\omega \neq 1$ 情况的讨论，参见 Goodman 和 Hout（1998）。

我们现在提供一个例子来应用这三个建议。这个例子来自 Erikson、Goldthorpe 和 Portocarero（1979）对三个国家（英国、法国和瑞典）所做的阶级流动的研究。父代阶级和子代阶级都包含七个类别，从而形成了一个 $7 \times 7 \times 3$ 的表格。Hauser（1984）和 Xie（1992）也曾对同样的数据进行过分析。在表 4-22 中，我们呈现了基于这些数据拟合得到的一系列模型。数据和估计模型都可以在本书的网站上找到。

表 4-22　三国阶级流动数据的模型

模　型	特征描述	G^2	df	BIC
CA	条件独立	4860.03	108	3812.57
FI_0	同质性完全交互	121.30	72	-577.01
FI_l	异质性完全交互	0	0	0
FI_x	对数乘积完全交互	92.14	70	-586.77
H_0	同质性水平模型	244.34	103	-754.63
H_l	异质性水平模型	208.50	93	-693.48
H_x	对数乘积水平模型	216.37	101	-763.20
RCQ_0	同质性准 RC	337.86	76	-399.24
RCQ_l	异质性准 RC	271.97	54	-251.76
RCQ_x	对数乘积准 RC	332.37	74	-385.34

表 4 - 22 的第一行呈现的是条件独立模型，它对数据拟合得很差（$G^2 =$ 4860.03，$df = 108$），因此被作为零模型。第二行是同质性完全交互模型（FI_0），它与无三维交互模型相同。根据 BIC 统计量标准，尽管模型 FI_0 对数据拟合得很好，但其异质性形式（即与层之间的简单交互）却成了饱和模型（FI_l）。在将完全交互设定为 ψ 的对数乘积层面模型（FI_x）中，我们多用了 2 个自由度来对完全交互在层之间的系统性变异进行检验，不论根据 G^2 的减少（29.16，$df = 2$）还是 BIC（−586.77）的降低，都可以看出它提供了一个极佳的拟合优度。三个 H 模型都建立在一个拓扑模式（包含 6 个水平）之上。[①] 采用这一反映出身 − 终点关联（origin-destination association）的简约基线设定，同质性水平模型比条件独立模型多消耗了 5 个自由度，但它对数据拟合得很好（特别是 BIC = −754.63）。既然水平模型较为简约，那么我们可以采用第一个建议并将水平矩阵和层进行交互，从而得到异质性水平模型 H_l。考虑到样本较大（16297），Erikson 等（1979）和 Hauser（1984）偏向于 H_0 模型而非 H_l 模型，尽管严格意义上讲，这两个嵌套模型之间的卡方统计量（35.48，$df = 10$）是显著的。根据 BIC，模型 H_0 有一个更小的负值，因此它比模型 H_l 对数据拟合得更好。通过设定出身 − 终点关联在国家之间呈对数乘积形式的变动，模型 H_x 成为一个介于模型 H_0 和 H_l 间的模型。根据对数似然比卡方统计量，模型 H_x（$G^2 = 216.37$，$df = 101$）对数据的拟合显著地优于模型 H_0（$\Delta G^2 = 27.97$，$df = 2$）但并不显著地劣于模型 H_l（$\Delta G^2 = 7.87$，$df = 8$）。此外，在表 4 - 22 的所有模型中，模型 H_x 具有最小的 BIC 值，因此，根据 BIC 标准，它对数据拟合得最好。

在表 4 - 22 的最后三行中，我们将二维关联设定（ψ）从水平模型改为排除对角线单元格的 RC 关联模型，这被称为准 RC 模型并记为 RCQ。在这一设定中，公式 4.45 中的 $\tau^{RC} \tau^{RCL}$ 这部分变为：

$$\exp(\beta_k \phi_{ik} \varphi_{jk}) \quad 对于 i \neq j$$

模型 RCQ_0 将所有三个参数（β、ϕ 和 φ）限定为在各层间保持不变，但 RCQ_l 模型允许它们随 L 自由变动。对数乘积层面形式（RCQ_x）则介于两者之间，它将得分（ϕ 和 φ）固定但允许强度参数 β 按层变动。表 4 - 22 中的结果表明，根据 BIC 统计量，模型 RCQ_0 比 RCQ 模型的其他两种形式更好地拟合了

---

① 水平矩阵可从本书的网站上获取。

数据。

对数乘积层面模型的一个优势在于对每个表格都可以得到一个测量关联强度的简单参数，且这些参数都受到共同标准化（global normalization）的影响。Xie（1992）利用这一特性将流动水平（levels）与流动模式（patterns）区分开来，其中，根据其对社会流动文献中的一个经典假设所做的修正解释，Xie 假定流动模式在所有现代社会中都是相同的。这三个对数乘积模型的参数估计如表 4 - 23 所示。根据这些估计值，不管模型设定如何，我们可以得到一个相似的模式：就父代阶级和子代阶级之间的关联强度而言，在瑞典弱于在英国和法国，但在英国和法国之间相似。这个例子说明对二维设定（即基线和偏差两者）的微调有时并不会严重影响主要的研究目的：探测二维关联沿着第三个维度的变异。

表 4 - 23 国家别的 ϕ 参数

模　型	ϕ_1（英国）	ϕ_2（法国）	ϕ_3（瑞典）
FI_x	0.617	0.633	0.468
H_x	0.613	0.634	0.472
RCQ_x	0.652	0.575	0.495

4.6.6　模型选择

在表 4 - 22 中，我们基于两个标准来选择模型：嵌套模型情况下 G^2 上的变化，以及嵌套和非嵌套模型情况下 BIC 的变化。我们建议在模型拟合的过程中同时使用这些和其他的拟合优度标准（包括皮尔逊卡方统计量和相异性指数）。

基于 G^2 变化的似然比卡方检验是在竞争的嵌套模型中进行选择的最普遍使用用的方法。似然比检验的优势在于具有我们熟悉的误差削减比例解释，这十分类似于 OLS 回归模型中的 F 检验，同时它能够被应用于用 ML 进行估计的任何模型。相异性指数提供了一个描述性测量，它在评价一个模型能够多么好地复制观测频次方面比较有用。BIC 统计量会帮助研究者在大样本的情况下以简约性来换取拟合优度，因为根据 G^2 统计量，即使是一个"好"模型在大样本情况下也可能被拒绝。

第 *5* 章

二分类数据多层模型

5.1 导言

在之前的章节中，我们曾介绍过针对个体或分组数据进行分析的二项和二分类响应模型，这些数据由相互独立的观测样本构成。本章将对这些技术的一些扩展情况进行讨论，它们在对观测样本之间不相互独立的数据进行建模方面非常有用，这种不独立源于观测样本嵌套在或从属于各个更高层次的单位或背景中。我们将集中讨论那些利用聚类或多层数据提供的附加信息的模型，这类数据的特点在于分析单位 （unit of analysis） 之间的相互依赖程度不同。这里，我们考虑两种常见的多层数据类型：聚类数据 （clustered data） 和重复测量数据 （repeated measurements）。当个体嵌套在诸如家庭或学校等更高层次的背景中时，我们将这些背景称为聚类，所得到的数据类型则称为聚类数据。重复测量数据通常由对每一个体在若干测量时点 （measurement occasions） 的多次观测 （multiple observations） 所构成。

利用这些数据特征的模型被冠以随机效应模型 （random effects models）、随机系数模型 （random coefficients models）、多层模型 （multilevel models）、分层模型 （hierarchical models）、增长曲线模型 （growth curve models） 和混合模型 （mixed models） 等名称。有关线性混合模型 （也称分层线性模型） 的文献可以追溯到数十年前。这些模型以增长曲线模型的形式被广泛应用于对纵贯变化所做的研究中，在教育研究中也有着悠久的历史，它们被用来研究学校效应以及涉及个体和学校层次变量的跨背景关系。对跨层效应 （cross-level effects） 进行建模以及对背景内效应（within-context effects）的经典（ML）估计量加以改进，是多层分析的两个额外目标（Wong & Mason，1985）。

　　二分类数据的分层模型在社会科学中已得到广泛应用，原因在于数据的可获得性不断提高、计算机硬件和软件的改善以及社会科学长期以来一直对分类变量建模感兴趣。关于其在社会学中应用的回顾，请参见 Guo 和 Zhao（2000）的文章。这些模型在心理计量学和生物计量学中的历史还要稍长一些（Rasch，1961；Stiratelli，Laird，& Ware，1984）。近几十年来，计量经济学也在这方面做出了重要贡献，尤其是在离散选择模型（discrete choice models）方面（如，Train，2003）。

　　计算方面的新近发展已经扩展了研究者希望对多层分类数据模型进行估计的选项菜单。十年前，基于计算成本昂贵的数值方法的模型现在已经可以求解了，并陆续被添加到标准统计软件包中。Agresti、Booth、Hobert 和 Caffo（2000）讨论了建立在一般化线性模型以及竞争估计方法（competing estimation approaches）基础之上的一般化线性混合模型（generalized linear mixed models）的应用。

5.1.1　修正的 i. i. d. 假定

　　在考虑对复杂数据结构进行分析之前，首先回顾一下前面章节讨论过的标准二项和二分类响应模型背后隐含的一些假定。理解 i. i. d. 观测假定是将这些模型扩展到不同类型数据结构的关键。在本章中，我们假设数据来自某一共同分布，但是将放宽有关分析单位相互独立的假定。

　　在标准二项响应模型中，我们假设成功次数 y 来自 n 次相互独立的试验。该假定在交互分类数据（cross-classified data）的情况下似乎是合理的，因为此时列联表中每一单元格代表响应的次数，这些响应由相互独立的观测样本构成。类似地，在个体数据的情况下，经典模型假定二分类响应变量 y 表示某一特定被调查者的反应，这些被调查者取自一组相互独立的观测样本。

　　不幸的是，i. i. d. 假定在社会科学研究中很少能够得到满足，因为低层次分析单位可能嵌套或聚类在高层次分析单位内。因为在相同背景中的低层次分析单位比那些跨背景的情况更为相似，所以，社会聚类（social clustering）会产生违背 i. i. d. 假定的数据。例如，假设在生育调查中，每一育龄妇女都会被问到有关过去某个时期内的怀孕次数 n 和活产孩子数 y 的信息。这些数据看上去具有通常的 n 次试验成功了 y 次这样的二项分布属性。我们当然也期望发现妇女之间在回答上的变异。但是，我们可能认为，给定妇女的怀孕未必都是一次独立试验，而可能是对妊娠失败的反映或者是妇女对怀孕的心理承受能力的反映。类似的情形可能出现在对儿童死亡的研究中，这里，n_i 表示第 i 名妇女的生育数，y_i 表示其所生孩子中的死亡数。与前例一样，我们也可能认为，对特定妇女而言，某些已知或未知的共同特征将会对其孩子的死亡可能性产生影响。

通常，社会聚类会造成从属于相同分析单位的响应之间呈现正相关。Williams（1982）指出，当由观测次数构成的个体二分类（或贝努里）结果存在相关关系时，二项分布的方差会大于 $n_i p_i (1 - p_i)$。二分类响应之间的正相关导致 y 的变异比二项抽样分布情况下所期望的变异更大。此时，数据被认为是过度离散的。在分类数据分析中围绕过度离散问题的解决方法方面有大量的文献资料（如 Agresti，2002）。

5.1.2 数据结构提供的信息

我们在本节将详细讨论两类违背 i. i. d. 假定的数据结构：多层数据（multilevel data）和追踪重复测量数据（longitudinal repeated measures data）。这些类型的数据逐渐为社会科学家所使用。例如，本书中多处用来作为例子的 NLSY 数据一开始就被设计成从一个特定家庭抽取所有青少年进行调查，因而得到由嵌套于家庭中的个体构成的多层或聚类数据。NLSY 的纵贯特征包含一组始于 1979 年的个体初始队列的重复测量，并且延续至今。下面，我们将依次对这些数据结构加以介绍。

5.1.3 多层或聚类数据

多层或聚类数据由嵌套于较高层次分析单位的较低层次分析单位构成。Goldstein（1995）认为，这些分析单位的层级是自然而然形成的，因为处于某一特定层级内的个体在其特征上要比由随机地从总体中抽取的个体所组成的类似样本更趋于相似。家庭是一个自然分层的好例子，我们可能会期望相同父母的孩子在许多重要方面都会相似。嵌套于学校的学生可能构成了另一个典型的分层数据结构。分层往往反映着个体的社会分隔，比如，能力相似的个体在择校过程中被聚类到一起。在其他情形中，嵌套可以忽略个体特征而有效地随机产生。例如，在临床研究中，我们常常发现试验会在若干随机选定的医院或随机选取的几组个体之间进行。

现在我们考虑聚类数据结构如何允许一个模型在不同分析层次上进行建模，而不是如何可能地忽视这一数据结构。比如，我们对学生的家庭背景和其学业表现之间的关系感兴趣，学业表现用是否通过一项标准化测试加以测量。我们不但可以进行学生层次的分析，还可以研究学校层次的关系——根据不同学校内学生的平均家庭背景对学校层次的结果进行比较，比如，通过标准化测试的学生所占的比例。对于学校层次的分析，我们可以通过对学生个体层次的测量进行汇总来建构一些变量。抽样可以在学校和学生层次上进行，为了使多层分析的统计功效最大化，需要在拟抽取的学校数和每所学校拟抽取的学生数之间做一个权衡，这一权衡同时取决于实质性的研究问题和拟收集数据的属性。较高层次的分析单位——本例中的学校——被称作层 – 2 数据，而较低层次的分析单位——本例中的学生——被称作层 – 1 数据。

5.1.4   重复测量或追踪数据

对于上面讨论的聚类数据而言，我们考虑到了在层 – 1 抽取个体和在层 – 2 抽取学校或家庭。当对同一个体进行重复测量时，如果将个体看成属于层 – 2 而测量时点属于层 – 1 的话，那么就形成了分层。此类数据往往被简称为追踪数据。将追踪设计（即面板设计）与趋势研究加以区分是非常重要的。前者如 NLSY，包含针对相同主体的重复数据；后者如 GSS 或当前人口调查（Current Population Survey，CPS），由包含不同个体样本的重复截面构成。与一般的聚类数据一样，主要差别在于针对相同主体的重复测量之间并不相互独立。

本章中讨论的聚类数据模型将涉及包含两个水平或层次的情况。这可以很容易地扩展到两层以上的情况。[①]

5.2   聚类二分类数据模型

正如前面提到的，考虑在每个分析层次上进行推论往往很有用。例如，学校

[①]   要想更多地了解这些方法，有大量极好的资源：Goldstein（2003）、Hox（2002）、Kreft 和 de Leeuw（1998）、Longford（1993）、Raudenbush 和 Bryk（2002）、Skrondal 和 Rabe-Hesketh（2004）以及 Snijders 和 Bosker（1999）。一个极好的资料库可以在下面的网站中找到：http：//www.mlwin.com/links/materials.shtml。

层次的数据，学生嵌套于学校内。这样看来，学校是从包含所有学校的总体中抽取的一个随机样本，学生则构成了来自那些学校的个体的一个随机样本。绝大部分分层模型的处理都遵循随机效应的方式（random-effects approach），其中个体层次和（或）组层次的响应存在随机变异。对于随机效应的二分类响应模型，层－2 单位的随机误差是我们主要关注的随机成分。与第 3 章讨论的二分类响应模型一样，由于原本就缺乏与分类因变量相关联的尺度，因此，层－1 单位的方差被加以固定。

尽管不允许随机变化的参数有时被称作固定效应（Raudenbush & Bryk，2002），但是我们将它们称作固定系数，以避免与"固定效应"[①] 这一术语的不同使用产生混淆。我们用随机系数这一术语表示某个随机变化的系数。一般地，一个随机系数可以被看作是一个固定系数加上层－2 的一个被我们称作随机效应的残差。

5.2.1　模型表达

在介绍随机效应模型之前，我们需要引入一些符号标识规则以便对分层模型中的不同分析层次做出区分。采用 Hedeker 和 Gibbons（2006）的标识方式，假设有 N 个层－2 单位，第 i 个聚类中包含 n_i 个层－1 单位，因此，总样本规模为 $n = \sum_{i=1}^{N} n_i$。一个包含层－2 随机截距的 logit 模型构成了一个自然而然的起点。

$$\text{logit}(p_{ij}) = \mathbf{x}'_{ij}\boldsymbol{\beta} + u_i \tag{5.1}$$

这里，p_{ij} 表示来自第 i 个聚类的第 j 名个体的响应概率 $\text{Pr}(y_{ij}=1)$。与标准模型一样，我们纳入 $\mathbf{x}$ 来解释响应中所观测到的变异来源。层－2 残差 u_i 被假定服从均值为 0、方差为 σ_u^2 的正态分布且独立于 $\mathbf{x}$。[②]

在控制 $\mathbf{x}$ 的情况下，当其为正时，随机效应 u_i 提高聚类 i 中个体的期望响应；而当其为负时，则降低个体的期望响应。在此意义上，u_i 可视为会对 $y_{ij}=1$

[①]　这里指的是采用固定效应方法估计聚类或追踪数据模型。在固定效应方法中，推论是在控制对层－2 单位所构成样本进行观测之后基于层－1 数据来进行的。正如第 6 章和第 8 章所讨论的那样，固定效应模型实质上是对层－2 分析单位之间的固定差异进行饱和估计。

[②]　这里使用了随机效应的正态和多元正态分布，因为相对于其他分布，扩展到超过一个随机效应时在数学上易于处理。

的概率产生影响，或者以潜变量 y_{ij}^* 方式，有 $\Pr(y=1) = \Pr(y_{ij}^* > 0)$。如果采用 logit 模型（如公式 5.1）对二分类因变量的响应模式进行建模，我们将该模型称为逻辑斯蒂 – 正态混合模型（logistic-normal mixture model）。

采用另一突出随机变动截距概念的方式来表述该模型极富启发性。公式 5.1 被称作组内公式（within-cluster formulation）。与前面一样，我们可以在两个子层的每一层上定义模型。例如，假设 x 随家庭的不同而变动，z 则随家庭内个体之间的不同而变动。

$$\begin{aligned} \text{logit}(p_{ij}) &= \beta_{0i} + \beta_1 z_{ij} \\ \beta_{0i} &= \beta_{00} + \beta_{01} x_i + u_i \end{aligned} \tag{5.2}$$

这一设定使得随机截距在层 – 2 单位之间发生变动的概念变得很清晰，其均值为 β_{00}，它表达的是在控制 x 的情况下层 – 2 单位截距的条件均值。我们注意到，家庭别变量 x 会影响随机截距项。通过在模型中纳入该项，我们预期它能够对截距在家庭层次上的变异做出部分解释。变量 z 进入层 – 1 子模型。与先前讨论过的标准二分类响应模型一样，logit 模型的残差方差被固定为 $\pi^2/3$，probit 模型的残差方差被固定为 1。因此，层 – 1 子模型中并没有出现随机误差。这意味着测量 z 对层 – 1 方差的影响并不是直接明了的。实际上，在层 – 1 中纳入协变量往往会增大层 – 2 的方差，因为它会有效地减少层 – 1 的残差方差，但是可以通过标准化将层 – 1 残差方差加以固定。

重要的是，要注意到对随机系数模型估计值的解释不同于固定系数模型（即一个在层 – 2 中未包含随机成分但从其他方面看起来类似于随机系数模型的模型）时的情况。随机系数 logit（或逻辑斯蒂正态）模型的系数涉及控制层 – 2 随机成分情况下的对数比数比，因此具有一个聚类别的解释（cluster-specific interpretation）。相比而言，固定系数模型的估计值就是总平均估计（population average estimates），反映由层 – 1 单位所构成总体的平均影响。条件效应和边际效应之间的这一区别可能会让人觉得困惑，但它很好地阐明了推论可以在两个分析层次上进行的观点。我们稍后会更详细地讨论此问题。

此类逻辑斯蒂正态模型的一个更加一般性的表达采用以下允许任意数目固定和随机效应系数的混合模型形式，

$$\text{logit}(p_{ij}) = \mathbf{x}'_{ij}\boldsymbol{\beta} + \mathbf{z}'_{ij}\mathbf{u}_i \tag{5.3}$$

公式 5.3 设定了一个一般化线性混合模型（generalized linear mixed model，

GLMM），其中，$\mathbf{x}_{ij}$是与固定系数有关的变量的向量，$\mathbf{z}_{ij}$是与随机效应有关的变量的向量。随机效应 $\mathbf{u}$ 服从均值为 0、方差协方差矩阵为 $\mathbf{\Sigma_u}$ 的多元正态分布（Snijders & Bosker，1999；Hedeker & Gibbons，2006）。

将层 – 2 响应变量表达成一个 $n_i \times 1$ 向量 $y_i = (y_{i1}, \cdots, y_{in_i})'$，并将响应概率的向量表达为 $\mathbf{p}_i$ 往往很方便。那么，模型的一般形式为：

$$\text{logit}(\mathbf{p}_i) = \mathbf{X}_i \mathbf{\beta} + \mathbf{Z}_i \mathbf{u}_i \tag{5.4}$$

这里，$\mathbf{X}_i$ 是与固定系数有关的变量的 $n_i \times K$ 矩阵，$\mathbf{Z}_i$ 是与随机系数有关的变量的 $n_i \times L$ 矩阵，$\mathbf{\beta}$ 和 $\mathbf{u}_i$ 分别为固定系数和随机效应的 $K \times 1$ 和 $L \times 1$ 矩阵。$\mathbf{Z}$ 中的变量是包含在 $\mathbf{X}$ 中变量的一个子集。[①] 因此，某个随机系数的一般形式为 $\mathbf{\beta} + \mathbf{u}_i$，这里，对于没有出现在 $\mathbf{Z}$ 中的 $\mathbf{X}$ 变量而言，$\mathbf{u}_i = 0$。社会科学中的绝大部分应用都涉及一个或两个随机系数。我们集中关注此类两层模型。

5.2.2　二分数据的混合模型

我们从混合 logit 模型的最基本的形式——随机截距模型开始。该模型能够用于对事件以试验形式呈现的分组数据进行估计，或者对个体层次的二分类数据进行估计。在接下来的例子中，我们将使用分组数据。这里，设想一个二项分布试验，在第 i 名被试者的 n_i 次试验中，成功了 y_i 次。这种情形中的每名被试者可以被看作一个层 – 2 背景或组。我们将观测到的 y_i 分解成 n_i 次个体贝努里试验中成功的总次数：$y_i = \sum_{j=1}^{n_i} y_{ij}$，其中，$y_{ij}$ 为 0/1 二分类数据，n_i 是第 i 名被试者的观测总数，即层 – 2 的第 i 个组。在这一情形中，事件发生在相同的被试者身上，因此，相互独立的贝努里试验的假定将不可能仍然得到满足。由于同属于第 i 名被试者的试验结果之间存在相互依赖，因此，成功次数将会比假定服从二项抽样的情况具有更大的方差，即 $\sigma_{y_i}^2 > n_i p_i (1 - p_i)$。

自 20 世纪 80 年代以来，调整模型以解释额外变异的方法一直出现在统计学文献中（有关评述参见，如 Collett，2003）。调整的性质通常取决于研究者对产生二项概率这一过程的先验看法。贝叶斯分析中具有很长历史的标准方法是假设概率（p）服从包含其自身的一套参数的 beta 分布。当与概率的分布有关的先验信息与成功次数（y）的二项分布结合在一起时，就能够得到解释额外变异的

---

① 一个元素为常数 1 的向量总是被纳入每一个设计矩阵中以表示包含截距项。

beta – 二项混合模型（beta-binomial mixture model）。其他研究表明，额外变异在不假定 p 的先验分布的情况下也能被解释，例如，Williams（1982）的准似然方法（quasi-likelihood approach）通过使用限定模型的偏差与其自由度相等的条件而推导出的权重来对估计值加以调整，从而对标准一般化线性模型做出调整。这些方法尽管很有用，但是却不容易扩展到多个随机效应的情况，所以至今没有得到广泛应用。不过，对 beta – 二项或 beta-logistic 模型进行估计的用户自编程序已能比较容易地得到。[1]

5.2.3　方差成分

用潜在变量 y_{ij} 的形式表达一般化线性混合模型富有启发性。我们可以将随机截距模型写为：

$$y_{ij}^* = \mathbf{x}_{ij}' \boldsymbol{\beta} + \mathbf{u}_i + \varepsilon_{ij} \tag{5.5}$$

这里，ε 和 u 分别表示层 – 1 和层 – 2 的残差。u_i 项也可以被看作一个主体别（subject-specific，SS）截距。假定这些残差在不同层次之间相互独立，这意味着 $\sigma_u^2 + \sigma_\varepsilon^2$ 是 y_{ij}^* 的条件方差。类似地，由于缺乏与二分类响应模型相对应的内在尺度，对于 logit 模型，我们通常将层 – 1 的方差 σ_ε^2 标准化为 $\pi^2/3$。[2] 类似地，通过将 y 的概率转换成 logit 尺度，logit 的条件方差就是两个方差成分之和，即层 – 1 成分的 logit 方差加上层 – 2 单位上的变异，或者

$$\mathrm{var}[\,\mathrm{logit}(p_i)\,] = \sigma_u^2 + \frac{\pi^2}{3} \tag{5.6}$$

这意味着，随机效应 logit 模型的估计值将不同于常规 logit 模型，因为纳入随机效应造成了尺度上的差异。σ_u^2 的值越大导致标准模型和随机效应模型之间的差异也越大。

在层 – 2 增加随机效应也会影响到对边际概率的预测。设 $\Lambda(\cdot)$ 表示累积逻辑斯蒂分布函数，在控制 u 的情况下 y_{ij} 的期望值为：

$$\mathrm{E}(y_{ij} \mid u_i, \mathbf{x}_{ij}) = \Lambda(\mathbf{x}_{ij}' \boldsymbol{\beta} + u_i) \tag{5.7}$$

---

[1]　过离散问题出现在诸多形式的计数数据中。负二项回归模型（negative binomial regression model）是一个被广泛使用的工具，并能在标准的计算软件中找到。

[2]　在随机效应 probit 模型中，$\sigma_\varepsilon^2 = 1$。

通过对总体求平均，边际期望值为：

$$\mathrm{E}(y_{ij} \mid \mathbf{x}_{ij}) = \mathrm{E}[\mathrm{E}(y_{ij} \mid u_i, \mathbf{x}_{ij})] = \int_u \Lambda(\mathbf{x}'_{ij}\boldsymbol{\beta} + u_i)g(u)\,du \qquad (5.8)$$

这里，$g(u)$ 为随机变量的概率密度函数。如果将 u_i 作为一个主体别随机效应对待的话，我们需要对其分布强加一个参数函数。通常的做法是假定 $g(u)$ 是一个均值为 0、方差为 σ^2 的正态概率密度函数。随机效应模型的计算机程序采用这一方式得到预测的边际概率。

正如 Agresti、Booth、Hobert 和 Caffo（2000）以及 Hedeker 和 Gibbons（2006）所讨论的那样，固定系数模型的回归系数 $\boldsymbol{\beta}_F$ 和随机系数模型的系数 $\boldsymbol{\beta}_M$ 存在以下近似关系

$$\boldsymbol{\beta}_M = \boldsymbol{\beta}_F \sqrt{\frac{\sigma_u^2 + \sigma_\varepsilon^2}{\sigma_\varepsilon^2}} \qquad (5.9)$$

因此，根据公式 5.9，通过将 $\boldsymbol{\beta}_M$ 代入预测概率 $\Lambda(\mathbf{x}'_{ij}\boldsymbol{\beta}_M)$ 的通常表达式中，我们能够近似得到边际概率。

5.2.4　估计混合效应模型的计算机软件

一般化线性混合模型可以采用许多方式进行估计。目前流行的统计软件都包含拟合这些模型的程序。例如，SAS 的 nlmixed 与 glimmix 命令，以及 Stata 的 gllamm 命令（Rabe-Hesketh, Skrondal, & Pickles, 2004；Rabe-Hesketh & Skrondal, 2005）都能用来拟合本章中讨论到的许多模型。许多模型都能采用具有公共许可证的统计软件进行估计。例如，R（R Development Core Team, 2006）在 lme4 软件包中提供了 lmer 程序（Bates & Sarkar, 2006）。aML 程序（Lillard & Panis, 2003）是少数几个具有拟合单一和多方程多层模型能力的程序之一。SuperMix 程序（Hedeker & Gibbons, 2008）源于数个单一目的且具有公共许可证的针对次序、名义、计数以及其他结果类型进行混合建模的程序。此外，专门的多层建模软件，比如 HLM（Raudenbush, Bryk, & Congdon, 2006）、MLwiN（Rasbash, Steele, Browne, & Prosser, 2004）继续处在新方法发展的最前沿。随机截距模型是一个特例，能够用 Stata 中的 xtlogit 等 xt 程序和 Broström（2005）在 R 软件中发展出的 glmmML 进行拟合。

多层模型也能根据贝叶斯理论使用蒙特卡罗方法加以处理。MLwiN 为能够

实施模拟的 WinBUGS 程序（Lunn，Thomas，Best，& Spiegelhalter，2000）提供了一个简单界面。WinBUGS 与其开放源代码的对手 OpenBUGS（O'Hara，Ligges，& Sturtz，2006）都能作为独立程序加以使用，或者使用 R 界面将这些程序调用于 R2WinBUGS（Sturtz，Ligges，& Gelman，2005）和 BRugs（Thomas & O'Hara，2006）。

　　尽管诸如 nlmixed（SAS）和 gllamm（Stata）等软件包能够拟合组层次的二项（计数或试验次数）结果或个体层次二分类（0/1）结果的模型，但对于许多软件而言，往往必须根据二项计数或试验次数得到个体的二分类响应。在下面的例子中，一个包含 40 个层 - 2 单位（大学）的样本被扩展成个人层次的数据结构，得到一个包含 459 个个体层 - 1 结果的样本（生物化学博士）。因为我们没有用于对个体加以区分的信息，因此，我们集中关注能够用层 - 2 信息进行的推论，比如，某一特定大学 NIH 资金的总量。如果存在有关个体信息的话（即生物化学中的专业领域），那么可以很容易地将其纳入模型中来。

5.2.5　举例：博士后训练

　　我们将使用 Allison（1987b）曾使用过的数据作为随机效应 logit 模型的一个例子。表 5 - 1 显示了在 1957 ~ 1958 年和 1962 ~ 1963 年两段时间内，在一个包含 40 所大学的样本中，生物化学领域中的博士数量为 n_i，随后接受过博士后训练的数量为 y_i。

　　变量 x 表示 1964 年的 NIH 资助数量（以百万美元为单位）。由于一些未观测到的大学别的（university-specific）因素会对博士生参加博士后训练的倾向产生影响，所以，作为每所大学中博士后职位总数（y_i）组成部分的个体观测 y_{ij} 可能并不相互独立。这种不相互独立可以通过引入学校别的随机效应来处理。

　　通常，从不包含任何协变量的模型开始，这一模型被称作无条件模型（unconditional model）。相应地，不包含随机效应的 logit 模型作为与其他模型进行比较的基线。表 5 - 2 给出了基于表 5 - 1 数据拟合的标准 logit 模型（模型 1）和随机截距模型（模型 2）的结果。

　　模型 1 是模型 2 在 $\sigma_u^2 = 0$ 时的特例。因为这些模型采用 ML 估计，并且只相差单个参数 σ_u^2，因此，我们可以使用似然比检验来评价拟合优度的改进。这里，在自由度为 1 的情况下，18.9 的似然比卡方（χ^2）值在 0.001 水平统计显著。绝大部分统计程序都会报告 σ_u^2 的渐近标准误，它一般是作为最优化程序的副产品

表 5 - 1   生物化学领域的博士后训练与 NIH 资金分布

ID	x	n	y
1	0.500	8	1
2	0.500	9	3
3	0.835	16	1
4	0.998	13	6
5	1.027	8	2
6	2.036	9	2
7	2.106	29	10
8	2.329	5	2
9	2.523	7	5
10	2.524	8	4
11	2.874	7	4
12	3.898	7	5
13	4.118	10	4
14	4.130	5	1
15	4.145	6	3
16	4.242	7	2
17	4.280	9	4
18	4.524	6	1
19	4.858	5	2
20	4.893	7	2
21	4.944	5	4
22	5.279	5	1
23	5.548	6	3
24	5.974	5	4
25	6.733	6	5
26	7.000	12	5
27	9.115	6	2
28	9.684	5	3
29	12.154	8	5
30	13.059	5	3
31	13.111	10	8
32	13.197	7	4
33	13.433	86	33
34	13.749	12	7
35	14.367	29	21
36	14.698	19	5
37	15.440	10	6
38	17.417	10	8
39	18.635	14	9
40	21.524	18	16

表 5-2　常规与随机截距模型

	模型 1		模型 2	
	估计值	标准误	估计值	标准误
截距	−0.1178	0.0935	−0.0715	0.1587
σ_u^2	—		0.4966	0.2272
$-2\log L$	634.72		615.86	

得到的。[①]　如果备择假设为 $\sigma_u^2 > 0$，则单尾检验更优。不过，值得注意的是，对于是否应当采用正态统计量来对与方差成分有关的假设进行检验目前一直存有争议，因为这些检验通常关注那些处于参数空间（parameter space）边界上的值。由于这一原因，诸如 R 的 lme4 等程序并不报告方差成分的标准误。本例中报告的卡方值是 18.9，自由度为 1，这与表 5-2 中 $\sigma_u^2 = 0$ 情况下所对应的 $z = 2.18$ 并不一致。[②]

常规模型得到的预测概率为 0.471，它等于通过对 $\Lambda(\hat{\beta}_0)$ 求值所得到的观测比例。使用随机截距模型的常数进行相同的计算得到的预测概率为 0.481，它应当解释为某位来自一所 u 处于平均值（即 $u_i = 0$）的大学的学生参加博士后训练的预测概率。有必要对来自具有不同 u 值的大学的预测值加以比较。例如，设想我们有兴趣对 u 值距其均值 ±2 个标准差的两所假想大学的预测值做一比较，那么，我们可以对 $\Lambda(\hat{\beta}_0 \pm 2\sigma_u)$ 求值，得到这两所大学的预测概率分别为 0.265 和 0.704。

对于每一层-2（组层次）单位，都可能得到一个预测的随机效应 $\hat{u}_i = \mathrm{E}(u_i \mid y_{ij})$。注意，$\hat{u}_i$ 并不是一个被估计的总体参数，而应当被看作是一个在某一参数约束（通常是正态分布）下的（层-2）残差。通常的解释为，它就是构成部分层-2 随机截距分布的真实的层-2 均值。

这些量被称作随机效应的经验贝叶斯估计值，或者被称作随机效应"后验"估计的期望值。它们在对层-2 单位进行预测与推论以及对随机效应的分布进行

[①]　Stata 的 xlogit 程序估计出 σ_u，并提供相对于模型 1 的似然比检验结果。注意，基于不同的近似方法，程序会给出不同的结果。上述结果采用 Stata 的 gllamm 程序经过 20 点适应性求积法（20-point adaptive quadrature）得到。

[②]　不过，该卡方值与 Stata 的 xtlogit 程序报告的 $\sigma_u^2 = 0$ 情况下的检验一致，该程序采用 20 点高斯求积法（20-point Gaussian quadrature）。

评价方面扮演着重要角色。也可以基于随机效应预测值建构特定层 – 2 单位的估计概率。这些量可以使用数值积分或其他逼近方法求得。Stata 中的 gllamm 程序和 SAS 中的 nlmixed 程序都能在模型拟合后按要求给出这些量。上例中，我们将每所大学作为一个聚类，并假定大学别比例会围绕着某个真实比例变动。正如前面所指出的，我们取得的每所大学基于模型的拟合概率为：

$$\hat{p}_i = \Lambda(\hat{\beta}_0 + \hat{u}_i) = \frac{\exp(\hat{\beta}_0 + \hat{u}_i)}{1 + \exp(\hat{\beta}_0 + \hat{u}_i)} \tag{5.10}$$

当拟合随机截距模型时，所有大学的数据都被用来对随机截距分布的参数进行估计。相比之下，大学别博士后比例的 ML 估计只利用了某一特定大学的 y_i 和 n_i，这里，y_i 服从参数为 p_i 的二项分布。相同的估计值可以通过基于汇合数据并包含一个大学别截距的一般化线性模型得到，由此取得博士后训练对数比数的 40 个估计值。该模型为饱和模型，因此，如果把诸如 NIH 资金数量等其他信息作为参加博士后训练项目的预测变量纳入模型的话，将会是冗余的。在任一情况下，对于某一给定的真实比例值，如果 n_i 很小，那么观测比例（和估计的 logit 系数）将会有较大的标准误。例如，表 5 – 3 显示第 19 和第 33 所大学的博士后观测比例大体相等，分别为 0.40 和 0.38。然而，第 19 所大学博士后比例的估计标准误为 0.22，是第 33 所大学估计标准误 0.052 的 4 倍多。

随机效应模型提供了大学别比例的估计值，这些比例具有更小的抽样波动，因为它们是朝着总均值收缩的结果。当基于小样本估计比例时，收缩往往被视为一个可取的性质。在这一意义上，估计值可以通过借助相似的样本单位得到改善（如 Agresti et al.，2000）。

图 5 – 1 和表 5 – 3 将观测比例（$\tilde{p}_i$）的估计值与其基于随机效应模型的估计值（$\hat{p}_i$）进行了比较。表 5 – 3 呈现了不同聚类规模情况下的收缩情况。图 5 – 1 展示了比例观测值和拟合值，突出了第 19 和第 33 所大学这两个特殊案例。例如，在第 33 所大学的情况下，观测比例具有很小的抽样波动（即拟合比例是真实比例的更精确的估计），因此，与具有更大抽样波动情况下的拟合比例相比，由随机效应模型拟合的比例更接近观测比例。例如，在第 19 所大学的情况下，观测比例是真实比例更不精确的估计，由随机效应模型拟合的比例将会被加权以接近总样本比例。因此，由随机效应模型拟合的比例可被看作 ML 估计和总比例的一个加权平均值。由随机效应模型得到的比例向总比例收缩的程度取决于 σ_u、

表 5 - 3　观测比例 （$\bar{p}$） 与模型预测的比例 （$\hat{p}$）

ID	y	n	$\bar{p}$	$\hat{p}$
1	1	8	0.125	0.313
2	3	9	0.333	0.406
3	1	16	0.062	0.220
4	3	13	0.462	0.469
5	2	8	0.250	0.370
6	2	9	0.222	0.350
7	10	29	0.345	0.376
8	2	5	0.400	0.451
9	5	7	0.714	0.586
10	4	8	0.500	0.490
11	4	7	0.571	0.522
12	5	7	0.714	0.586
13	4	10	0.400	0.437
14	1	5	0.200	0.378
15	3	6	0.500	0.489
16	2	7	0.286	0.394
17	4	9	0.444	0.462
18	1	6	0.167	0.353
19	2	5	0.400	0.451
20	2	7	0.286	0.394
21	4	5	0.800	0.598
22	1	5	0.200	0.378
23	3	6	0.500	0.489
24	4	5	0.800	0.598
25	5	6	0.833	0.625
26	5	12	0.417	0.443
27	2	6	0.333	0.420
28	3	5	0.600	0.525
29	5	8	0.625	0.551
30	3	5	0.600	0.525
31	8	10	0.800	0.651
32	4	7	0.571	0.522
33	33	86	0.384	0.393
34	7	12	0.583	0.541
35	21	29	0.724	0.668
36	5	19	0.263	0.332
37	6	10	0.600	0.545
38	8	10	0.800	0.651
39	9	14	0.643	0.581
40	16	18	0.889	0.750

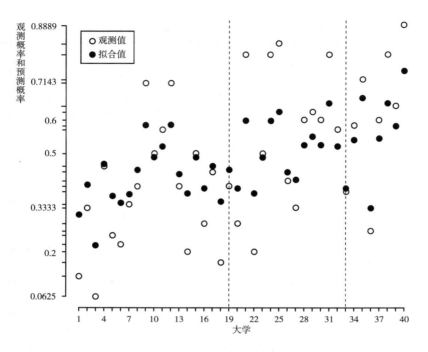

图 5 - 1   显示预测概率向总比例收缩的观测概率和预测概率

聚类的规模以及 ML 估计值与 0.5 接近的程度。当估计比例接近 0.5，且 σ_u 增大时，聚类的规模越大（更大规模的大学、更大规模的系、更多的研究生等），收缩程度就越会下降。除了作为层 - 2 变异的聚合（aggregation of variation）结果之外，在没有层 - 2 系统变异的情况时，$\sigma_u = 0$。在这一特殊情形中，基于模型的预测比例将向总样本比例收缩。

5.2.6   混合效应模型的其他测量指标

到目前为止，我们假定没有用来区分某一特定聚类中个体的个体层次信息，因此，我们把聚类中的所有个体视为是相同且可互换的。然而，如果使用组内相关系数对聚类内和聚类间个体在结果变量上的相似性加以比较的话，可以提供更多的信息。组内相关系数越大，聚类内个体之间就越相似，并且 u 的变异相对 ε 的变异也越大。就本例而言，估计得到的组内相关系数为：

$$\hat{\rho} = \frac{\hat{\sigma_u^2}}{\hat{\sigma_u^2} + \hat{\sigma_\varepsilon^2}} = \frac{\hat{\sigma_u^2}}{\hat{\sigma_u^2} + \pi^2/3} = \frac{0.497}{3.787} = 0.131$$

这就告诉我们，y 变异中的大约 13% 是由聚类之间的变异造成的，这意味着聚类中个体二分类响应变量之间的相关系数平均约为 0.13。可以预期该变异的一部分可能通过将大学别预测变量纳入模型中得以解释。例如，引入 NIH 资金作为一个预测变量，得到 $\hat{\beta}_0 = -0.770$、$\hat{\beta}_1 = 0.087$。因此，在控制大学别随机效应的情况下，NIH 资金每增加 100 万美元，将导致参加博士后训练的比数提高 $[1 - \exp(\hat{\beta}_1)] \times 100\% = 9\%$。当 NIH 资金变量被引入模型时，随机效应的方差从 0.497 减少到 0.236。我们通过得到一个 PRE 测量指标可以量化出该预测变量对层 - 2 方差成分的贡献。

令 $\hat{\sigma}^2_{u_r}$ 和 $\hat{\sigma}^2_{u_f}$ 分别表示简化模型和完全模型中的随机效应方差估计值，那么，用于衡量层 - 2 方差削减比例的伪 R^2（pseudo-R^2）可表示为：

$$R_p^2 = \frac{\hat{\sigma}^2_{u_r} - \hat{\sigma}^2_{u_f}}{\hat{\sigma}^2_{u_r}} = \frac{0.497 - 0.236}{0.497} = 0.525$$

据此，我们可以推断，参加博士后训练的对数比数在学校层次上大约一半的变异可以被来源机构的 NIH 资金数量所解释。

5.2.7 二分类数据的混合效应模型

在社会科学中，如果不是绝大部分的话，那么也是许多问题都涉及对个体层次数据的分析。前一节所举例子并没有使用层 - 1 单位的信息。为了提供一幅更为完整的有关多层分析的全景，我们以下面的例子为例，该例使用前面章节中曾用到的 NLSY 婚前生育数据。不过，我们现在考虑到个体嵌套在家庭中这一数据结构的情况。1979 年 NLSY 数据的一个非常有趣的特征在于，样本户中所有年龄在 14～21 岁的个体都被访问了，这使得有可能建构起一个由兄弟姐妹（本例中为姐妹）构成的多层次数据集。尽管样本中的大部分个体（70%）都是没有姐妹的，但是纳入这一由分层数据结构所提供的额外信息仍然是有意义的。只包含单个被访者或规模为 1 的聚类并没有为估计跨类随机系数提供信息，即这些系数根据两个或多个姐妹构成的聚类得到。

5.2.8 举例：初次婚前生育的同胞模型

表 5 - 4 是基于 NLSY 中的非西班牙裔白人女性样本包含和未包含随机截距的 logit 模型估计结果。A 组中的模型 1 为常规的零模型或无条件 logit 模型，B 组是对应的随机截距模型的 logit 估计值。模型 2 提供了一套由完全模型得到的估计

值，该模型纳入了不完整家庭、母亲的受教育水平、家庭收入、阅读材料、姐妹数、南部居住地、保守新教徒式成长环境（conservative protestant upbringing）以及每周上教堂次数等预测变量。

表 5 - 4　初次婚前生育的 logit 模型

	模型 1		模型 2	
	A	B	A	B
	估计值 （标准误）	估计值 （标准误）	估计值 （标准误）	估计值 （标准误）
截距	- 2.714 (0.069)	- 3.073 (0.297)	- 0.659 (0.425)	- 1.112 (0.561)
不完整家庭			0.705 (0.153)	0.888 (0.206)
母亲的受教育水平			- 0.097 (0.032)	- 0.111 (0.040)
家庭收入			- 0.474 (0.158)	- 0.552 (0.187)
阅读材料			- 0.188 (0.083)	- 0.191 (0.102)
姐妹数			0.115 (0.031)	0.140 (0.041)
南部居住地			- 0.919 (0.198)	- 1.032 (0.246)
保守新教徒式成长环境			0.582 (0.174)	0.685 (0.220)
每周上教堂次数			- 0.355 (0.164)	- 0.428 (0.199)
σ_u^2		2.715 (1.026)		1.704 (0.844)
ρ		0.452		0.341
$-2\log L$	1510.94	1490.47	1368.91	1359.44
df	2290	2289	2282	2281

A 组中的估计值具有与对数比数比相同的标准解释，B 组中的估计值依家庭层次的随机截距而定。对于 A 组中的零模型而言，我们可以用常规方式预测得到婚前生育的总比例为：

$$\hat{p} = \frac{\exp(-2.174)}{1 + \exp(-2.174)} = 0.102$$

B 组中，随机效应模型的边际概率估计可以使用数值积分得到：

$$\hat{p} = \int_u \frac{\exp(-3.073 + u_i)}{1 + \exp(-3.073 + u_i)} g(u) \mathrm{d}u = 0.101$$

诸如 Stata 的 gllamm 等命令包含了取得随机效应模型边际预测值的配套程序。比较模型 1 的 A 组和 B 组的似然比卡方检验得到的卡方值为 20.5（$p < 0.001$），这使我们拒绝了 $\sigma_u^2 = 0$ 的假设。依据 ρ 的估计值，我们可以认为婚前生育对数比数的方差的大约 45% 来自家庭之间的差异。该估计值意味着姐妹之间具有 0.45 的中度相关。

增加主要体现家庭层次测量的协变量，家庭层次未观测到的异质性的方差会被减少大约 37%。不完整家庭、保守新教徒式成长环境和姐妹数会提高婚前生育的比数，而剩下的因素则会降低该比数。随机截距模型和标准模型都提供了非常相似的协变量效应的估计值。为了说明这一点，将家庭收入、阅读材料和姐妹数等变量固定在均值处不变，只考虑来自其他宗教背景的不太虔诚的一些被访者（即 Conservative Protestant = 0 和 Weekly = 0），我们估算了母亲的受教育水平不同的情况下来自完整和不完整家庭被访者的预测概率。两组预测概率都显示在图 5 - 2 中，结果表明每一模型的边际预测值只存在微小差异。

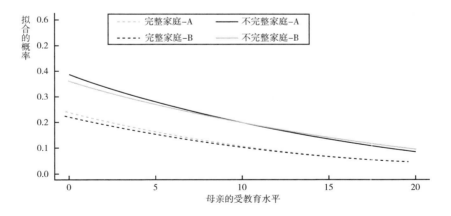

图 5 - 2　模型 2 按照家庭结构和母亲的受教育水平分的婚前生育预测概率

5.2.9　聚类层次风险的估计值

家庭层次的随机截距 u_i 定量地刻画了某一特定家庭偏离总体 logit 均值的程

度。对于具有相同的预测变量取值组合的家庭而言，随机截距的正值表明某一家庭具有婚前生育行为的倾向较大。类似地，u_i 为负值意味着某一家庭较不易于发生该事件。正如前面所提到的，这些量的估计值（经验贝叶斯估计值）可以在模型拟合之后得到并将其作为残差处理，以用分位数图或直方图对随机效应分布进行不同的检查。当软件没有提供这些量时，可采用数值积分得到。[1] 对于随机截距模型，我们可以将某一聚类内的观测看作条件独立的来处理。将聚类 i 的响应向量表示为 $\mathbf{y}_i$，并令 $\eta_{ij} = \mathbf{x}'_{ij}\boldsymbol{\beta} + u_i$，那么，我们可以将聚类 i 的条件似然值写为：

$$\ell(\mathbf{y}_i \mid u_i) = \prod_{j=1}^{n_i} \Lambda(\eta_{ij})^{y_{ij}} [1 - \Lambda(\eta_{ij})]^{(1-y_{ij})}$$

给定 σ 的一个估计值，u_i 的经验贝叶斯估计值为：

$$\hat{u}_i = \frac{\int_u u_i \ell(\mathbf{y}_i \mid u_i) g(u) \mathrm{d}u}{\int_u \ell(\mathbf{y}_i \mid u_i) g(u) \mathrm{d}u}$$

这里，$g(u)$ 为 u 的单变量正态密度，并假定其均值为 0、标准差为 σ。u 的经验贝叶斯估计值可以被看作同一聚类中所有成员之间随机效应的一个加权平均值。[2] 实际应用中，数值积分采用 Gaussian-Hermite 求积法（Gaussian-Hermite quadrature）。给定 K 个支点（support points）$(u_1, \cdots, u_K)$ 及相应的密度或权重 $(p_1, \cdots, p_K)$，经验贝叶斯估计值为：

$$\hat{u}_i = \frac{\displaystyle\sum_{k=1}^{K} u_k \ell(\mathbf{y}_i \mid u_i) p_k}{\displaystyle\sum_{k=1}^{K} \ell(\mathbf{y}_i \mid u_i) p_k} \tag{5.11}$$

例如，假设存在某一特定聚类的响应数据，响应模式为 $\mathbf{y} = (1, 1, 1)$，且 $\mathbf{x}'_i \boldsymbol{\beta} = (0, 0, 0)$。假设随机截距的分布近似为一个由 5 个均匀间隔点 $(u_1, \cdots, u_5)$ 构成且相对频数（或权重）为 $(p_1, \cdots, p_5)$ 的离散分布，如表 5 – 5 所示。[3]

---

① 比如，经验贝叶斯估计值在 Stata 的 xtlogit 或 aML（Lillard & Panis, 2003）中无法得到。

② 分子中的 u 项从一个均值为 0、标准差为 σ 的单变量正态分布中得到。执行该积分的程序可在 R 软件中 Lindsey 的 rmutil 库内找到。

③ 表中由 Stroud 和 Sechrest（1966）给出的定积分点已通过将点乘以 $\sqrt{2}$、权重乘以 $1/\sqrt{\pi}$ 加以标准化。因此，u 被转换成标准正态变量，p 为对应的与 u 有关的转换密度（概率）。

表 5 – 5　数值积分的支点（*u*）和权重（*p*）

u	– 5.713940	– 2.711252	0.000000	2.711252	5.713940
p	0.112574	0.222076	0.533333	0.222076	0.112574

　　将公式 5.11 应用于上述数据且 $\sigma = 2$，分子与分母分别为 $\sum_k u_k \Lambda(u_k)^3 p_k =$ 0.56 和 $\sum_k \Lambda(u_k)^3 p_k = 0.261$，得出该聚类 $\hat{u} = 2.146$ 的估计值。增加定积分点（quadrature points）的数量会得到更好的逼近效果。对于 10 和 20 个点的情况，经验贝叶斯估计值分别为 2.040 和 2.053。[①] 将这些公式用在最优化程序中，在绝大多数软件中都能得到。

　　在这一特定例子中，随机截距预测值的分布是双峰的（bimodal），正如图 5 – 3 所显示，大多数家庭都分布在理论期望值 0 之下，小部分家庭正态地分布在该分布的右尾。随机效应负值的集中分布反映出，在控制观测特征的情况下，对于那些没有经历过婚前生育的家庭而言，婚前生育的风险低于平均风险。值越大表明风险越是高于那些经历过婚前生育家庭的平均风险。[②]

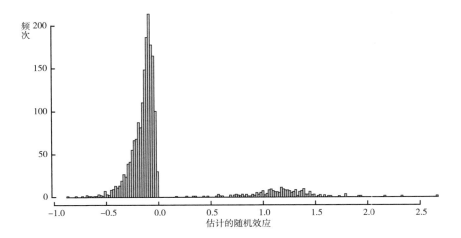

图 5 – 3　家庭别随机效应分布

---

① 最后一个估计值与 Romberg 数值积分相一致。Romberg 数值积分更准确但需要使用迭代方法。
② 当用黑人子样本估计该模型时，这一采用事件发生对随机效应分布加以区分的类型在某种程度上也会出现。在这种情况下，在窄得多的取值范围上存在更多的重叠。

　　该组内只有少数家庭经历了多次婚前生育事件。图 5 - 4 显示了随机截距的
大小与每一聚类中事件数之间的关联。根据每个家庭中的姐妹数对样本进行排
序。每个圆圈的大小反映聚类的规模，而每个四方形的大小则表示该聚类中的事
件数。位于 0 下方的圆圈大量堆积表明未经历该事件的家庭数量众多。

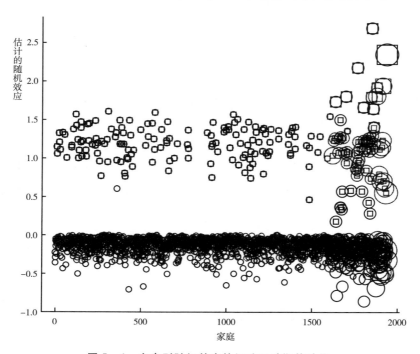

图 5 - 4　家庭别随机效应的经验贝叶斯估计值

　　这一信息有助于辨别风险异常高或异常低的聚类，这里以高于随机效应预测值
的平均值为参照。在本例中，对于那些至少经历过一次婚前生育事件的家庭而言，
随机截距预测值的中位值为 1.73。集中关注这一部分样本，我们发现这些高于中
位值的家庭明显具有更高的平均收入与受教育水平以及更低的保守新教徒比例。随
机截距中的重要变异可能是由分布中的极端值导致的。我们可以将少数经历过多次
事件且表现出极高风险的家庭与大多数远低于平均风险水平的样本区别开来。

5.3　追踪二分类数据模型

　　随机系数模型能够很容易扩展到追踪数据的情况。当我们提到追踪数据时，

指的是针对某一样本个体的一组重复测量数据，个体在这里被看作层 – 2 分析单位，因为针对他们的不同测量是在不同时点观测到的。层 – 2 单位可以是个体或诸如组织、县、州或国家等聚合体。对随时间而发生变化的构成进行评估往往是追踪研究的关注点。早期研究通常涉及临床、心理或态度测量的变化，它们一般会表现出一定的年龄或时间模式。与这一传统相一致，评估变化的模型已经发展为众所周知的增长曲线模型（growth curve models）。Singer 和 Willett（2003）将这些类型的模型统称为分析变化的多层模型（multilevel models for change）。这一术语涵盖了所有类型的聚类数据模型，不论我们考虑的是个体嵌套于更高聚合实体的情况还是追踪数据中重复测量嵌套于同一主体内的情况。同样的一套方法论工具可被用来分析这两种数据。

5.3.1　分析 logit 变化的多层模型

正如在分析聚类数据的模型中提到的，我们将考虑能够对层 – 2 单位响应变异加以解释的其他随机变量。不同于前面我们所介绍的只包含一个随机截距的模型，一个多层变化模型同时纳入了一个随机截距和一个随机斜率。考虑某个响应变量随时间推移的线性变化是该模型最简单的形式，对于 logit 模型而言，这意味着对数比数的变化是 T 的线性函数

$$\text{logit}(p_{ij}) = \beta_{0i} + \beta_{1i} T_{ij} \tag{5.12}$$

这里，T 是一个对时间、年龄或其他递增尺度的测量，故对于所有的 j 而言，都有 $T_{ij+1} > T_{ij}$。此时，i 指的是个体，而 j 表示测量时点。

公式 5.12 将某一个体随时间呈线性变化的 logit 表示成该个体 logit 的初始值 β_{0i} 和该 logit 的变化率 β_{1i} 的函数。注意，下标 i 在截距 β_{0i} 和斜率 β_{1i} 中都出现了。我们可以使用两个子模型将公式 5.12 进一步扩展，

$$\begin{aligned} \text{logit}(p_{ij}) &= \beta_{0i} + \beta_{1i} T_{ij} \\ \beta_{0i} &= \beta_0 + u_{0i} \\ \beta_{1i} &= \beta_1 + u_{1i} \end{aligned} \tag{5.13}$$

这一表达使得个体截距围绕总体的平均截距 β_0 随机变动的概念变得清晰明了，某一个体偏离均值的程度由层 – 2 截距残差 u_{0i} 给出。类似地，个体在时间 T 上的 logit 也会围绕着总体的平均斜率 β_1 而变动，以 u_{1i} 表示偏离总体平均斜率的程度。

　　为简便起见，我们采用常见的用法，假定 u_0 和 u_1 服从均值为 0、方差为 σ_0^2 和 σ_1^2 的二元正态分布，这里，σ_0^2 和 σ_1^2 分别表示个体截距和斜率上的变异。我们也对随机截距和斜率的协方差 σ_{01} 感兴趣，这可以评估具有较高 logit 初始值的个体是否比具有较低 logit 初始值的个体倾向于具有较慢或较快的变化率。

　　公式 5.13 被称作无条件增长模型。往该模型中增加协变量使其成为条件模型。这里，我们增加一个个体层次的不随时间变化的预测变量 X。

$$
\begin{aligned}
\text{logit}(p_{ij}) &= \beta_{0i} + \beta_{1i}T_{ij} \\
\beta_{0i} &= \beta_{00} + \beta_{01}X_i + u_{0i} \\
\beta_{1i} &= \beta_{10} + \beta_{11}X_i + u_{1i}
\end{aligned}
\tag{5.14}
$$

将子模型合并到一个单一公式中得到一个包含 X 和 T 跨层交互作用的表达式

$$
\text{logit}(p_{ij}) = \beta_{00} + \beta_{01}X_i + \beta_{10}T_{ij} + \beta_{11}T_{ij}X_i + u_{0i} + u_{1i}T_{ij}
$$

许多统计软件都要求模型以这种方式加以设定，用包含观测变量的跨层交互作用揭示预测变量对 logit 变化率的影响。该式表明，T 为随机斜率残差的一个乘数。不失一般性，这一模型可以表达成潜在变量模型

$$
y_{ij}^* = \beta_{00} + \beta_{01}X_i + \beta_{10}T_{ij} + \beta_{11}T_{ij}X_i + u_{0i} + u_{1i}T_{ij} + \varepsilon_{ij}
\tag{5.15}
$$

通过合并潜在变量设定中的层 - 2 和层 - 1 的残差，我们可以将合成残差（composite residual）写成：

$$
r_{ij} = u_{0i} + u_{1i}T_{ij} + \varepsilon_{ij}
$$

因此，我们看到，在追踪模型中合成残差会随时间变动。这对不同于常规多层模型的 logit 条件方差很有意义。具体而言，残差方差会表现出与时间有关的异方差模式（pattern of heteroscedasticity）。异方差模式可以通过检查由无条件增长模型得到的在时间 T_j 的 logit 条件方差得到。

$$
\text{var}(r_{ij}) = \text{var}(u_{0i} + u_{1i}T_{ij} + \varepsilon_{ij}) = \sigma_0^2 + T_j^2\sigma_1^2 + 2T_j\sigma_{01} + \pi^2/3
\tag{5.16}
$$

这就得到一个异方差的二次表达式（quadratic form），其中，斜率取决于 σ_{01} 的大小和符号，曲率（curvature）取决于 σ_1^2 的大小。时点 T_j 和 $T_{j'}$ 的 logit 之间的协方差为：

$$
\text{cov}(r_{ij}, r_{ij'}) = \sigma_0^2 + T_jT_{j'}\sigma_1^2 + (T_j + T_{j'})\sigma_{01}
\tag{5.17}
$$

对于 T 的固定值，协方差也取决于 σ_1^2 和 σ_{01} 的大小。

5.3.2　测量时间

在继续详细介绍模型的内容之前，有必要进一步详细说明时间 T。简单地说，T 反映以 $T=0$ 开始的测量时间——初始测量——并一直持续到最后一次测量的时间。例如，采用 6 个月等间隔一次的测量方式，一项持续三年期的研究的观测点为：$T =$（0，6，12，18，24，30，36）。以 0 作为时间初始值的好处是能够将截距方便地解释为初始 logit 或在时间 0 时的 logit。

通过定义一个新时间变量 $T - \mathrm{mid}(T)$，其中 $\mathrm{mid}(T) = [\max(T) - \min(T)]/2$，并将新变量应用到公式 5.14 中，我们可以很容易地建构出一个将截距解释成研究时段中点处的 logit 的时间变量。上例中，新时间变量可设定为 $T - 18$。有很多其他设定时间 T 的函数的可能方法。例如，可以用包含 T 的多项式来拟合模型，以允许 logit 以特定非线性形式随时间而变化。此外，时间 T 的分段和虚拟变量能对发展轨迹的非连续性进行建模。

测量时点的次数和测量间隔会影响到公式 5.16 中界定的合成残差的方差。通常，增加距离数据聚类时点很远的测量时间会增大合成残差的方差。通过假设 σ_0^2、σ_1^2 和 σ_{01} 分别等于 1、0.2 和 0.1，并将公式 5.16 应用到 T 的不同子向量可以证明这一点。例如，满 36 个月的完整向量的合成残差的方差比仅由前三个测量时点构成的子向量大 38 倍左右。

5.3.3　失访

正如我们没有要求所有的聚类具有相同的规模一样，我们也没有要求追踪设计都是平衡的，即一项追踪研究中的所有个体在每一时点均被测量。然而，对于任何追踪设计而言，都存在着对缺失数据的关注，特别是对研究中退出或失访的关注。少量缺失数据可能并不是一个严重的问题，特别是当产生缺失数据的过程与研究的结果变量无关时。然而，在实际的研究工作中并不总是能满足这些条件。此时，应当采用一些专门技术将缺失数据对推论产生的影响最小化。

在控制了一些观测特征之后，如果退出者与那些在样本中的个体仍存在系统性差别，失访就会成为追踪研究中的一个主要问题。通常，处理响应变量缺失数据的方法如列删除（listwise deletion）或填补方法（imputation methods）等可能并不合适，因为它们假定数据是随机缺失的（missing at random，RAM）（Little & Rubin，1987）。这些假定并不可能被加以检验，因为它们设定未被观测的数据与出现缺失的概率无关，或者缺失能被看作"可忽略不计的"（Rubin，1976）。在可忽略不计的无响应（或 MAR）假定条件下，增长曲线模型提供了非平衡设计情况下的有效推论（Laird，1988）。然而，对于存在失访的追踪研究而言，MAR 假定通常过于严格。

近年来，Little（1995）提出了一种很有前景的方式来处理失访问题，即一种采用模式混合模型（pattern mixture models）处理缺失数据的一般性方法。在此方法中，在 K 个时点测量的内生变量会产生 $2^K - 1$ 种可能的缺失数据模式。对于产生足够案例和测量时点的一些缺失数据模式，可以采用多组分析来判定随机斜率估计值是否在具有不同失访模式的组之间存在差别以及是否有别于包含完整数据的组。然后，通过对不同缺失数据模式以及完整数据的模型估计值取均值，直接取得整体估计值。Allison（1987a）采用结构方程建模方法介绍了这种方法在线性模型中的应用。Hedeker 和 Gibbons（1997）阐述了这一方法在混合建模中的应用。

5.3.4 举例：青年就业

作为例子，我们使用由 1982 年、1983 年、1985 年、1986 年和 1988 年 NLSY 中的男性黑人样本所构成的就业数据。在整个调查期间，这些个体的年龄处于 16~26 岁之间。时间被编码成 0、1、3、4、6 以反映相对于作为基线的 1982 年的测量年份。因变量为某青年是否赋闲，赋闲被界定为 5 年中的任一年不在学校或不在工作，如果是则编码为 1，否则编码为 0。由于具有 5 年的数据，因此有 32 种可能的 0 和 1 取值组合模式。我们将拟合汇合数据（pooled data）的标准 logit 模型与多层变化模型（multilevel change model）加以比较。数据被构造成每一个体具有 5 次观测的人 – 期格式（person-period format）。对于许多多层软件而言，这是通常的数据输入格式。下面的例子采用 Stata 的 gllamm 程序进行拟合（Rabe-Hesketh et al.，2004）。采用 R（lmer）（Bates & Sarkar，2006）、SAS（nlmixed）（Wolfinger，1999）和 aML（Lillard & Panis，2003）的例子可在本书的网站中找到。

表 5 – 6 是若干模型的拟合结果。前两组为标准逻辑斯蒂回归的无条件模型和完全模型，均采用 ML 进行估计。后两组为引入了随机斜率和截距的一般化混合模型，采用边际最大似然法估计（marginal maximum likelihood，MML）。从似然比检验来看，随机系数模型对数据拟合得更好。我们发现赋闲的比数随时间而

下降，因为斜率在个体之间存在显著的变异。我们把基线年份的失业率作为对随机斜率的一个调节效应纳入模型。除基线年份的失业率之外，所有协变量都对赋闲的初始水平具有显著的负效应。失业与年份之间显著的负交互效应表明，基线年份失业对赋闲的正效应受到调节，从而随时间推移变得越来越小。将方差成分的估计值代入合成方差公式中，我们发现合成残差的方差从初始的 5.09 变成 1988 年时的 7.07。由于斜率方差很小（同时该模型中 $\sigma_{01} = 0$），因此并不存在明显的二次方变化趋势。此外，我们可以对 logit 随时间推移而出现的自相关进行评价。应用公式 5.16 和 5.17，相邻合成残差之间的相关系数为 $\hat{\rho}_{12} = 0.35$、$\hat{\rho}_{23} = 0.37$、$\hat{\rho}_{34} = 0.43$ 和 $\hat{\rho}_{45} = 0.48$，这意味着就业随时间的推移呈现出更大的稳定性。

表 5 – 6　拟合青年就业数据的追踪模型

变　量	ML 估计		MML 估计	
	模型 1	模型 2	模型 1	模型 2
常数	− 0.681	− 0.037	− 0.875	− 0.079
	(0.060)	(0.086)	(0.097)	(0.011)
年份	− 0.086	− 0.048	− 0.147	− 0.092
	(0.017)	(0.018)	(0.029)	(0.028)
南部居住地		− 0.528		− 0.652
		(0.079)		(0.128)
基线年份的失业率		0.811		1.015
		(0.181)		(0.241)
基线年份的失业率 × 年份		− 0.092		− 0.112
		(0.053)		(0.064)
收入		− 0.440		− 0.573
		(0.118)		(0.187)
高中毕业		− 0.833		− 0.786
		(0.083)		(0.124)
σ_0^2			1.798	1.305
			(0.434)	(0.365)
σ_1^2			0.055	0.043
			(0.024)	(0.022)
σ_{01}			− 0.052	− 0.062
			(0.079)	(0.071)
$-2\text{Log } L$	4083.0	3876.2	3832.1	3736.0
df	3429	3423	3425	3420

5.3.5 观测的、边际的和条件的 logit

图 5 – 5 显示了本例中赋闲的 logit 随时间推移而呈现出的趋势。这些线分别表示观测 logit 以及标准模型拟合的 logit（边际的或总体的平均值）和多层变化模型估计的 logit（控制了随机效应）。表 5 – 6 的结果揭示了随机截距和斜率中个体层次变异的程度。这里，我们选择几条具有代表性的轨迹加以说明。由于该模型中 logit 的变化呈线性特征，因此，所有个体轨迹的平均值将是边际或总体平均的 logit。也可以使用主体别预测概率而不是 logit 来画出这些轨迹曲线。

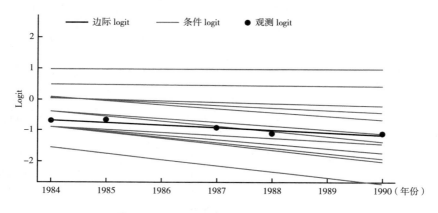

图 5 – 5　观测的、边际的和条件的 logit

5.4　模型估计方法

我们讨论三种统计软件使用的针对多层模型的估计方法。一项广泛用于估计多层模型的技术是 MML（Bock & Aitkin，1981）。这一方法使用了常见的 ML 方法最直接的扩展形式，但是它更复杂，因为需要进行数值积分以得到边际似然值来实现最大化。基于对 MML 不同逼近的方法也已经流行起来。这些被称作准似然方法（quasi-likelihood approaches），其中主要的变体就是边际准似然法（marginal quasi-likelihood，MQL）和惩罚性准似然法（penalized quasi-likelihood，PQL）。这些逼近法背后的数值方法都是建立在一种迭代再加权线性混合模型（iteratively reweighted linear mixed model）的基础上，与一般化线性模型使用迭代加权最小二乘法的方式一样，该模型被应用于响应函数的泰勒展开式。这些逼近方法在今天已不再常用，因为计算能力的提高以及这样一个事实：当真实方差成分很大（Rodríguez & Goldman，1995，2001）或者当聚类数量增加而每一聚类的规模仍然保持不变（Lin & Breslow，1996）时，一些逼近方法会得到二分类响应模型的固定效应和方差成分的有偏的参数估计值。

近年来，诸如吉布斯抽样（Gibbs sampling）等贝叶斯技术被更加广泛地用在多层模型估计中。这些方法通过一系列被称作马尔可夫链蒙特卡罗（Markov Chain Monte Carlo，MCMC）的模拟过程产生模型参数的分布。每一种方法各有优劣。MCMC 需要耗费更多的计算时间，但是对于包含许多随机成分的问题而言，它可能比 MML 更合适。MQL 和 PQL 可能更适合大规模的数据集和某些特定问题。通常，最好的办法是对各种方法所得结果加以比较。

5.4.1　边际最大似然法

采用一般化线性模型的通常符号标记方式，我们可以将随机截距模型的线性预测变量写为：

$$\eta_{ij} = \mathbf{x}'_{ij}\,\boldsymbol{\beta} + u_i$$

这里，u_i 为层 – 2 的随机截距，$\mathbf{x}_{ij}$ 为可以在层 – 2 固定或在层 – 1 单位之间变动的协变量向量。我们可以将追踪数据情况下的第 i 个个体或聚类数据情况下的第 i 个聚类的似然值表示为：

$$\ell(\mathbf{y}_i \mid u_i) = \prod_{j=1}^{n_i} \Lambda(\eta_{ij})^{y_{ij}}\left[1 - \Lambda(\eta_{ij})\right]^{(1-y_{ij})} \tag{5.18}$$

注意，该似然值取决于第 i 个个体或聚类的随机效应。由于个体（或聚类）内的观测之间是条件独立的，因此，我们可以将第 i 个层 – 2 单位的响应概率 $\Lambda(\eta_{ij})$ 连乘在一起。但为了得到所有 N 个层 – 2 单位的似然值，我们需要一个独立于 u_i 的边际似然值。通过对随机效应分布中的所有可能值的条件似然值求平均从而积出随机效应，进而得到第 i 个层 – 2 单位的边际（或积分的）似然值。采用这一方式，我们得到该聚类的似然值的期望值为：

$$\ell_m(\mathbf{y}_i) = \mathrm{E}\left[\ell(\mathbf{y}_i \mid u_i)\right] = \int_u \ell(\mathbf{y}_i \mid u_i)g(u)\,\mathrm{d}u \tag{5.19}$$

这里，$g(u)$ 为 u 的单变量概率密度函数（pdf），通常被假定为正态的。不可能解析出这一积分。诸如 aML、Stata 的 gllamm 以及 SAS 的 nlmixed 和 Mixno 等程序采用前面提到过的高斯求积法（Gaussian quadrature technique），该方法用总和逼近积分并通过有限的聚集点（mass points）求得随机效应分布。积分被作为一组点以及相应权重的线性组合计算得到，这些权重其实是与具体的点相对应的正态密度值。这一基本方法有诸多变体。诸如 SAS 的 nlmixed 和 Stata 的 gllamm 等软件采用适应性求积法（adaptive quadrature）。特别地，适应性求积法基于随机效应的众数试图找出具有某一特定随机效应的点的最佳数量和位置。该方法要求在每一数值积分中进行额外的优化。Rabe-Hesketh、Skrondal 和 Pickles（2005）评述了求积法的几种变体的不同优化方法。

HLM（Raudenbush & Bryk，2002）和 R 的 lmer（Bates & Sarkar，2006）等程序对公式 5.19 中的被积函数使用拉普拉斯逼近（Laplace approximation）以求得其边际似然值（Wolfinger，1993）。对许多问题而言，拉普拉斯逼近通常更快并且得到与求积法可比的结果。如果采用这类模型的话，最好在不同的选项之间进行试验，以便比较在特定场合中哪一个选项最好。在有许多选择的情况下，模型拟合可能更是艺术而不是科学。当我们把在某一特定"教科书"中运行得很好的方法应用于基于大规模社会科学数据集并包含许多参数的某个问题时，该方法可能行不通。不管使用何种特定的优化方法，整体似然值都是个体层－2 边际似然值（ML）的乘积，或

$$L = \prod_{i=1}^{N} \ell_m(\mathbf{y}_i) \tag{5.20}$$

5.4.2 多元随机效应的扩展

研究变化的多层模型允许随机截距 β_{0i} 和随机斜率 β_{1i} 之间（或等价地表达为 u_0 和 u_1 之间）存在相关。此时，模型估计涉及对双变量正态分布进行积分。边际似然值表达式为：

$$L = \prod_{i=1}^{N} \int_{u_0} \int_{u_1} \ell(\mathbf{y}_i \mid u_{0i}, u_{1i}) g(u_0, u_1) \, \mathrm{d}u_1 \, \mathrm{d}u_0 \tag{5.21}$$

将其他相关的随机系数纳入模型中要求对多元正态分布进行积分，从而得到一个更一般的表达式，

$$L = \prod_{i=1}^{N} \int_{\mathbf{u}} \ell(\mathbf{y}_i \mid \mathbf{u}) g(\mathbf{u}) \, \mathrm{d}\mathbf{u} \tag{5.22}$$

高斯求积法在处理更高维的问题时变得越来越耗费时间。Raudenbush、Yang 和 Yosef（2000）建议采用替代的求积法。公式 5.19 中的被积函数使用高阶泰勒展开式进行逼近。通常，不超过 6 阶展开式就能得到与 MML 近似的结果。该表达式的积分采用拉普拉斯方法，所得渐近整体似然值（approximated integrated likelihood）采用费希尔得分算法（Fisher scoring algorithm）加以最大化。该方法不但比求积法快得多，而且研究表明，这一逼近在更小的均方误差方面比求积法更好。

5.4.3　逼近方法

使用泰勒展开式逼近边际似然值的方法不要求数值积分，因此有希望用来处理大规模的数据集和包含许多随机成分的模型。主要有两种逼近方法，以及它们各自的两种变体。MQL（Goldstein，1991；Goldstein & Rasbash，1992）和 PQL（Breslow & Clayton，1993）使用一个泰勒展开式将响应函数线性化为固定成分和随机成分之和，即在公式 5.3 给出的一般化线性混合模型设定中，使用一个围绕固定效应 $\boldsymbol{\beta}$ 的当前估计值和 $\mathbf{u} = 0$ 的展开式。

固定和随机部分中的解释变量涉及对响应函数求导。一旦采用该形式，模型可以使用迭代再加权线性混合模型加以估计，该混合模型可以被看作是准似然估计的一般化（McCullagh & Nelder，1989）。

MQL 和 PQL 在随机部分的泰勒展开式形式上有所不同。PQL 围绕当前的一组固定和随机成分估计值计算的经验贝叶斯估计对 $\mathbf{u}$ 加以展开。MQL 和 PQL 逼近两者都可以通过执行二阶泰勒展开式加以改进，该展开式同时涉及非线性响应函数的一阶和二阶微分。这些逼近被称作 MQL – 2 和 PQL – 2。PQL – 2 是诸如 R（lmer）和 SAS（proc glimmix 和 glimmix macro）等程序执行一般化线性混合建模时采用的默认逼近方法（Wolfinger & O'Connell，1993）。Rodríguez 和 Goldman（2001）的模拟结果表明，二阶 PQL 逼近比应用其他准似然逼近法能够得到更小的误差。

5.4.4　贝叶斯建模

本章讨论的分层模型是贝叶斯分析的天然代表。对贝叶斯方法的充分讨论超出了本书的范围。这方面的详细讨论可参考 Gelman、Carlin、Stern 和 Rubin（2004）以及 Lynch（2007）的著作。在介绍了贝叶斯理论的一些核心要素后，我们集中讨论已经在前面提到过的一些在多层统计软件中得到应用的贝叶斯模拟方法。

除了样本数据如何产生（似然值）这一信息之外，贝叶斯分析通过纳入与模型参数的概率分布（先验分布）有关的先验信息（prior information）来构造参数的联合（或后验）分布，该分布体现了我们对除样本信息之外的参数的先验看法，从而不同于经典的或频数学派的观点。[①] 在给定观测数据信息的情况下，每个模型参数的后验分布（posterior distribution）可以通过计算其条件分布得到。

参数均值、方差、众数和中位值（或其他的分位数）等的贝叶斯估计值可以根据后验分布得到。该信息可以用来建构参数的概率置信区间。[②] 参数的边际后验分布图也可以提供丰富的信息。这些只是其中能够使用后验分布的一些方式。

模型参数在经典理论中被假定是固定的和未知的。依据贝叶斯理论，未知元素——包括未观测到的数据以及未知参数——在概念上被处理成好像它们是随机变量。一个重要的差别在于，经典理论是在给定某一特定参数值的情况下将概率指派给数据，而贝叶斯理论则是在给定某一特定数据值的情况下将概率分派给参数值。此外，贝叶斯推论建立在参数值的联合分布基础之上，这些参数值视观测数据而不是在重复抽样情况下可能出现的假设数据而定。

我们将用通常的贝叶斯符号标记方式来表示未知参数 θ 向量和观测数据 y 的先验分布、似然值与后验分布。通常的抽样模型或似然值记为 $p(y \mid \theta)$，先验分布记为 $p(\theta)$，那么 θ 和 y 的联合分布为：

$$p(\theta,y) = p(\theta)p(y \mid \theta)$$

根据贝叶斯定理，依数据而定的 θ 的后验分布为：

$$p(\theta \mid y) = \frac{p(\theta)p(y \mid \theta)}{p(y)}$$

这与下式成比例：

$$p(\theta \mid y) \propto p(\theta)p(y \mid \theta)$$

为了取得后验分布的一个易处理的解析式，在选择先验分布时需要谨慎。当与似然值相结合时，某些先验分布将无法得到一个恰当的后验分布。所谓不恰当就是（经尺度化的）后验分布的积分不等于 1。由于这些原因，研究者们往往会选择简

---

① 先验信息（prior information）被看作对数据进行观测之前就获得的信息，或者前数据信息（predata information）。后验的（posterior）这一术语指的是将先验信息与产生观测数据的抽样过程有关的信息或后数据信息（postdata information）加以合并之后可获得的信息。

② 注意，这些区间在概念上不同于经典的置信区间，因为经典置信区间并不涉及重复抽样的概念。

便的"共轭"先验分布，意思是说，它们都属于具有与似然值相同函数形式的分布族。这意味着，对应的后验分布可以从与先验分布相同的分布族中推导出来。也就是说，得到的后验分布可以采用与先验分布相同的概率形式加以表达，它通常为封闭形式。因此，先验分布的选择在许多情况下都是基于一种实用的考虑。[①]

我们往往没有参数的先验信息，在这种情况下，一个无信息（扩散的、模糊的或单调的）先验分布被用来表达参数的不确定性。这里考虑的分层或多层模型的先验分布本身将包含具有自身超验性（hyperpriors）的其他参数。对于诸如此类的复杂模型，得到后验分布的解析式可能很快就会变得不易处理，分析人员往往求助于模拟或蒙特卡罗方法来得到后验分布。

将这一方法应用于贝叶斯建模和分层建模在社会科学研究中正变得越来越普遍。不论研究者是否愿意接受贝叶斯方法是对频数学派方法的挑战或替代的观点，我们预期，在不久的将来研究者会更加广泛地接受贝叶斯估计过程并在标准统计软件中加以应用。

5.4.5　马尔可夫链蒙特卡罗

MCMC 是一种用来从某一具体分布中抽取 θ 值并将抽取结果加以改进以便更好地逼近后验分布的一般性方法。最早介绍该方法的是 Metropolis 和 Ulam（1949），以及 Metropolis、Rosenbluth、Rosenbluth、Teller 和 Teller（1953）。

采用一种迭代抽样方法，模拟执行时间越长，MCMC 就能产生一个越接近 $p(\theta \mid y)$ 的分布。由于当前的抽取依赖于先前的抽取，因此，存在一个基于马尔可夫链的内在依赖（inherent dependence）。但是，随着抽样或模拟过程的继续，马尔可夫链将收敛于一个唯一的稳态后验分布。没有判定这一过程会在何时收敛的硬性规则。Raftery 和 Lewis（1992，1995）提出了一些判定收敛的理论准则。

在研究实践中，模拟结果的图形检验会与其他的诊断测量一起进行（如 Rodríguez & Goldman，2001）。这一过程从被舍弃的数百次或更多次迭代的调试周期（burn-in period）开始。随后是更长得多的迭代序列，这构成了后验模拟的基础。这一过程取决于模型和可利用的计算资源，可能比较耗时。[②] 当通过查看

---

① 统计学中经常可以看到把多个分部结合或混合起来的思路。比如，把计数变量的泊松分布与泊松比率参数的伽玛分布结合在一起得到计数变量的负二项分布。

② 这里所报告的结果基于一个在 5 个时点上测量的约 700 个个体的样本。以每 1000 次迭代用时约 4 分钟的速度，模型经过数千次迭代后收敛。

所选模型量的迭代史迹线图确定后验分布处于稳态时，后验分布通过抽取靠近这一较长迭代序列末端的样本得到。这些图也可以提供固定系数和方差成分或任何其他模型量在模拟期间的变动轨迹。

最广泛使用的 MCMC 算法为吉布斯抽样（Gemand & Gemand，1984；Gelfand & Smith，1990；Zeger & Karim，1991），它也被冠以交错条件抽样（alternating conditional sampling）这一更具描述性的名称。在吉布斯抽样中，每一参数值都是从给定所有其他参数和样本数据情况下的完全条件分布中抽取。[①] 为了说明吉布斯抽样的基本思路，设想后验分布包含两个参数——θ_1 和 θ_2。[②] 在每次迭代中，我们将从某一个参数的条件后验分布中进行抽样。也就是说，我们在控制 θ_2 和 y 的情况下抽取 θ_1 的样本，在控制 θ_1 和 y 的情况下抽取 θ_2 的样本。在每次迭代中，每个 $\theta_k(k=1，2)$ 的更新都视其他组成部分的最新取值而定。

图 5-6 展示了就青年就业数据运行吉布斯抽样法得到的典型输出结果。迹线图揭示出南部居住地（South）的效应（β_3）有较好的表现，因为抽样器法呈现出对参数值的一致覆盖而没有倾向于上下波动。该图表明 σ_0^2 在这方面表现得更不好。

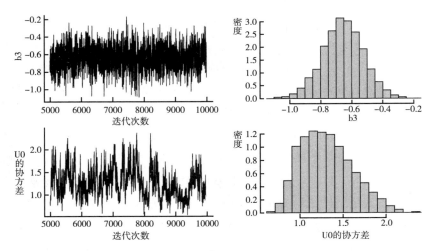

图 5-6 β_3 和 σ_0^2 的迹线图与直方图

---

① MLwin、WinBUGS（OpenBUGS）软件中使用了这一程序。MLwin 为用户把绝大部分的拟合和监测过程设定成自动执行。WinBUGS（OpenBUGS）要求用户自己编写似然值命令以及指定先验分布。

② 参数 θ_1 和 θ_2 不必具有相同的先验分布。

诸如 WinBUGS（OpenBUGS）等程序计算出的每个参数的 MC 误差，可以作为评价后验估计值准确性的一种方法（Brooks & Gelman，1998）。这是对所抽取数值的均值与真实的后验均值之间差值的一个估计。作为一条经验规则，MC 误差应当小于参数标准差的 5%。在我们的例子中，吉布斯抽样法报告的 σ_0^2 的 MC 误差为 0.02，是其标准差的 3%。因此，即使它的 MC 误差比其他估计值的 MC 误差大两倍，但它正好落在可接受范围之内。一些研究者也建议用不同的初始值执行多个马尔可夫链作为一种评价收敛的方法。Cowles 和 Carlin（1996）讨论过其他的收敛诊断方法。

5.4.6　建模和模型检查

要想建立一个适合贝叶斯分析的多层模型就需要设定一个完全概率模型，这意味着所有的模型参数必须给定先验分布。就我们的例子而言，我们假定：层 −2 残差服从均值为 0、协方差矩阵为 Σ 的多元正态分布，y 服从参数为 p 的贝努里分布，并且模型在 p 的 logit 形式上是线性的。这就界定了数据的分布或模型的似然值部分。参数的先验分布也需要加以设定。我们设定回归参数（$\boldsymbol{\beta}$）服从具有无信息先验分布的独立正态分布。[①] 指定无信息先验分布可以确保抽样在一个较宽的参数取值区间内进行。随机效应协方差矩阵的逆 Σ^{-1} 被赋予一个 Wishart(S^{-1}，v）先验分布，它是对卡方分布的一个多元扩展。尺度矩阵 S 反映 Σ 的逼近程度。设定自由度（v）等于协方差矩阵的秩就会产生一个无信息先验分布。[②]

模型使用 OpenBUGS 并经一个 500 次迭代的调试周期拟合得到。额外的 7000 次迭代被调控来确保收敛。这里，我们选择只对 logit 系数、方差成分和偏差信息进行监控。基于后调试历史（post burn-in history）计算得到的这些量的后验均值列在表 5 − 7 中，同时还给出了采用 MML（Stata gllamm）和 PQL（SAS proc glimmix）对青年就业数据拟合的结果。

---

①　贝叶斯模型通过对参数指定一个分布加以设定。对于第 k 个回归参数，我们定义 $\beta_k \sim N$（0，τ），这里，$1/\tau$ 表示方差。τ 取一个如 0.001 这样极小的数字意味着方差为 1000，它表明 β_k 取值的大量前数据的不确定性。类似地，$y_{ij} \sim$ Bernoulli（p_{ij}），$\mathbf{u} \sim$ MVN（0，$\boldsymbol{\Omega}$），这里，$\boldsymbol{\Omega} = \Sigma^{-1} \sim$ Wishart（S^{-1}，v）。

②　我们设定 $v = 2$ 以反映模糊的先验信息。

表 5 – 7　不同方法的估计值

变　量	MML		PQL		MCMC – Gibbs	
	$\hat{\beta}$	$se(\hat{\beta})$	$\hat{\beta}$	$se(\hat{\beta})$	$\bar{\beta}_p$	$sd(\bar{\beta}_p)$
常数	– 0.061	(0.129)	– 0.115	(0.141)	– 0.066	(0.130)
年份	– 0.092	(0.028)	– 0.080	(0.026)	– 0.096	(0.027)
南部居住地	– 0.652	(0.128)	– 0.596	(0.141)	– 0.656	(0.130)
基线年份的失业率	1.015	(0.241)	0.965	(0.269)	1.006	(0.235)
基线年份的失业率 × 年份	– 0.112	(0.064)	– 0.113	(0.071)	– 0.108	(0.063)
收入	– 0.573	(0.187)	– 0.525	(0.206)	– 0.578	(0.186)
高中毕业	– 0.786	(0.124)	– 0.646	(0.133)	– 0.778	(0.126)
方差成分						
σ_0^2	1.304	(0.365)	2.256	(0.266)	1.308	(0.345)
σ_1^2	0.043	(0.022)	0.102	(0.016)	0.045	(0.018)
σ_{01}	– 0.062	(0.071)	– 0.234	(0.054)	– 0.057	(0.062)
$– 2\log L\ (df)$	3736.0	(3420)	3715.4	(3420)	3124.0	(3022.4)

　　我们注意到，不同方法所得到的估计值非常近似，其中，MML 和 MCMC 估计值高度一致。当样本规模较大（并采用无信息先验分布）时，似然值往往会主导后验分布，因此，结果将会趋于一致。我们发现回归参数的 PQL 估计值最为明显地偏离其他两种方法，同时得到略微更大的方差成分估计值。

5.4.7　模型检查

　　评价贝叶斯模型的拟合并不像经典范式那么简单直接。检查贝叶斯模型拟合好坏最常用的工具为后验预测模型检查（posterior predictive model checking，PPMC）方法（Rubin，1984；Gelman et al.，2004；Lynch & Western，2004）。该方法依赖于图形和其他综合指标对观测数据与被指定作为复制数据 y^{rep} 后验预测分布的参照分布进行比较。采用上面提到的符号标注方式，后验预测分布为：

$$p(y^{rep} \mid y) = \int_\theta p(y^{rep} \mid \theta) p(\theta \mid y) \mathrm{d}\theta \tag{5.23}$$

我们接下来必须选取观测和复制数据的一个方面以使用某个检验统计量来进行评价。检验统计量的观测值 $T(y)$ 与根据复制数据计算所得到的检验统计量 $T(y^{rep})$ 进行比较。这两个统计量之间的较大差异表明模型就数据所选定的那个方面而言拟合欠佳。贝叶斯 p 值（后验预测 p 值或 PPP 值）被用来作为比较检验统计量的一个概要测量：

$$p = \Pr[\,T(y^{rep}) \geqslant T(y) \mid y\,] = \int_{T(y^{rep}) \geqslant T(y)} p(y^{rep} \mid y)\,\mathrm{d}y^{rep} \tag{5.24}$$

正如 Lynch 和 Western（2004）指出的，一个小的 p 值表明拟合欠佳，或者该模型下的数据不合理。研究者经常使用常规标准（比如，$p < 0.05$，$p < 0.01$等）来判断多小才算小。除了简单模型的情形之外，公式 5.23 和公式 2.24 中的积分从解析角度来看是很不易处理的。不过，MCMC 程序得到的后验调试迭代可被用来获得模拟数据。[1] 作为替代办法，从 MCMC 得到的后验均值和标准差或者从混合模型得到的 MML 估计值可以被用作产生新数据的基础。

就本例而言，我们使用两个竞争模型来产生新数据，然后将这两个模型下的预测响应模式与 32 个观测的响应模式比较。以下步骤描述了我们如何通过从后验分布中进行抽样来对每一个被访者产生 $J = 1000$ 个模拟数据集。

每一个被访者的第 j 套回归系数依据以下多元正态分布抽取得到，

$$\boldsymbol{\beta}_j^* \sim \mathrm{MVN}(\hat{\boldsymbol{\beta}}, \mathrm{var}(\hat{\boldsymbol{\beta}}))$$

这里，$\hat{\boldsymbol{\beta}}$ 为后验均值（MML 估计值），$\mathrm{var}(\hat{\boldsymbol{\beta}})$ 为 MML 估计值的方差协方差矩阵。随机效应作为服从以下多元正态分布抽取来进行模拟，

$$\mathbf{u}_{i(j)} \sim \mathrm{MVN}(0, \hat{\Sigma})$$

这里，$\hat{\Sigma}$ 为随机效应方差协方差矩阵的 MML 估计值。[2]

采用混合模型的标准符号标注方式，将个体 i 的模拟概率向量的第 j 次复制定义为：

$$\mathbf{p}_{i(j)} = \frac{\exp(\mathbf{x}_i' \boldsymbol{\beta}_{(j)}^* + \mathbf{z}_i' \mathbf{u}_{i(j)})}{1 + \exp(\mathbf{x}_i' \boldsymbol{\beta}_{(j)}^* + \mathbf{z}_i' \mathbf{u}_{i(j)})}$$

这里，$\mathbf{x}_i$ 和 $\mathbf{z}_i$ 为个体 i 的设计矩阵，它们分别对应着固定效应和随机效应。

复制的响应向量依据以下贝努里分布抽取得到，

$$\mathbf{y}_i^{rep} = \mathbf{y}_{i(j)} = \mathrm{Bernoulli}(\mathbf{p}_{i(j)})$$

我们调整上面的步骤可以得到标准 logit 模型情况下的复制数据。表 5 - 8 给

---

[1]　吉布斯抽样能够作为从监控结果集合的一部分的贝努里分布中抽取样本加以设定来模拟 y^{rep}。

[2]　为了与完全贝叶斯方法更加一致，对于 $\mathbf{u}$ 的每一次抽取，我们可以通过从恰当的逆 Wishart 分布中抽样来解释 Σ 中的不确定性。这样做对此处所报告的结果并不具有不可忽略的影响。

出了与基于汇合面板数据的标准 logit 模型相对应的期望频数（E_1）和与多层变化模型相对应的期望频数（E_2）。此处的检验统计量为 $O_k = T_k(y)$ ——第 k 个响应模式的观测频数——和 $E_{mk} = T_{mk}(y^{rep})$（$m = 1, 2$）——模拟数据中第 k 个响应模式的期望频数。

表 5 - 8　观测的与期望的响应模式

模式	y_1	y_2	y_3	y_4	y_5	观测值	E_1	E_2
1	0	0	0	0	0	212	149.87	218.66
2	0	0	0	0	1	34	37.53	27.24
3	0	0	0	1	0	27	40.88	27.46
4	0	0	0	1	1	9	12.63	10.80
5	0	0	1	0	0	41	42.62	29.53
6	0	0	1	0	1	7	13.30	9.97
7	0	0	1	1	0	7	14.37	9.21
8	0	0	1	1	1	4	4.58	8.45
9	0	1	0	0	0	50	51.10	40.58
10	0	1	0	0	1	11	15.67	9.93
11	0	1	0	1	0	11	17.00	10.68
12	0	1	0	1	1	9	6.75	7.07
13	0	1	1	0	0	15	18.10	11.54
14	0	1	1	0	1	7	7.10	6.54
15	0	1	1	1	0	9	7.72	6.48
16	0	1	1	1	1	9	3.86	9.79
17	1	0	0	0	0	58	65.14	57.86
18	1	0	0	0	1	8	19.46	11.82
19	1	0	0	1	0	9	21.38	13.45
20	1	0	0	1	1	5	7.79	7.86
21	1	0	1	0	0	11	22.57	15.34
22	1	0	1	0	1	7	8.28	7.66
23	1	0	1	1	0	6	9.28	7.92
24	1	0	1	1	1	9	4.53	10.11
25	1	1	0	0	0	33	28.59	24.41
26	1	1	0	0	1	6	10.20	8.73
27	1	1	0	1	0	7	11.34	10.65
28	1	1	0	1	1	6	5.39	9.76
29	1	1	1	0	0	9	12.29	12.05
30	1	1	1	0	1	10	5.62	9.54
31	1	1	1	1	0	14	6.29	11.23
32	1	1	1	1	1	26	3.79	23.66
χ^2							226.54	29.26
p							0.00	0.44

卡方统计量被用来对每一个模型产生的观测与期望频数之间的差异进行检验。基于该数据计算得到 29.26 的一个 χ^2_{31} 值，p 值为 0.47，表明基于多层变化模型的新数据比基于 logit 模型的新数据与观测数据更加一致。多层变化模型拟合欠佳最明显之处与响应模式 5 和 25 有关，它们对 χ^2 值的贡献分别为 4.45 和 3.02。①

尽管这些结果表明多层变化模型拟合了汇总数据，但我们仍不能确定该模型对具体预测值而言拟合得好坏。为了说明这一点，我们对选定变量的比数比预测分布与其观测值的分布进行比较（如 Lynch & Western，2004）。贝叶斯的 p 值就是观测比数比预测分布右端或左端的比例，

$$\hat{p}_r = \frac{\#\left[\,T^j\left(y^{rep}\right) \geqslant T(y)\,\right]}{J} \qquad \hat{p}_l = \frac{\#\left[\,T^j\left(y^{rep}\right) \leqslant T(y)\,\right]}{J}$$

这里，差异统计量〔$T_j\left(y^{rep}\right)$ 和 $T\left(y\right)$〕为比数比。如图 5 – 7 所显示的，模型倾向于低估西部居住地变量的比数比（$p_r = 0.11$）而高估中学毕业变量的比数比（$p_l = 0.09$）。但是，这些 p 值并没有小到表明拟合欠佳的程度。

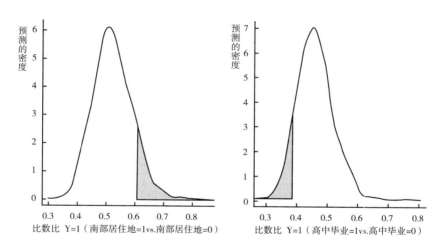

图 5 – 7　赋闲比数比的后验分布（南部居住地 vs. 非南部居住地）
（高中毕业 vs. 未毕业）

---

① 作为进一步的检验，我们执行了 Kolgomorov-Smirnov 检验以对期望和观测分布进行比较。对于将 logit 模型所得拟合分布与观测分布进行比较所做的检验，其近似 p 值为 0.007。对于将多层变化模型所得的拟合分布与观测分布进行比较所做的检验，其近似 p 值为 0.949。

5.4.8 拟合统计量

在贝叶斯建模中有三个概要拟合测量指标较为有用。与我们熟悉的标准模型有关的偏差测量指标类似，这些测量指标更适合模型比较而不是评价拟合得优劣。与偏差最为近似的测量指标是偏差的后验均值 D_{ave}，它通过对 J 次后验模拟得到的各个偏差取平均值来估计得到（如 Gelman et al.，2004）。

采用常见的方式，将偏差定义为对数似然值的 -2 倍，或者用贝叶斯的术语

$$D(y,\theta) = -2\log p(y \mid \theta) \qquad (5.25)$$

偏差基于参数的后验分布计算得到。使用后验模拟值 $\theta_{(1)}$，$\cdots$，$\theta_{(J)}$，偏差的后验均值作为以下平均值得到

$$\hat{D}_{ave} = \frac{1}{J} \sum_{j=1}^{J} D(y,\theta_{(j)}) \qquad (5.26)$$

该测量指标（见表 5-7）通常优于计算参数后验分布均值处的偏差 $D_{\hat{\theta}}$。这些量之间的差值提供了一个对模型复杂性加以测量的指标 p_D，它被认为是有效数字模型参数（effective number model parameters）的一个测量指标。[1] 通过对复制数据取均值得到的期望偏差为 $\hat{D}_{pred}^{ave} = 2\hat{D}_{ave} - D_{\hat{\theta}}$，即众所周知的偏差信息标准（deviance information criterion，DIC）。DIC 值最小的模型将最好地预测到与当前数据具有相同结构的复制数据。表 5-9 对 logit 模型拟合的情况与采用吉布斯抽样得到的就业数据进行了比较。拟合标准表明随机效应模型对这些数据拟合得更好。

表 5-9 logit 模型拟合统计量

模　型	$\hat{D}_{ave}$	$D_{\hat{\theta}}$	p_D	DIC
Logit(不含随机效应)	3883	3876	7.1	3890
Logit(随机截距和斜率)	3214	2800	413.6	3627

5.4.9 其他估计方法

在计算设备的发展使得密集型计算方法成为可能与随机效应模型的估计程序

---

[1] 表 5-7 中报告的模型自由度 df 是根据 $n - p_D$ 计算得到的。

被广泛纳入常规统计软件之前，常常会用一些替代的方法对随机效应模型进行估计。这些技术中最重要的就是经验贝叶斯估计（Stiratelli et al. , 1984；Wong & Mason，1985）。该方法使用数据来估计先验分布的参数。

为说明该方法，我们将个体或聚类 i 的一般化混合 logit 模型写成以向量符号表示的随机系数模型

$$\text{logit}(\mathbf{p}_i) = \mathbf{x}'_i\boldsymbol{\beta} + \mathbf{z}'_i\mathbf{u}_i$$

这里，$\mathbf{u}_i$ 表示个体或聚类层次的随机截距，$\boldsymbol{\beta}$ 表示固定斜率。假定 $\mathbf{u}$ 服从协方差矩阵为 Σ 的多元正态分布。

经验贝叶斯方法不使用数值积分或贝叶斯模拟来取得后验分布的参数，而是使用一种迭代两步法，该方法先得到某些量，并将其作为固定且已知的量来实现估计其他量的目的。[①]

EM 或期望最大化算法（Dempster, Laird, & Rubin, 1977）被用来实现最优化。EM 是一种找出所关注参数边际后验分布的众数的迭代方法。该方法的实质是将一个较大的估计问题分解成一系列较简单的问题并在这些较简单的步骤之间进行迭代。该技术对处理缺失数据非常有用。在这种情形中，$\mathbf{u}$ 将被当成缺失数据而 Σ（以及 $\boldsymbol{\beta}$）则被当成参数加以处理。在 E 步骤（E-step）中，假定未知参数的临时取值（provisional values）以找出作为观测数据和暂定参数（provision parameters）函数的缺失数据的期望。在 M 步骤（M-step）中，将所得函数最大化以改进所关注参数（Σ）的估计值。也就是说，需加以最大化的函数被当作常见的完整观测数据情况下的似然函数加以处理。然后通过将更新的参数作为已知量对缺失值进行重新估计（E 步骤），之后，完整数据的似然函数再次被最大化以对参数进行更新（M 步骤）。

为说明这一思路，我们可以考虑一个 $\mathbf{u}$ 已知的更简单的情形。然后，这些数据能被用来估计随机效应分布的结构参数 Σ。当 $\mathbf{u}_i$ 已知时，估计 Σ 的充分统计量为：

$$\mathbf{W} = \sum_i^N \mathbf{u}_i\mathbf{u}'_i$$

不过，因为 $\mathbf{u}_i$ 未知，$\mathbf{W}$（因此，Σ）也是未被观测到的或者是缺失的。我们可

---

① 考虑到它两次使用数据这一点，一些贝叶斯派学派统计学家可能是受到了这一思路的影响。

以使用 **W** 的后验均值来估计这一缺失或不完整数据：

$$\hat{\mathbf{W}} = E(\mathbf{W} \mid \mathbf{y}_i, \Sigma)$$

Wong 和 Mason（1985）指出，这个量可基于一组 $\mathbf{u}_i$ 的后验均值的当前估计值加以逼近：

$$\hat{\mathbf{u}}_i = (\mathbf{u}_i \mid \mathbf{y}_i, \Sigma)$$

这可以在 E 步骤中通过迭代得到。M 步骤对 Σ 估计为：

$$\hat{\Sigma} = \frac{\hat{\mathbf{W}}}{N}$$

该参数对随后的 E 步骤而言是已知的。EM 循环重复进行直到估计值收敛为稳定的数值。由于常见统计软件中替代估计程序的广泛可获得性，EM 算法现在很少被用来估计随机效应 logit 模型。不过，作为在多种缺失数据的情况下取得 ML 估计的一种方法，EM 仍然是一种非常有用且被广泛应用的技术。

5.4.10 边际模型与条件模型

当推论涉及主体别（subject-specific）或聚类别（cluster-specific）效应时，到目前为止我们所讨论的随机效应模型都是恰当的。该模型常常被称为主体别模型（subject-specific model）——"主体"要么是个体要么是聚类。在这一模型中，个体或聚类层次的异质性被明确地作为层 – 2 协变量加上层 – 2 残差的函数进行建模，以对随机系数中的变异进行估计。当推论涉及边际或总体层次效应时，另一种模型才是恰当的。这一模型被称作总体均值（population average，PA）模型，Zeger、Liang 和 Albert（1988）对这些模型做过更详细的比较。PA 和主体别模型之间的主要差别在于将回归系数解释成预测变量对个体（聚类）还是总体平均响应的效应。在追踪模型中，进一步的差别涉及时间依赖的性质。前面介绍的随机系数 logit 模型包含时间维度上异方差性的二次方形式以及由残差协方差项的大小决定的具体自相关形式。在 PA 模型中，没有明确针对主体别未被观测到的异质性进行建模，并且残差协方差也没有被加以限定。许多软件都允许采用主体内（聚类中）残差之间依赖属性的替代假设来估计模型。

5.4.11 替代设定

至此，我们一直假定由协变量决定的随机系数服从多元正态分布。考虑随机成分为离散分布也是可能的。离散潜在变量可以更好地体现未被观测到的异质性分布，同时可以有助于揭示被访者（聚类）的潜在类别。例如，在追踪数据中，我们或许能够区分出在时间维度上具有不同响应模式的被访者的潜在类别。对此和其他相关模型的更多细节可以在 Magisdon 和 Vermunt（2004）、Muthén（2004）、Skrondal 和 Rabe-Hesketh（2004）以及 Vermunt（2003）等的专著或论文中找到。

5.5　项目响应模型

从传统上讲，潜在特质或项目响应理论（IRT）模型一直被应用于心理和成绩测量领域。但是，Clogg（1988）提倡将它们用于调查中进行项目分析，它们也被作为分析工具用于某些确定的社会过程的研究设计中（Duncan & Stenbeck，1988；Duncan，Stenbeck，& Brody，1988），这就表明它们与许多领域有关联。其中一些模型可以具有与前面我们已经介绍过的随机系数 logit 模型相同的形式；被称作 Rasch 模型的逻辑斯蒂项目响应模型的一个变体可以作为一个固定或随机效应 logit 模型加以估计。人们对 IRT 模型感兴趣是因为其目的常常是用所得结果告诉施测者如何改善数据而不是调整模型去拟合数据。[1] 例如，某一能力倾向测试的 IRT 模型结果可以告诉施测者根据难度对问题所做的最优排序或者可以突出那些能够从一组被试者中最好地区分出平均能力水平的特定问题。

IRT 模型具有与前面所讨论模型相同的概念特征。不过，设想不是对包含层−1 单位的聚类或包含重复测量的个体集合进行观测，我们所观测到的是个体对问卷题项或测试题的回答。我们来考虑最简单的情形：有一套准备用来对某一总体或样本的能力进行评价的测试题，要求同时测出每一问题的难度。能力被认为是一种不可观测的或潜在的特质。[2] 为简便起见，我们假定采用相同的一组问题对所有被试者施测。[3]

---

[1]　由于这一原因，我们几乎很少发现纳入其他协变量的经典项目响应模型。

[2]　对于随机截距的情形而言，它通常被假定服从标准正态分布。有时研究者也会使用一种离散潜在类别设定。

[3]　现代测评方法往往涉及计算机辅助测验（computer administered testing，CAT），在这种情况下，后续问题根据之前的正确回答动态地加以挑选。

IRT 模型的一个关键特征是回答者的潜在能力和问题难度都以相同尺度加以测量，因此表明某一题项难度的尺度同时也是被用来对所有回答者评分（潜在能力估计值）的尺度。所以，IRT 的好处之一就是，不管每一位回答者被分配到哪些题项，都可以通过能力估计值对他们进行比较。

5.5.1　经典 IRT 模型及其扩展

在经典 IRT 模型中，个体响应具有二分类变量的形式。如果个体 i 对第 j 道题项的回答是正确的，那么 $y_{ij} = 1$；否则为 0。能力和难度是将概率模型应用于分类结果推导出来的个体和题项的定量特征。因此，在某种意义上，我们是在根据一系列二分类响应结果推导潜在的变量和尺度。

心理计量学家和教育心理学家一直关注如何评估问题的难度水平，尽管他们也承认并解释个体之间的能力差异。Lawley（1943，1944）介绍的二分项目响应模型首次尝试强调了同时估计能力和题项难度的问题，这也是大量后续工作的基础（Lord，1952，1953；Lord & Novick，1968）。该模型的 logit 形式被定义为 Rasch 模型（Rasch，1960；1961）或者是单参数逻辑斯蒂（1PL）模型。Birnbaum（1968）讨论了超过一个参数时的扩展情况（2PL 和 3PL）。除了适用于对赋予部分分值的多选题或问答题进行处理的模型之外（Andrich，1978；Masters，1982），文献也涉及对二分类 probit 模型的介绍，此模型被定义为正态曲线模型（normal ogive models）（Bock & Aitkin，1981）。

5.5.2　模型假定

IRT 模型需要一些假定（如 Hambleton & Cook，1977）。第一，所使用的题项应当满足单一维度原则，即它们只测量知识或潜在特质的某一维度。这个假定并不总是能够得到满足，因为存在着如动机和紧张等与参加测试有关的诸多外在因素。第二，局部独立假定要求对任意一道题项的回答应当独立于对其他题项的回答。

正如单一维度原则所暗示的那样，由题项甄别出的回答者的能力是影响其做出正确回答可能性的唯一系统性因素。因此，第三，在控制了回答者的能力和题项难度后，回答概率被假定是独立的。第四个假定是 IRT 模型的特定形式拟合某一特定数据集。我们下面讨论其中的两个模型，即 1PL 和 2PL 模型。

5.5.3　单参数 Rasch 模型

单参数 Rasch 模型（1PL）通常被表示为如下的 logit 模型：

$$\text{logit}(p_{ij}) = \theta_i - b_j \tag{5.27}$$

这里，p_{ij} 表示第 i 名个体对题项 j（$j=1$，$\cdots$，J）做出正确回答的概率。θ_i 是一个表示个体能力的参数，参数 b_j 代表第 j 道题项的难度。需要注意的一个重要特性是，在 Rasch 模型中，一个人的能力参数 θ_i 不随题项而变动，并且一个题项的难度参数 b_j 不随一个人的能力而变动。这意味着较高的能力或者较低的难度都可能导致较高的正确回答概率，反之亦然。能力和难度用相同的尺度加以测量，且实际上是可加的。

人们往往把兴趣放在评估题项服从某一次序尺度的程度上面。如果是这样，那么 $b_1 < b_2 < \cdots < b_J$。正如前面讨论到的刻度化关联模型一样，题项参数能够有助于揭示这些题项的排序。

就某一指定被试者而言，1PL 模型假定只有题项难度影响着他在测试中的表现。该模型暗含着一个明确的项目特征曲线（item characteristic curve，ICC）或项目响应曲线（item response curve，IRC）。ICC 把正确回答的概率描述成被试者能力或潜在特质水平 θ 的函数。

图 5 - 8 给出了对三个难度逐渐增加的题项做出正确回答的概率。这些曲线随着难度的增加向右移动。低能力被试者对题项 1 具有很高的正确回答概率，然而只有高能力被试者才对题项 3 有很高的正确回答概率。在能力和题项难度相等的拐点（inflection points）处（即当 $\theta = b_j$ 时），这些曲线的斜率相等。正确回答的概率在这些点上通过了 0.5 的门槛值，说明题项难度在加速上升。题项难度（b_j）由拐点处的特质水平体现，正如图 5 - 8 中从拐点一直延伸至特质水平（或潜在能力）轴的垂线所表示的那样。

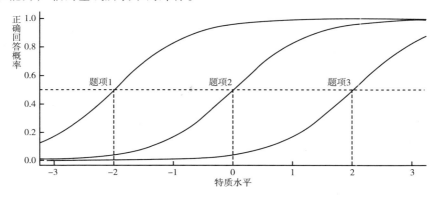

图 5 - 8　包含 3 个题项的 1PL 模型的题项特征曲线

5.5.4 估计 1PL 模型

我们可以将 1PL 模型当作一般化线性混合模型（GLMM）表示如下：

$$\text{logit}(p_{ij}) = \beta_j + u_i \tag{5.28}$$

更一般地，我们可以定义一组虚拟变量 $\mathbf{x}_{ij} = (x_{i1}, \cdots, x_{iJ})'$，如果是针对题项 j 做出的回答，那么 x_{ij} 编码为 1，否则为 0。该模型因此可以被改写成：

$$\text{logit}(p_{ij}) = \mathbf{x}'_{ij} \boldsymbol{\beta} + u_i \tag{5.29}$$

这里，系数向量 $\boldsymbol{\beta}$ 包含元素 $\beta_1, \cdots, \beta_J$。[①]

用虚拟变量表达我们就得到一个形式熟悉的模型，但是为了对每个题项都估计一个难度系数，它就不能有常数项。在这个参数求解方法中，题项"难度"参数的通常解释被颠倒了，因此，为了将其标准化到原来的 1PL 模型，我们令 $b_j = -\beta_j$。由于 β_j 为潜在得分，因此需要加以标准化，这就如同我们在前面讨论关联模型时所做的处理。就像 Bock 和 Aitkin（1981）所做的那样，通常的做法是设定 $\sum_{j=1}^{J} \beta_j = 0$，并将层 - 2 方差（$\sigma_u^2$）固定为 1。

通过假定能力 u 为服从正态分布的随机效应，可以用能够拟合一般化混合模型的软件估计此模型。一种替代办法就是 Rasch 的条件（固定效应）方法。Rasch（1960，1961）指出，如果将能力看作固定参数，那么就有可能将每一个体的响应向量处理成多项的。在使用条件 logit 模型（将在第 8 章讨论）估计题项参数的过程中，能力被看作一个干扰参数并被消去。按照公式 5.27 的初始设定，所有题项的总分为估计 θ_i（$i = 1, \cdots, n$）提供了充分的统计信息，并且所有个体的全部正确回答被用作估计 b_j（$j = 1, \cdots, J$）的充分统计量。这被称作条件方法，并且只适合于该模型的 logit 形式。该式在传统意义上被称作 Rasch 模型，而随机效应设定被更一般地称作 IRT 或潜在特质模型（latent trait model）。正如 Bock 和 Aitkin（1981）所指出的，潜在能力作为固定参数并且其取值有限这一假设在统计上可能很难得到满足。他们建议采用 MML 或使用能力的经验贝叶斯估计值的 EM 算法。借助经验贝叶斯估计值取得个体潜在能力预测值的可能性是 GLMM 方法的一个优势。

---

① 并非所有个体对所有题项都能做出回答。在这种情况下，我们用 n_i 来代替 J 以反映每一个体的题项数变量。

5.5.5　双参数 Rasch 模型

Birnbaum（1968）提出的双参数 Rasch 模型可以写成：

$$\text{logit}(p_{ij}) = a_j(\theta_i - b_j) \tag{5.30}$$

a_j 被定义为题项区分度参数（item discrimination parameters）。题项区分度参数的差异表明题项在区分被试者之间的不同能力水平上效用的差异。与那些低区分度参数值的题项相比，高区分度参数值的题项在区分被试者的不同能力水平方面更有用。与该模型对应的 ICC 显示了相互之间可能交叉的题项的曲线，因为它们不但在位置上而且在斜率上都有所不同。某题项的 ICC 斜率越陡，其区分度就越好。图 5-9 展示了与 $b=0$ 和 $a_j=(1, 2)$ 这样两个题项对应的典型 ICC。

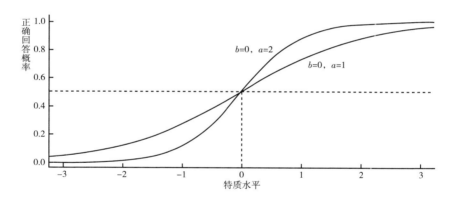

图 5-9　2PL 模型的题项特征曲线

5.5.6　作为 GLMM 估计的 2PL 模型

我们可以把 2PL 模型表示成 GLMM 的形式：

$$\text{logit}(p_{ij}) = \beta_j + \lambda_j u_i \tag{5.31}$$

采用前面定义过的虚拟变量向量，可将该式进一步写为：

$$\text{logit}(p_{ij}) = \mathbf{x}'_{ij}\boldsymbol{\beta} + \mathbf{x}'_{ij}\boldsymbol{\lambda}\, u_i \tag{5.32}$$

这里，$\boldsymbol{\beta} = (\beta_1, \cdots, \beta_J)$，$\boldsymbol{\lambda} = (\lambda_1, \cdots, \lambda_J)$。

公式 5.30 中的题项难度参数根据公式 5.32 由 $b_j = -\beta_j/\lambda_j$ 得到。区分度参数（λ_j）作为随机效应的因子负载进入上述模型。与 1PL 模型一样，$u_i = \theta_i$。要想估计层 -2 方差，就必须固定一个因子负载。与 1PL 模型中的处理方式一样，通常的做法是将层 -2 方差固定为 1 并估计与题项相关的因子负载。

由于包含了随机成分的因子负载，因此估计该模型并不像单参数 IRT 模型那么简单。该模型能够采用诸如 aML 和 Stata 中的 gllamm 等程序进行估计。Vermut 的 ℓEM 程序，因为允许潜在特质的参数和非参数分布，也提供 MML 估计值。与前面讨论过的分层模型一样，采用贝叶斯范式中的估计方法也是可能的（如 Clinton, Jackman, & Rivers, 2004）。

5.5.7　举例

表 5 - 10 是 1000 名被试者参加法学院能力倾向测试（Law School Aptitude Test, LSAT）（第 6 部分）的题项应答数据。该数据集已由 Bock 和 Lieberman（1970）以及 Bock 和 Aitkin（1981）做过深入分析。数据以个人记录的形式保存，总共包含 30 个观测到的回答模式。答对每项中 5 个测试题项的编号为 1。诸如 aML 和 gllamm 等程序要求使用人 - 题项记录（person-item records）的数据格式（有时被称作"长格式"），并使用个人识别号表示不同的层 - 2 单位。诸如 ℓEM 和 R 软件中由 Rizopoulos（2006）编制的 ltm 等程序则要求使用以人为记录单位（person format）的数据格式（有时被称作"短格式"）。这些软件都会给出 1PL 和 2PL 模型中回答模式的观测频数和期望频数。

两个模型在 gllamm 中都采用自适应求积法进行估计。为了估计每个题项的因子负载（题项区分度参数），我们将层 -2 方差（σ_u^2）固定为 1。对于 1PL 模型，这些参数被固定为 1，而在 2PL 模型中则被自由估计。两个模型的估计结果列在表 5 - 11 中。对于每一个模型而言，与混合模型设定对应的第一套估计值都受到 $\sigma_u^2 = 1$ 这一约束条件的影响。第二套估计值反映了 Bock 和 Aitkin（1981）曾用过的 Rasch 模型的标准化，这里，$\sum_j b_j = 0$ 且 $\prod_j a_j = 1$。2PL 模型得到的 λ 的 MML 估计值列在表 5 - 11 第二组的第一列。受上面提到的标准化影响的转换值列在该表第二组的第二列。这样一来，2PL 模型中的 5 个 λ 具有与 1PL 模型中被固定的 λ 完全相同的加权平均值。

我们发现，如采用似然比标准，2PL 模型对数据拟合得较好。表 5 - 10 中对拟合模式的检查也表明 2PL 模型拟合得较好。两个模型的 BIC 值分别为 - 1785.9

和 – 2507.6。将每一被试者的似然值贡献乘以样本规模，就得到表 5 – 10 中的期望频数。①

表 5 – 10 Bock 和 Lieberman 法学院能力倾向测试 （LSAT） 数据

	模式(题项)					观测结果	期望结果	
	1	2	3	4	5		1PL	2PL
1	0	0	0	0	0	3	5.017	2.277
2	0	0	0	0	1	6	7.763	5.863
3	0	0	0	1	0	2	3.383	2.595
4	0	0	0	1	1	11	8.701	8.941
5	0	0	1	0	0	1	1.092	0.697
6	0	0	1	0	1	1	2.810	2.616
7	0	0	1	1	0	3	1.224	1.179
8	0	0	1	1	1	4	5.286	5.958
9	0	1	0	0	0	1	2.444	1.839
10	0	1	0	0	1	8	6.287	6.430
11	0	1	0	1	0	0	—	—
12	0	1	0	1	1	16	11.829	13.572
13	0	1	1	0	0	0	—	—
14	0	1	1	0	1	3	3.819	4.373
15	0	1	1	1	0	2	1.664	2.001
16	0	1	1	1	1	15	12.416	13.926
17	1	0	0	0	0	10	14.918	9.483
18	1	0	0	0	1	29	38.375	34.625
19	1	0	0	1	0	14	16.721	15.586
20	1	0	0	1	1	81	72.205	76.548
21	1	0	1	0	0	3	5.399	4.663
22	1	0	1	0	1	28	23.314	25.003
23	1	0	1	1	0	15	10.159	11.469
24	1	0	1	1	1	80	75.788	83.557
25	1	1	0	0	0	16	12.081	11.252
26	1	1	0	0	1	56	52.168	56.091
27	1	1	0	1	0	21	22.732	25.637
28	1	1	0	1	1	173	169.586	173.256
29	1	1	1	0	0	11	7.340	8.449
30	1	1	1	0	1	61	54.757	62.523
31	1	1	1	1	0	28	23.860	29.138
32	1	1	1	1	1	298	323.237	296.712

① 这里所谓的贡献，其实是在控制他/她的随机效应预测值的情况下，每一个体拟合概率的乘积。

表 5 – 11　使用 LSAT 数据估计的 1PL 和 2PL 模型

	1PL		2PL	
	估计值（标准误）	标准化估计值	估计值（标准误）	标准化估计值
β_1	2.872 (0.129)	– 1.312	2.773 (0.206)	0.303
β_2	1.063 (0.082)	0.497	0.990 (0.090)	– 0.480
β_3	0.240 (0.072)	1.302	0.249 (0.076)	– 1.221
β_4	1.388 (0.087)	0.172	1.285 (0.099)	– 0.185
β_5	2.219 (0.105)	– 0.659	2.053 (0.135)	0.583
λ_1	1.0		0.826 (0.258)	1.098
λ_2	1.0		0.723 (0.187)	0.961
λ_3	1.0		0.891 (0.233)	1.185
λ_4	1.0		0.688 (0.185)	0.915
λ_5	1.0		0.657 (0.210)	0.874
$\log L$	– 1768.60		– 2466.65	

　　从 1PL 模型得到的题项难度参数表明题项 2 和 4 具有大致相同的难度，同时揭示出题项 3 和 5 在 LSAT 中的实际顺序可以互换。1PL 模型得到的估计 ICC 可以反映这一点，图 5 – 10 的第一幅图展现了这些题项特征曲线。2PL 模型纳入了其他的题项区分度参数。对于某一特定题项而言，值越大意味着它的区分效用越高。这里，我们发现具有最高难度系数的题项 3，也能最好地区分 LSAT 被试者的不同能力水平。图 5 – 10 的第二幅图的 ICC 曲线清晰地表明与该题项有关的斜率更陡。

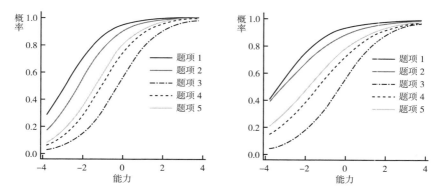

图 5-10　使用 LSAT 数据估计的 1PL 和 2PL 模型的题项特征曲线

5.5.8　扩展应用

尽管 IRT 模型通常只用来对题项的回答进行拟合，但是如果采用 GLMM 框架的话，在模型中纳入协变量就变得简单了。这些模型对态度变量建模非常有用，此时，某一潜在态度决定了态度测量的尺度，而某些题项区分出的潜在特质的效用就在于找到一个询问焦点（focus of inquery）。例如，政治研究方法学者们使用被设定为双参数 IRT 模型的空间投票模型（spatial voting model）揭示行动者在多维问题空间中的偏好政策立场。例如，Clinton 等（2004）将立法者 i 在名册所列项目 j 上的（"赞成"、"反对"）投票看作二分类响应 y_{ij}。假定每一位立法者在一个政策空间中具有一种偏好或理想观点，当一项政策离理想观点的距离增加时，该项政策的效用会下降。立法者 i 的理想观点被认为是一个潜在特质。与心理测量学中的情形一样，此时的关注点是理想观点的分布而不是项目参数的分布。Raudenbush、Johonson 和 Sampson（2003）给出了 Rasch 模型在犯罪行为研究中一项非常有趣的应用。

5.6　小结

本章扩展了本书前面讨论过的二分类响应模型。我们集中讨论了那些利用数据中额外信息的模型，尤其是使用了包含分析单位之间存在自然依赖关系的数据结构（即聚类、多层数据或追踪数据）的模型。我们讨论了二项和二分类响应的随机截距模型。前者由每个主体在 n 次试验中 y 次事件发生的次数构成，而后者对嵌套在某一更宽泛组织（即家庭、学校等）中的主体采取二分类（0，1）响应的形式。两种模型都取决于主体别或聚类别的未被观测到的异质性。这一方法可以很容易地一般化为处理单参数和双参数的 IRT 模型，此时正确回答概率是题项难度和个体层次潜在能力的函数。我们介绍了追踪数据中 logit 呈线性变化的一种考虑了主体别截距和斜率的模型。本章还讨论了不同的估计方法，其中对日益广泛应用于社会科学中的贝叶斯建模给予了特别关注。

第 *6* 章

关于事件发生的统计模型

6.1 导言

本章所要介绍的，是用来分析随时间推移从一个质性状态向另一个质性状态变化或转换（transition）的各种统计模型。用于分析转换的模型有许多种，分别被冠以不同的名称，譬如，事件史分析（event-history analysis）、持续期分析（duration analysis）以及风险率模型（hazard rate models）。我们将使用转换率（transition rate）或风险率（hazard rate）模型，或简单地用比率（rate）模型来统称这一类模型。[①]

用于比率分析的数据可以来自截面（cross-sectional）或追踪（panel）研究。截面数据是在单一时点收集的，但可能包含有关个体在从前不同时点状态的回顾性（retrospective）信息。例如，NLSY 在每个调查年都会问与诸如婚姻和生育等过去事件有关的问题，因此提供了有关婚姻和生育的时机（timing）（或年龄）信息，据此便可以估计该调查所反映的个体队列的结婚率和生育率。

追踪研究对个体进行重复测量，提供了有关个体状态在不同时间点的前瞻性（prospective）信息。在这种情况下，我们可以收集到个体的反应模式，因为我们能够在一个时期内对他们进行跟踪调查从而建构记录一次或多次转换的事件

[①] 本章仅就该主题做一扼要的介绍。至于更加全面的述评，我们向有兴趣的读者推荐以下参考资料：Allison（1984），Blossfeld、Hamerle 和 Mayer（1989），Blossfeld 和 Rohwer（2004），Tuma 和 Hannan（1984），以及 Yamaguchi（1991）。

史。在这个意义上，一个事件（event）可以被定义为在特定时间区间内的状态的一次变化（或从一个质性状态向另一个质性状态的转换）。转换率如何受到其他因素的影响是社会科学家普遍关心的问题。例如，政策分析家也许会对那些原先依赖福利的人退出福利的个体和宏观层面的关联因素感兴趣，或者还可能对导致原先就业的人离开劳动力市场的决定性因素感兴趣。类似地，人口学家可能会关心影响生命历程转换——诸如出生、结婚、离婚、死亡——的个体和结构因素。

6.2 分析转换数据的框架

根据对时间的不同处理方式，我们介绍两种用于分析转换数据的方法。通常意义上，时间是指日、周、月、年、岁数或其他非降序的测度，用以衡量向另一状态转换之前某一状态持续的时间。顾名思义，离散时间（discrete-time）方法将时间作为离散变量处理，而连续时间（continuous-time）方法则将时间作为连续变量处理。选用哪种方法，往往取决于对转换时间的测量有多精确。然而，即使时间能够被精确地测量，研究者仍然有可能选择时间测度较为粗糙的离散时间方法。① 无论实际分析中使用哪种时间测度，在收集数据时，通常还是倾向于把时间测量得尽可能精确。

6.2.1 离散时间方法

我们所关注的事件一般都发生在固定的时点，而非一个连续统（continuum）上的任意可能的时间。例如，选举可能每 2 年或 4 年举行一次，毕业一般都发生在学期末。在其他情况下，由于信息汇报或记录的方式不够精确，我们得不到事件发生的准确时间。例如，一项年度追踪研究可以记录下调查日期前一周的就业状态，但可能缺乏该就业状态持续了多长时间的信息。我们或许知道一个人在某一给定调查年的调查周内的状态为就业、失业或离开劳动力市场，然而，像这样过于粗糙的数据并不能提供有关个体在过去某一状态上所持续时间的信息。离散时间事件史模型主要被应用于这样的情况。

---

① 反之，则通常不成立。某些连续时间模型假定每个个体都有一个特定的事件时间。我们不推荐将此类连续时间模型不做任何调整就直接应用于离散时间事件数据的做法。

6.2.2　连续时间方法

在某些情境中，事件发生的时间可以得到更加精确的测量。例如，结婚日期或子女生日之类的回顾性信息通常是准确的，这是由于受访人有能力回忆起重大生命历程事件的准确发生时间。有了这么详细的信息，我们就能够知道结婚和生育之间相隔的天数、周数或月数。此外，纵贯设计也可以回顾性地或者前瞻性地收集到很短时间段之内的数据。NLSY 中的每周就业史就是一个回顾性数据收集方法的好例子，该项目根据回顾性信息在每个调查年对每位受访人生成一个 52 周的工作史。

在时间的测量更加精确的情况下，通常会选择使用连续时间事件史模型。然而，就像处理许多连续变量一样，将数据分组后进行分析往往也是有意义的。例如，初婚时间（或年龄）的原始测度可能以天、月或世纪 - 月（century-months）① 的形式被相当精确地测量。若使用此信息的某一再编码形式来取代更精确的测量，譬如结婚年数或结婚年龄，不应显著地改变研究结果。此时，研究者就可以采用离散时间建模方法来处理这些被分组的连续数据。我们在后面将会看到，离散时间方法背后所隐含的人 - 期（person-period）数据结构为我们提供了一种富于灵活性的方法，用以纳入那些随时间变化的协变量，从而允许预测变量的效应随时间发生变化。这一数据结构可被推广到连续时间模型，用以实现类似的目的。

关于何时选用离散时间方法、何时选用连续时间方法，没有简便易循的规则。方法之间的区别是相对的，选择哪种方法主要取决于时间被测量的精确程度以及研究的目的。特别地，如果研究目的在于理解事件概率的时间依赖（time-dependency），而数据又丰富到足以支持在一个特定样本中做有意义的比较的话，则无疑应该对时间依赖做非参数分析。如果协变量随时间而变化，那么，这些协变量的测量区间是否与时间的测量单位同样精确？

6.3　离散时间方法

离散时间方法是理解事件史建模基本要点的一个方便的起点，因为它利用了

---

①　所谓世纪 - 月格式，就是记录从 1900 年 1 月 1 日起到事件发生一共过去了多少个月。对于更近年份发生的事件，则使用 2000 年 1 月 1 日作为起点。

本书前面介绍的大家熟悉的概念。我们将介绍如何把一个非常简单的估计概率的描述性方法扩展开来以对发生在特定时间内的事件进行分析。作为一个例子，我们来考察一所较大规模的大学在 1984～1999 年间博士研究生退学的概率。在这一时期内，约有 7000 人被录取攻读研究生学位，其中，大约 47% 的人未能完成学业。处于退学风险中的人数等于常规二项试验中的试验次数。处于风险中的数量（number at risk）或风险集（risk set）在事件史分析中扮演着重要的角色。随着时间的推移，一些学生或毕业或退学，从而不再处于经历所研究事件的风险中。处于风险中的研究生数量随时间减少这一事实，正是第 3 章所讨论的静态（static）模型和本章所讨论的动态（dynamic）模型之间的区别所在。[1]

6.3.1　事件史数据与删失问题

事件史数据的一个根本问题在于，对于那些到观察期结束仍未经历事件的人，其经历事件的时机将无法确知。我们把这一问题称为删失（censoring），把未观测到的事件 – 时间数据称为右删失（right-censored）数据。在本章的例子里，我们感兴趣的问题是在读学生退学的概率如何随时间发生变化。

我们可以利用开始攻读研究生学位的年份和退出的年份算出一个持续期变量（duration variable），在这里，也就是退出或毕业发生在期间的年数。更一般地，该变量代表直到退出或毕业时在学位项目中的生存时间（survival time）。对于那些完成学业的人，退学时间是观测不到的，因为学业一旦完成，退学的风险就不复存在了。在这个例子里，"毕业者的"退学时间在注册就读的最后一年底被删失了。对于那些退学的人，我们仅知道该事件发生在他们注册就读的最后一年之内。就本例而言，退出学位项目这一事件的发生有两种方式：要么完成学业，要么退学。[2] 基于这个信息，我们得以建构一个代表退学年份的持续期变量和一个表示是否因为退学而退出项目的事件标识变量（event indicator variable）。

6.3.2　暴露量的作用

表 6 – 1 提供了进行一项简单描述性分析所需的必要信息。但是，要完成此

---

① 变动的风险集意味着当前样本的构成也随时间变化。

② 一项使用更多数据进行的更加全面的分析将会考虑暂时未注册（中途退学）或连续注册但更换了专业的情况。我们也可以转而研究完成学业所用的时间。

分析，数据必须以一种略微不同的格式加以整理，从而与该过程随时间演变的形式相一致，且明确体现出总体中处于风险中的部分随时间变动而变化这一事实。

表 6 – 1　事件发生数据

年	事件发生		合　计
	完成学业	退　学	
1	55	1421	1476
2	143	647	790
3	467	424	891
4	757	230	987
5	784	136	920
6	554	125	679
7	401	135	536
8	290	79	369
9	112	41	153
10	41	21	62
11	15	13	28
12	4	9	13
13	7	9	16
14	4	8	12
15	3	6	9
16	1	5	6
17	3	3	6
18	3	2	5
19	0	3	3
20 +	1	2	3
合　计	3645	3319	6964

我们知道，所有 6964 名学生在入学时都处于退学的风险中。其中，大约 20% 的人到第一学年结束时就退学了。在我们将要讨论的各种模型里，任意一年中处于风险中的数量即为当前暴露在该风险中的数量。显而易见，在计算下一年初处于风险中的数量时，我们应该排除 1421 名已经经历（退学）事件的学生以及 55 名因完成学业而不再有退学风险的学生。于是，第 2 年，处于风险集内或暴露在风险之中的学生共有 5488 人。对于本章所介绍的离散时间模型——以及接下来要介绍的生命表——我们假定删失发生在年底，或者说，第 *j* 年初时处于风险中的人数在该年内保持不变。应当注意，这里有一个标准假定：在某一时间

区间内删失人数的一半应当被包括在该时间区间的风险集内。这个假定是主观的，同时，删失比例常常根据不同的应用加以调整。如果时间区间较短并且又是个人层次数据的情况，如此处理并不会产生严重的后果。对于此处介绍的数据，时间单位为年，所以每一个体有 1 人–单位（person-unit）或人–年（person-year）的暴露量。[①]

6.3.3 作为一种描述性技术的生命表

我们下面将要介绍技术构成了生命表的基础，它是描述性分析的一个基本工具。关于生命表的文献有很多，相关记载可以追溯到 17 世纪，同时，我们这里介绍的基本方法还有许多变体。为方便起见，我们采用标示符号稍异于生命表文献中的标准标示符号（如 Namboodiri & Suchindran，1987）。令 D_j 表示在 j 年中 R_j 名处于某一事件风险中的个体所经历的事件数。令 W_j 表示在 j 年中事件时间被删失的个体的数量，那么，在第 j 年中处于风险中的人数可做如下计算：[②]

$$R_j = R_{j-1} - D_{j-1} - W_{j-1} \tag{6.1}$$

我们将初始（即第一个观测期之前）条件定义为 $R_0 = n$，$D_0 = W_0 = 0$。将第 j 年的离散时间风险定义为，在第 j 年初处于风险中的所有人中，在该年内经历退学这一目标事件的人数所占的比例：

$$\hat{p}_j = \frac{D_j}{R_j}$$

基于表 6 – 1 中的信息，我们可以对事件数据的格式加以调整，以描述这些被访者退学率的历年变化情况。从离散时间风险可以推出一些其他的量。例如，我们可以确定，至第 1 年末尚未退学的比例为：

$$1 - \hat{p}_1 = 1 - 0.204 = 0.796$$

---

① 连续–时间模型所采用的暴露量概念与此略有不同。在本例中，所谓暴露量指的是处于事件风险中的时间总量。例如，若有 1 人可能有 3 个月处于事件风险中，另有 4 人可能有 5 个月处于风险中，则这 5 人贡献了 $1 \times 3 + 4 \times 5 = 23$ 人 – 月的暴露量。

② 这就是所谓未经调整的处于风险中的数量。时段内未经调整的风险集为 $R_j = N_j - \alpha W_j$，此处 N_j 为区间 j 的初始人数，α（$0 \le \alpha \le 1$）为删失比例，通常取值为 0.5。

将其扩展到其余年份，我们可以把第 j 年末的生存比例表示为生存函数（survivor function）[1]：

$$\hat{S}_j = \prod_{k=1}^{j}(1 - \hat{p}_k) = \hat{S}_{j-1}(1 - \hat{p}_j) \tag{6.2}$$

表 6-2 所示为调整格式后的数据以及年份别离散时间风险率和生存函数。时间区间（或时期）表示为 $[j, j+1)$，通常包含在输出的生命表中。本例是由 Stata 的 ltable 命令得到的。包含时间区间的做法强化了这样一种观念：事件发生于该年内，或发生在始于 j 年、恰好终于 $j+1$ 年之前的那个时期内。我们注意到退学风险在开始时最高，随着时间的推移，先是下降，然后又呈上升趋势。第 18 年之后的风险估计值建立在非常小的风险集之上。这些估计值比之前时点的那些更不准确，因此应当谨慎地对它们加以解释。

表 6-2　退学生命表

年	时间区间	R	D	W	$\hat{p}$	$\hat{S}$
0	$[0,1)$	6964	—	—	—	1.000
1	$[1,2)$	6964	1421	55	0.204	0.796
2	$[2,3)$	5488	647	143	0.118	0.702
3	$[3,4)$	4698	424	467	0.090	0.639
4	$[4,5)$	3807	230	757	0.060	0.600
5	$[5,6)$	2820	136	784	0.048	0.571
6	$[6,7)$	1900	125	554	0.066	0.534
7	$[7,8)$	1221	135	401	0.111	0.475
8	$[8,9)$	685	79	290	0.115	0.420
9	$[9,10)$	316	41	112	0.130	0.365
10	$[10,11)$	163	21	41	0.129	0.318
11	$[11,12)$	101	13	15	0.129	0.277
12	$[12,13)$	73	9	4	0.123	0.243
13	$[13,14)$	60	9	7	0.150	0.207
14	$[14,15)$	44	8	4	0.182	0.169
15	$[15,16)$	32	6	3	0.188	0.137
16	$[16,17)$	23	5	1	0.217	0.108
17	$[17,18)$	17	3	3	0.176	0.089
18	$[18,19)$	11	2	3	0.182	0.072
19	$[19,20)$	6	3	0	0.500	0.036
20 +	$[20,24)$	3	2	1	0.667	0.012

---

[1]　在一项研究开始时，生存比例总是为 1。

　　生存函数显示，70% 的学生在第 2 年之后仍处于退学风险中。在攻读研究生学位第 6 年中的某一时点，有一半学生或是已经退学，或是已经毕业。生存函数和离散时间风险显示在图 6 - 1 中，生存时间的近似中位值为 6.5 年。①

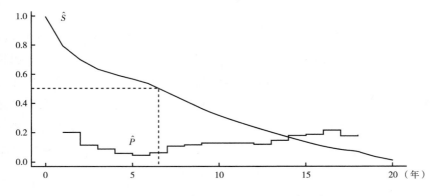

图 6 - 1　退学的离散时间风险和生存函数

6.3.4　分组生命表

　　要想根据预测变量的不同类别建构多张生命表，或根据两个或多个预测变量对生命表做交互分类，这并非难事。对此类扩展表格的进一步分析可使用第 3 章中的二项 logit 模型来实现。然而，由于在较晚时仍然处于事件风险中的人数较少，模型参数的个数会很快超过数据所包含的可用信息。当处理交互分类的生命表时，这一问题尤为突出。此时，通过分组减少时间区间的数量能够克服这些局限。例如，我们不必估计 20 个离散时间点上的风险率，而是假定风险在某些时间区间是已知的或保持不变，然后可以估计出对应这些时间区间的更少的一组风险率。使用离散风险图或经验离散风险作为指南，我们可以将生命表合并为若干时间区间，从而反映风险随时间变动的基本形态。例如，下列 5 个时间分组对于基于这些数据的多元模型似乎会较易于处理：[0,2)，[2,3)，[3,7)，[7,13) 和 [13,24)。②

---

①　图中所示是第 1 ~ 18 年的离散风险。尽管离散生存函数被描绘成一个平滑函数（smooth function），但它同时也是一个阶梯函数（step function）。

②　在使用这种分组时，为了准确地反映出 1 - 年暴露量，我们必须考虑时间区间的宽度。例如，如果在第 3 ~ 6 年这个时间区间的开端有 1000 人处于事件风险之中，则得到该区间内有 3000 人 - 年的风险。

　　尽管生命表能够通过使用事件发生时机和发生与否的信息进行汇总，从而方便地对个人层次数据进行概括，但是，我们另有一个能够直接处理个人层次数据的更加正式的离散时间模型。就多元建模而言，个人层次数据提供了极大的灵活性，因为其很容易纳入连续测度以及随时间变化的预测变量。现在，我们来介绍隐含在离散时间风险模型背后的个体层次的过程，以及一种用来方便模型估计的数据结构。

6.3.5　离散时间风险模型的统计概念

　　至此，除了曾提到生存时间被假定为一个离散变量之外，我们尚未在统计的意义上考虑过时间的分布情况。现在，我们来介绍离散时间事件史分析的统计基础。沿用 Singer 和 Willett（2003）的标示方法，我们定义一个离散随机变量 T，T_i 为某一个体的事件时间或删失时间。对上例而言，T_i 的取值为 $1, \cdots, 20$。T 的概率分布可记为：

$$f(t_{ij}) = \Pr(T_i = j) \tag{6.3}$$

即个体 i 在时间区间 j 经历事件的概率。由此可以直接推导出其他一些重要的量。例如，第 i 个个体在时间区间 j 或更早经历事件的概率由以下累积概率函数给出：

$$F(t_{ij}) = \Pr(T_i \leqslant j) = \sum_{k=1}^{j} f(t_{ik}) \tag{6.4}$$

同时，个体 i 度过时间区间 j 而未经历事件的概率由生存函数给出：

$$S(t_{ij}) = \Pr(T_i > j) = 1 - F(t_{ij}) \tag{6.5}$$

　　离散时间风险函数被定义为事件发生的条件概率。也就是说，给定某事件尚未发生，该事件对于个体 i 而言在时间区间 j 内发生的概率为：

$$p_{ij} = \Pr(T_i = j \mid T_i \geqslant j)$$

　　该式可以用个体层次的事件发生数据等价地进行表达。即定义一个二分类变量 d_{ij}，若事件在时间区间 j 内发生在个体 i 身上，则 d_{ij} 等于 1，否则等于 0。这一二分类响应的序列代表个体 i 的离散时间事件史或样本路径（sample-path）。该序列可以通过获知事件的时间，或者通过诸如追踪研究等纵贯设计所收集的二分类响应序列获得。给定一个从时期 j 回推到观测期起点（$j = 1$）的响应序列，离散时间风险率可以表达为此前事件一直未发生（$d_{ij} = 0$）条件下 $d_{ij} = 1$（事件发

生）的概率，或

$$p_{ij} = \Pr(d_{ij} = 1 \mid d_{ij-1} = 0, d_{ij-2} = 0, \cdots, d_{i1} = 0) \tag{6.6}$$

在大多数应用中，我们使用逻辑斯蒂或互补双对数（complementary log-log）转换来确保 p_{ij} 的预测值落在 ［0，1］ 区间内。所以，个体 i 在时间区间 j 内的离散时间风险可以表达为 K 个固定或随时间变化的自变量——$\mathbf{x}'_{ij} = (x_{ij1}, x_{ij2}, \cdots, x_{ijK})$ ——的函数。这可以是一个 logit 模型：

$$p_{ij} = \frac{\exp(\alpha_j + \mathbf{x}'_{ij}\boldsymbol{\beta})}{1 + \exp(\alpha_j + \mathbf{x}'_{ij}\boldsymbol{\beta})} \tag{6.7}$$

或者是一个互补双对数模型：

$$p_{ij} = 1 - \exp\{-\exp(\alpha_j + \mathbf{x}'_{ij}\boldsymbol{\beta})\} \tag{6.8}$$

这些模型中的 α_j 项对每一个时间区间都会给出一个截距参数。当使用公式 6.7 时，α_j 为时期 j 基线风险的 logit。使用公式 6.8 时，α_j 为时期 j 风险的补数的对数的负对数。也可以用其他方式引入时间依赖（time-dependency），譬如，使用 T 的多项式：

$$p_{ij} = 1 - \exp\{-\exp(\alpha_1 T_i + \alpha_2 T_i^2 + \alpha_3 T_i^3 + \cdots + \alpha_q T_i^q + \mathbf{x}'_{ij}\boldsymbol{\beta})\} \tag{6.9}$$

或者，基线风险也可以使用样条（splines）或基于非参数修匀（nonparametric smoothing）的各种函数形式进行参数化。

6.3.6　比例效应与非比例效应

上述模型假定某一协变量效应 β 在所有时间区间内以相同的方式对风险的 logit 进行调整。[①] 这意味着 $\exp(\beta)$ 在任意时间区间内对事件的比数具有一个乘积效应（multiplicative effect），因此，比数和离散时间风险成比例地升高或降低，到底是升高还是降低取决于 β 的符号。这就是所谓的比例比数（proportional odds）或比例风险（proportional hazards，PH）假定。比例比数严格地应用于 logit 模型及其变体，而 PH 则更严格地应用于风险率模型。让我们设想两个个体，一个在 14 岁时经历事件，另一个在 25 岁时经历事件，比例比数或 PH 假定意味着无论事件何时发生，变量 x 对事件的比数或事件的风险的影响始终相同。

---

① 对于互补双对数模型，离散时间风险的补数的负对数的对数也以相同的方式加以调整。

于是，我们得到一个对协变量效应的方便的解释，即把它看作在任意时间区间内事件的比数或风险的乘数。然而，常有实质性的理由预期 x 的效应会随着时间发生改变，或者，在所选的时间区间之间会有差异。譬如，我们有理由预期某些家庭背景变量的效应可能会随着年龄的增长逐渐减弱。House 等（1990）发现社会经济地位（SES）的效应会随时间减弱。非比例性意味着，$\exp(\beta)$ 依不同时间区间对比数（或离散时间风险）做不同的调整。非比例效应在离散时间模型中很容易处理。例如，我们可以允许一个固定或随时间变化的预测变量 x_{ij} 的效应随时期发生变化

$$\text{logit}(p_{ij}) = \alpha_j + x_{ij}\beta_j$$

或者使其相对于所选时期有所不同，例如，在一个早期时间区间和一个后期时间区间。此类模型不难设定，只需引入 x 与界定时间区间的虚拟变量之间的交互就可以了。

6.3.7　估计离散时间风险模型

如前所述，离散时间事件史数据可以以事件时间的形式——由此我们可以区分事件时间和删失时间——或以标志追踪研究的多次跟踪中事件发生的二分类响应的形式出现。无论是哪一种数据收集方法，离散时间风险模型的估计都可以通过构造时段取向（episode-oriented）或人 – 期（person-period）数据来方便地实现。

6.3.8　事件取向的数据结构

我们来假想两个来自退学数据的观测。原始数据含有关于退学发生的时间区间（年）信息，以及一个标识变量——赋值为 1 表示退学时间，否则赋值为 0。第 1 个人在第 3 年退学，第 2 个人在第 6 年底完成了学业。表 6 – 3 的左半部分显示的是原始的个人层次数据结构，右半部分则显示了如何从原始数据中整理出人 – 期格式的数据。我们可以看到，暴露量（exposure）是通过对个体仍处于事件风险的每一时期生成一条独立的人 – 记录（person-record）进行计算的。

表 6 – 4 显示的是另外一种不同的数据格式，即一套基于 5 次追踪收集到的关于就业状况的纵贯数据，其中，若个体 i 在时期 j 处于失业状态，$d_{ij}=1$，否则为 0。第 1 个个体的响应序列为：前 2 年有工作，随后 2 年失业，然后又有 1 年

表 6 – 3　人 – 层（person-level）和人 – 期（person-period）数据格式

人 – 层数据			人 – 期数据		
ID	年	事件	ID	时期	事件
1	3	1	1	1	0
2	6	0	1	2	0
			1	3	1
			2	1	0
			2	2	0
			2	3	0
			2	4	0
			2	5	0
			2	6	0

多处于工作状态。其他个体的序列依此类推。对于单一事件的事件史分析，主要关注点不是数据中的整体模式，而是事件发生与否以及截至事件发生或删失之时（包括事件发生或删失的时刻）处于风险中的时间的累积。我们的讨论仅限于不可重复事件。这里，所关注的事件为个体第一次向失业状态的转换。一般来说，我们也可以对后续的从失业向就业的转换进行建模。也就是说，一旦确定了向某状态的转换，个体就处于向另一个状态转换的风险中。但是对于某些过程，如死亡，一旦进入该状态就不可能再退出了，我们称这一类状态——此处为死亡——为吸收状态（absorbing state）。在表 6 – 4 的假想数据中，第 1 个个体在第 3 年经历了向失业的转换，并在再次受雇之前一直保持该状态达一年多的时间。第 3 个个体在第 2 年经历了失业状态，于第 3 年转入就业状态，之后又在第 5 年再一次经历向失业状态的转换。对于一项单一持续期（single-spell）分析，我们会忽略所有后续的职业状态转换以及处在失业状态中的时间长度。

表 6 – 4　5 次追踪观测到的二分类响应序列

ID	年				
	1	2	3	4	5
	d_1	d_2	d_3	d_4	d_5
1	0	0	1	1	0
2	0	0	0	0	0
3	0	1	0	0	1
…	…	…	…	…	…

一般来说，我们从一个由处于事件风险中的 n 个个体所构成的样本开始。人 - 期数据会排列个体的事件时间或二分类响应序列，并根据事件是否发生来确定分配给个体 i 多少个风险期（periods of risk）。个体在他们的风险暴露量上是不一样的，在小到 1 个时期的暴露量到大至 J 个时期的暴露量这一范围内变动。令 J_i 代表个体 i 的暴露期的数量，如此得到的人 - 期格式数据由 $n \times J_i$ 个人 - 期观测或伪观测（pseudo-observations）构成。这一数据结构的优势在于可以容纳随时间变化的协变量。更重要的是，一旦数据被整理成这种格式，离散时间风险模型就可以很容易地用针对标准二分类响应模型的软件进行估计。

6.3.9　估计

Allison（1982）曾提出一个用于设定与估计离散时间事件史模型的可用方法。我们接下来的讨论与之密切相关。要想估计离散时间风险模型，我们需要找到个体在给定其在时间区间 j 处于风险中的条件下度过该时间区间后仍处于风险中（即生存）的概率。我们在前面曾介绍过，p_{ij} 代表直到区间 j 开始之际一直处于风险中的个体在区间 j 内经历事件的条件概率。我们假定 p 在离散时间模型中是取决于（conditional）协变量的。所以，我们通过 logit 或互补双对数模型对响应概率 p 建模。在之前一直未经历事件的条件下，个体 i 在区间 j 不经历事件的概率是：

$$\Pr(T_i > j \mid T_i \geqslant j) = 1 - p_{ij} \tag{6.10}$$

它代表一个尚未经历事件的个体在区间 j 对似然值的贡献。就像在生命表中一样，离散时间生存函数可以表示为已经"活过"所有之前时间区间且"生存"至当前区间结束的条件概率的乘积。在此例中，我们针对该个体的所有风险期，建构公式 6.10 的乘积：

$$S_{ij} = \Pr(T_i > j) = \prod_{k=1}^{j}(1 - p_{ik}) \tag{6.11}$$

非条件事件概率，或在时间 j 经历事件的概率，为由公式 6.3 给出的离散时间概率函数，我们现将其写成离散时间风险和生存函数的乘积，或者更一般地，写成只含离散时间风险的函数：

$$\begin{aligned}
f(t_{ij}) = \Pr(T_i = j) &= \Pr(T_i = j \mid T_i \geqslant j)\Pr(T_i \geqslant j) \\
&= p_{ij}S_{i(j-1)} \\
&= p_{ij}\prod_{k=1}^{j-1}(1 - p_{ik})
\end{aligned} \tag{6.12}$$

离散时间模型的似然函数可以通过合并前面提到的各项得到。当 T_i 为一个事件时间时，个体对似然值的贡献为概率函数 $f(t_{ij})$。对于到区间 j 结束时尚未经历事件的个体，他们对似然值的贡献为 $S(t_{ij})$。因此，个体对样本似然值的贡献可以归纳为：

$$L_i = \begin{cases} \Pr(T_i = j) = f(t_{ij}) & \text{如果 } d_{ij} = 1 \\ \Pr(T_i > j) = S(t_{ij}) & \text{如果 } d_{ij} = 0 \end{cases} \tag{6.13}$$

将之取对数并使用前面的表达式，那么，对于在区间 j 经历事件的个体 i，我们可将其对对数似然值的贡献写为：

$$\log L_i = d_{ij} \log p_{ij} + \sum_{k=1}^{j-1} \log(1 - p_{ik})$$

类似地，对于那些事件时间被删失的个体，其贡献为：

$$\log L_i = \sum_{k=1}^{j} \log(1 - p_{ik})$$

我们可以把它们合并成一个表达式：

$$\log L_i = \sum_{k=1}^{j} \left[d_{ik} \log p_{ik} + (1 - d_{ik}) \log(1 - p_{ik}) \right] \tag{6.14}$$

这里，如果个体 i 在区间 j 经历事件，则 $d_{ij} = 1$，否则为 0。数据的对数似然值为所有个体贡献之和，

$$L = \sum_{i=1}^{n} \sum_{k=1}^{j} \left[d_{ik} \log p_{ik} + (1 - d_{ik}) \log(1 - p_{ik}) \right] \tag{6.15}$$

除去第二个求和符号，该式就成了求二分类因变量的对数似然值的常规公式。

将数据整理成人－期格式，就能把基于个体 i 在区间 j 的二分类响应的对数似然值分解成由公式 6.15 表示的看似更复杂的表达式。无论在公式 6.15 所要求的个人层次还是在人－期层次上进行处理，每一个个体对似然值的贡献都是相同的。α_j 和 β 的最大似然估计值可以通过将 d_{ij} 作为二分类响应模型中的因变量来获得。

6.3.10 向多层模型扩展

将离散时间风险模型扩展到第 5 章所描述的多层框架并不是一件难事。例

如，通过引入随机系数，某一事件在时间区间 j 发生在第 k 个背景中的个体 i 身上的风险的 logit 两层模型可作为一个一般化线性混合模型（generalized linear mixed models，GLMM）来设定：

$$\text{logit}(p_{ijk}) = \alpha_{jk} + \mathbf{x}'_{ijk}\boldsymbol{\beta}_{jk} \tag{6.16}$$

注意，在这一设定中，基线风险和协变量效应都被允许随层 –2 背景发生变化。该模型可以使用第 5 章中所讨论的任意一种多层建模技术进行估计。

6.3.11　举例：退学的离散时间模型

表 6 – 5 显示了若干对退学数据进行拟合得到的离散时间 logit 风险模型的结果。所有模型都没有截距项，以便提供每个时间区间的退学比数的估计值。采用

表 6 – 5　研究退学的离散时间 logit 模型估计值

变　量	模型 1		模型 2		模型 3	
	基　线　风　险					
	$e^{\hat{\alpha}}$	$\hat{p}$	$e^{\hat{\alpha}}$	$\hat{p}$	$e^{\hat{\alpha}}$	$\hat{p}$
[0,2)	0.26	0.20	0.18	0.15	0.15	0.13
[2,3)	0.13	0.12	0.09	0.09	0.08	0.07
[3,7)	0.07	0.07	0.05	0.05	0.05	0.04
[7,14)	0.13	0.12	0.10	0.10	0.08	0.08
[14,24)	0.27	0.21	0.22	0.17	0.17	0.14
	乘积效应					
			$e^{\hat{\beta}}$		$e^{\hat{\beta}}$	
女性			1.05		1.05	
女性百分比			0.93 *		0.95 *	
非裔			1.15		1.06	
西班牙裔			0.84		0.79 *	
亚裔			1.23 *		1.11 *	
已婚			0.86 *		0.84 *	
GRE/100			1.05 *		1.05 *	
$\hat{\sigma}_u^2$	—		—		0.15 *	
log L	–9857.4		–9786.7		–9638.4	
n（人年）	28432		28432		28432	
df	5		12		13	

* 效应统计显著，$p \leqslant 0.05$。

这一方式，我们不是针对某一时间区间与基线时间区间之间的差异建模，而是使用 J 个虚拟变量对这些差异进行饱和估计。我们把截距转换成概率尺度以获得基线风险。时期别比数和概率具有前面介绍的生命表的一般形式。为了估计这个模型，我们需要定义一组虚拟变量，D_{i1}，$\cdots$，D_{i5}，分别对应于各个时间区间，并使用以下模型设定：

$$\text{logit}(p_{ij}) = \alpha_1 D_{i1} + \alpha_2 D_{i2} + \alpha_3 D_{i3} + \alpha_4 D_{i4} + \alpha_5 D_{i5} + \mathbf{x}'_{ij}\boldsymbol{\beta}$$

考虑时变效应（time-varying effects）也很简单，只需引入协变量与各时间区间虚拟变量之间的交互项即可。然而，初步的模型结果显示，没有证据表明本例中各预测变量的效应呈现非比例性。模型 1 为基线模型（或零模型），显示的是不同时间未调整的（或边际的）退学风险。估计的风险值与生命表中所描述的情况相吻合。模型 2 引入了一组不随时间变化（time-invariant）的预测变量。这些效应可以在常规意义上被解释为对退学比数的乘积效应。例如，我们发现亚裔的退学比数在任意年份都要比白人高大约 24%，同时，研究生入学考试（GRE）成绩每增加 100 分，退学比数就提高 6%。较低的退学比数与专业中女性的百分比以及已婚状态相关。

6.3.12　引入随机效应

我们可以将第 5 章介绍的多层技术应用到离散时间风险模型中。本例数据约含有 60 个研究生学位项目。我们有理由预期某特定研究生项目的独特特征（即社会/学术领域）可能会影响个体退出该项目的比数。很可惜，我们缺少有关这些属性的测量，但是我们可以在模型 3 中对它们加以考虑，即对影响退学的未观测到的项目别（program-specific）（层–2）因素增加一个正态随机效应（normal random effect）。这个效应被假设为不随时间而变化。但是，通过估计出对应着每一时间区间的独立随机效应，它可以被允许有所不同。因此，我们不再对所有时间区间仅估计一个单一的随机效应方差（single random-effect variance），而是对每一时间区间都估计一个层–2 方差。估计一个这样的随机系数模型——涉及 28000 多条人–记录（person-record）——可能非常具有挑战性，哪怕是采用像 Stata 的 gllamm 这样的专门软件。[①]

[①] Stata 最近已经开发出了处理多层二分类数据和计数数据的程序。这些程序因为适合于一些具体模型，所以它们要比具有更一般目的的 gllamm 程序更快。

模型 3 是用 Stata（xtlogit）估计的，包含一个随机截距。用 Stata 的混合效应逻辑斯蒂回归程序（xtmelogit）也可以得到相同的结果。我们发现，由 $\hat{\sigma}_u^2$ 反映的退学倾向存在中等程度的项目间变异（between-program variability）。考虑层 – 2 未观测到的异质性对固定效应的估计值改变不大。但是，固定效应的解释现在却取决于未被测量的项目别特征。如前所述，还能引入更多的随机系数，从而得到更为复杂的多层模型。

6.4 连续时间模型

前一节所介绍的基本思想可以应用于连续时间上发生的事件。然而，离散时间和连续时间风险模型之间还是有概念上的差别。相比于离散时间方法中的情形，连续时间方法需要对时间分布的统计方面做更进一步的考虑。离散时间模型属于非参数模型，对生存时间的分布不做具体的假定。允许基线风险的成分随时间区间变动，这就使得风险率的时间依赖可以是任何形式的。相比之下，对于参数的连续时间风险模型，我们需要对生存时间设定一个分布。[①] 这通常要求我们对不同时间的风险行为有所了解，这些信息可以通过查看生命表获得，但通常是无法事先获知的。

参数模型有许多种，每种又有不同的变体。Blossfeld 和 Rohwer（2004）对参数模型有过详尽的介绍。尽管这些模型在基线风险的参数化方面提供了可观的简约性，以及参数模型设定无误情况下更有效的估计值，但是，我们这里所关注的是那些几乎不用先验假定（prior assumption）就可以容纳不同风险形态的富于灵活性的模型。我们从讨论指数模型开始，该模型假定一个恒定风险，但很容易就能扩展为一个分段式恒定指数模型（piecewise constant exponential model），从而允许基线风险的成分随时间区间变化。当基线风险成分的数量增加时，分段式恒定指数模型基本上就变成非参数的了。然后，我们将讨论社会科学研究中用得最广的风险模型——Cox（1972）比例风险模型。

6.4.1 连续时间模型的统计概念

我们首先来看一个表示生存时间的连续随机变量，记为 T（$T \geq 0$），这里，t

---

① 参数连续时间风险率模型属于这种情况。半参数模型对生存时间的分布不做任何假定。

为 T 的体现。令 $f(t)$ 和 $F(t)$ 分别表示 T 的概率密度函数（pdf）和累积概率函数（cdf）。则 cdf 被定义为：

$$F(t) = \Pr(T \leq t) = \int_0^t f(u)\,\mathrm{d}u \tag{6.17}$$

生存函数被定义为：

$$S(t) = \Pr(T > t) = \int_t^\infty f(u)\,\mathrm{d}u = 1 - F(t) \tag{6.18}$$

连续时间风险率、转换率或失败率的定义为：在事件至时间 t 尚未发生的条件下，该事件在 $[t, t + \Delta t]$ 区间内发生的瞬时概率（instantaneous probability）。[①]
更正式地，风险率是一个条件概率（或转换概率）的极限，

$$h(t) = \lim_{\substack{\Delta t \to 0 \\ \Delta t > 0}} \frac{1}{\Delta t} \Pr[t \leq T < t + \Delta t \mid T \geq t] \tag{6.19}$$

公式 6.19 可由条件概率的定义推导出来。在 t 到 $t + \Delta t$ 的极小区间内，

$$\begin{aligned} f(t)\Delta t &= \Pr(t \leq T < t + \Delta t) \\ &= \Pr(T > t)\Pr(t \leq T < t + \Delta t \mid T > t) \\ &= S(t)h(t)\Delta t \end{aligned} \tag{6.20}$$

或者

$$f(t) = S(t)h(t)$$

风险可以估计，但不能直接被观测到，因为它们是概率函数的比值。当 T 为连续的时，$h(t)$ 可能会大于 1，不像在离散情况下，$h(t)$ 被限定落在 $[0, 1]$ 区间内。

另外一个有意义的量是累积的或积分的（integrated）风险函数。它表达的是至时间 t 为止的累积风险，在模型估计以及诊断检查的时候常常很有用。

$$H(t) = \int_0^t h(u)\,\mathrm{d}u = -\log S(t) \tag{6.21}$$

6.4.2 举例：指数模型

下面这个例子可以帮助我们理解一个简单的参数模型。设想我们想要用回顾

---

① 在这一部分，比率(rate)、风险(hazard)、风险率(hazard rate)和风险函数(hazard function)这几个术语可以交替使用。

性调查数据来比较两个学位项目的完成率。假定学生进入两个项目中的一个——项目 1 或项目 2。表 6 – 6 显示了学生完成项目所用的月数，以及一个标明该学生是否已经毕业的二分类变量。未能完成项目的理由可能包括主动退学或在观察期内没能从该项目成功毕业。这些个体完成项目前的右删失等待时间用 " + " 表示。如同在离散时间模型里的情况一样，因为我们只知道个体直到上次被观测的时间为止处于风险中的时间，所以右删失时间也包括未观测到的数据或缺失数据。我们进一步假定导致删失的过程和导致事件发生的过程彼此间相互独立。

表 6 – 6 项目完成之前的等待时间

项目	项目完成所用月数					
1	12	24 +	6	13 +	16	24 +
2	5	18	20 +	8	10	17 +

T 的最简单的参数分布是指数分布。如果毕业的时间服从一个密度函数为 $f(t) = \lambda \exp(-\lambda t)$ 的指数分布，则生存函数的表达式为 $S(t) = \exp(-\lambda t)$，而风险率可以表示为一个比值 $h(t) = f(t)/S(t) = \lambda$，这意味着一个不随时间变化的恒定风险。我们暂时忽略学位项目的可能影响，推导出项目完成的整体风险（overall hazard）的最大似然估计值。

最大似然法或迭代再加权最小二乘法（iteratively reweighted least squares）通常会被用来估计多元模型的参数。对于最大似然估计，我们考虑当 t 为事件时间时（即 t 被观测到）和当 t 代表一个删失时间（即 t 为缺失）时，个体对似然函数的贡献。定义一个表示事件/删失的标识（indicator）d_i，若 t 是事件时间，则 $d_i = 1$，若 t 是右删失的，则 $d_i = 0$，个体 i 对似然值的贡献为下述表达式之一：

$$L_i = \begin{cases} f(t) = \lambda \exp(-t_i \lambda) & \text{如果 } d_i = 1 \\ S(t) = \exp(-t_i \lambda) & \text{如果 } d_i = 0 \end{cases} \qquad (6.22)$$

将之与事件/删失的标识合并，并取对数，我们得到一个更简单的描述个体 i 对对数似然函数的贡献的表达式：

$$\log L_i = d_i \log \lambda - t_i \lambda \qquad (6.23)$$

样本对数似然值是个体贡献的和

$$\log L = \sum_{i=1}^{n} \log L_i = \sum_{i=1}^{n} (d_i \log \lambda - t_i \lambda) \qquad (6.24)$$

将对数似然值最大化，得到一个最大似然估计值，也就是事件 (D) 的总数除以总暴露时间 (R)。

$$\hat{\lambda} = \frac{\sum d_i}{\sum t_i} = \frac{D}{R} = \frac{7}{173} = 0.0405$$

这个最大似然估计值 $\hat{\lambda}$ 是一个"中心比率"（central rate），意味着每 100 个月有 4 个学生完成项目。$\hat{\lambda}$ 的估计方差是

$$\text{Var}(\hat{\lambda}) = \frac{\hat{\lambda}}{\sum t_i} = \frac{\hat{\lambda}}{R} = 0.0002$$

在大样本中（即渐近地），该信息可以用来对 λ 建构一个 95% 的置信区间。在本例中，该区间为 $[0.01, 0.07]$。

在不损失任何信息的情况下，这些数据可以整理成如表 6 – 7 中的发生数 – 暴露量矩阵（occurrence-exposure matrix）的形式。由于所有被访者都被假定具有同样的潜在风险，且不随时间变化，所以，这些被访者可以被汇总（或分组）。令 D_j $(j = 1, 2)$ 表示从每一项目毕业的总人数。类似地，令 R_j 表示每一项目中处于风险中的人 – 月数。经验风险率（empirical hazard rates）可由 $\hat{\lambda}_j = D_j/R_j$ $(j = 1, 2)$ 计算得到，据此，项目 1 估计的毕业率为 $\hat{\lambda}_1 = 0.0316$，项目 2 估计的毕业率为 $\hat{\lambda}_2 = 0.0513$。

表 6 – 7　表 6 – 6 所含数据的发生数 – 暴露量矩阵

	项目 1	项目 2
发生数 (D_j)	3	4
暴露量 (R_j)	95	78

6.4.3　多元模型

更一般地，个体 i 的风险率可能取决于一组自变量 $\mathbf{x}_i$ 和一组未知参数 $\boldsymbol{\beta}$。使用标准的指引函数（index-function）的标示符号，风险率可以写为：[①]

$$h(t_i) = h_0(t) \exp(\mathbf{x}_i' \boldsymbol{\beta}) \tag{6.25}$$

---

① 风险函数的这一形式保证估计的比率总是为正。

该模型的协变量部分是基线风险 $h_0(t)$ 的一个乘数，以 $\exp(\mathbf{x}_i'\boldsymbol{\beta})$ 这一量改变着基线风险。量 $\exp(\mathbf{x}_i'\boldsymbol{\beta})$ 常常被定义为风险得分（risk score）（Singer & Willett，2003），并被用来比较个体的估计风险和基线风险。因此，风险可以分解为两部分：一部分由时间决定，另一部分由协变量决定。这一可分解性（decomposability）是 Cox PH 模型的核心，也是所有 PH 模型的共同潜在假定。乘积效应 $\exp(\beta)$ 被定义为风险比（risk ratios）或风险率比（hazard ratios），表示风险随着 x 的变化而被成比例地加以调整。

标准指数模型是少数 PH 模型中的一种。在指数模型中，每一个体的风险函数都是一个恒定的风险，这可以通过将不随时间变化的基线风险乘上协变量某一组合的指数函数的方式加以参数化。由此可以推出，两个具有预测变量不同取值的人的风险比是恒定的。更一般地，比例风险意味着两个具有协变量不同取值的人在任意时间 t 的风险函数的比是恒定的。例如，令 x_1 和 x_2 分别为对应于两个个体的 x 的取值。我们可以把此二人的风险函数记为 $h_1(t)$ 和 $h_2(t)$。风险比则为：

$$\frac{h_1(t)}{h_2(t)} = \frac{h_0\exp(\beta x_1)}{h_0\exp(\beta x_2)} = \frac{\exp(\beta x_1)}{\exp(\beta x_2)} = \exp\{\beta(x_1 - x_2)\}$$

据此，我们可以得到一个方便的解释：两人在任意时间 t 的风险函数都是成比例的（即乘以 β）。比例性在参数模型中就不再适用了，因为参数模型允许时间依赖之间的交互，这意味着两人风险函数的比会随时间变化。

因为指数模型的基线风险不随时间变化，所以只需在个体 i 的协变量向量 $\mathbf{x}_i$ 里增加一个 "1" 就可以将它吸收进截距中。这个模型可以用对数风险形式更简单加以表达：

$$\log h(t_i) = \mathbf{x}_i'\boldsymbol{\beta}$$

使用这一对数线性参数化，协变量对对数风险具有加合（additive）影响。[1]

---

[1]　应当注意，有些软件用 log t 而非对数风险来估计加速失败时间模型（accelerated failure time models）。加速失败时间指数模型可被写为 log $t_i = \mathbf{x}_i'\boldsymbol{\beta} + \varepsilon_i$，其中，$\varepsilon$ 服从极值分布（extreme-value distribution）。在这一设定中，协变量的作用为延长或缩短距事件发生（或失败）的时间。所以，一个使风险增加的协变量会缩短事件发生的等待时间。因此，加速失败时间模型的估计协变量效应具有与风险率模型的估计值相反的符号。

6.4.4 估计

指数模型的似然函数可记作：

$$L = \prod_{i=1}^{n} \exp(\mathbf{x}_i' \boldsymbol{\beta})^{d_i} \exp\{- t_i \exp(\mathbf{x}_i' \boldsymbol{\beta})\} \tag{6.26}$$

当自变量为分类变量（或能够被当作此类变量处理）时，可以将数据分组成表 6 - 13 中的形式。分组意味着假定表中的单元格内部具有同质性，但允许风险率在单元格之间存在差异（即组间差异）。对于一个包含 J 个单元格的列联表，数据似然值可以用单元格别（cell-specific）发生数（D_j）和暴露量（R_j）（$j = 1，\cdots，J$）的形式表示为：

$$L = \prod_{j=1}^{J} \exp(\mathbf{x}_j' \boldsymbol{\beta})^{D_j} \exp\{- R_j \exp(\mathbf{x}_j' \boldsymbol{\beta})\} \tag{6.27}$$

这里，$\mathbf{x}_j$ 表示对应于表中第 j 个单元格的因素的集合。

将数据整理成发生数/暴露量矩阵的形式，为分析大规模数据提供了一个可行的途径。例如，普查数据中以百万计的个体观测以及大规模生活史调查（life-history survey）都可被归纳为一张表格，其大小仅取决于拟被加以建模的分类预测变量的个数。

6.4.5 使用泊松回归估计比率模型

Holford（1980）以及 Laird 和 Oliver（1981）给出了一个一般性的估计方法，它既适用于分组数据，也适用于未分组数据，该方法利用了事件时间模型和计数模型的分布函数之间的相似性。事件史分析中可以存在若干个因变量：时间（T）、在 t 时或之后的事件发生，以及在一个固定时期内的事件数。分析可以采用几种彼此相关的方法实现。

如果事件随时间重复发生，且事件之间间隔的时间是均值为 $E(T) = 1/\lambda$ 的独立指数变量〔即一个时间同质（time-homogeneous）的泊松过程〕，则在一个长度为 t 的时间区间内发生 d 个事件的概率由泊松概率函数给出：

$$\Pr(d \mid \lambda, t) = \frac{(t\lambda)^d \exp(- t\lambda)}{d!} \tag{6.28}$$

在时间区间 t 内的平均事件数为 $\mu = t\lambda$。对于一个规模为 n 的样本，我们可以将条件平均计数（conditional mean count）看作若干自变量的函数进行建模，因此，对于个体 i，在时间区间 t 内的期望事件数为：

$$\mu_i = t_i\lambda_i = t_i\exp(\mathbf{x}_i'\boldsymbol{\beta})$$

似然值为公式 6.28 中各泊松概率的乘积，且与下式成比例：

$$L = \prod_{i=1}^{n}(t_i\lambda_i)^{d_i}\exp(-t_i\lambda_i) \tag{6.29}$$

为了说明泊松回归和指数比率模型（exponential rate model）之间的等价性，注意，公式 6.26 中的指数似然值也可以写成：

$$
\begin{aligned}
L &= \prod_{i=1}^{n}(t_i\lambda_i)^{d_i}\exp(-t_i\lambda_i)\Big/\prod_{i=1}^{n}t_i^{d_i}\\
&= \prod_{i=1}^{n}\{t_i\exp(\mathbf{x}_i\boldsymbol{\beta})\}^{d_i}\exp\{-t_i\exp(\mathbf{x}_i\boldsymbol{\beta})\}\Big/\prod_{i=1}^{n}t_i^{d_i}
\end{aligned}
\tag{6.30}
$$

该式分母中的项不取决于未知参数，所以，为了估计 $\boldsymbol{\beta}$，可以将其忽略。如此一来，指数比率模型的似然值便被分解成一个与泊松似然值成比例的表达式。[1] 因此，使公式 6.29 最大化会得到与使公式 6.26 最大化相同的最大似然估计值。[2] 这意味着指数风险率模型可以使用针对计数的泊松回归模型进行估计——尽管我们用的是仅观测到一个事件或删失标识的个人层次数据。对泊松均值（$\mu_i = t_i\lambda_i$）取对数，我们得到如下的对数线性回归模型：

$$
\begin{aligned}
\log\mu_i &= \log t_i + \log\lambda_i\\
&= \log t_i + \mathbf{x}_i'\boldsymbol{\beta}
\end{aligned}
\tag{6.31}
$$

该模型中的 $\log t_i$ 项具有固定的系数 1，并被称为补偿位移（offset）。该模型可用于个人层次的数据，i 指个体，t_i 指事件或删失时间；也可用于分组数据，i 指列联表中的一个单元格，t_i 指该单元格的暴露时间。因此，为了使用泊松回归软件拟合一个比率模型，我们会使用二分类因变量 d_i，同时纳入暴露量的对数作为补偿位移项。

---

① 要使这种统计关系成立，事件必须与比率为 λ_i 的 n 个独立的、时间同质的泊松过程相对应。在一个长度为 t 的时间区间内，第 i 个过程的事件数服从均值为 $t_i\lambda_i$ 的泊松分布。注意，所观测到的事件数（d_i）不是一个计数变量，而是被编码成一个二分类变量。这就等价于对第 i 个观察对象的观测一直持续到事件首次发生或者已经过了某一固定时间 t_i 但仍未发生事件。请参见 Barlow 和 Proschan（1975：64）对泊松模型和指数比率模型之间关系的讨论。

② 公式 6.28 的分母中的 $d!$ 不取决于未知参数，所以估计 $\boldsymbol{\beta}$ 时将其略去也无妨。

6.4.6 IRLS 估计

指数风险率模型可以当作一般化线性模型用标准软件进行估计。最大似然法（ML）或迭代再加权最小二乘法（IRLS）将给出相同的参数估计值。令 $\eta_i = \sum_{k=1}^{K} \beta_k x_{ik} = \mathbf{x}_i' \boldsymbol{\beta}$ 代表一般化线性模型的线性结构部分，然后将迭代再加权最小二乘法应用于

$$\hat{z}_i = \hat{\eta}_i + \frac{(d_i - \hat{\mu}_i)}{\hat{\mu}_i} \tag{6.32}$$

这里，$\hat{\mu}_i = t_i \exp(\hat{\eta}_i)$，模型权重为 $\hat{W}_i = \hat{\mu}_i$。现在将 IRLS 技术应用于表 6-12（或表 6-13）中的数据，$x_i = 1$ 表示项目 2，0 表示项目 1，得到下列估计值（标准误）：$\hat{\beta}_0 = -3.456$（0.577）和 $\hat{\beta}_1 = 0.485$（0.764）。因此，根据这些数据，我们并没有找到存在项目效应（track effect）的证据。

6.4.7 使用分组数据的例子

我们现在介绍如何通过标准对数线性模型，将对数线性模型有效地应用到发生数–暴露量数据。表 6-8 显示了 1995~1998 年出生在美国的 5600000 非西班牙裔白人和黑人中的婴儿死亡数，以及死亡发生的年龄区间。事件数和暴露量根据低出生体重（<2500 克）和早产（怀孕时间 <37 周，或怀孕年龄）进行交互分类，单元格内的暴露量单位为人–天（person-days）。这些数据又根据死亡年龄进一步交互分类，从而得出死亡发生在出生第一天、第一天至第一周末、第一周后至第一个月和第一个月之后等各时段的风险差异，以及各个风险因素可能的不同影响。

我们可以想象对此例进行个体层次数据分析的成本。即使使用一个基于更加连续的出生测量的交互分类（即出生体重以 500 克为单位，怀孕期以两周为间隔进行测量），或者增加一些分类预测变量，我们也都将得到一个表格数据结构，这就比使用个人层次数据建模要更有效得多。

我们拟合若干模型来估计年龄（A）、黑人（B）、低出生体重或 "小"（S），以及早产或 "早"（E）的效应。我们把数据处理成表 6-8 那样的 $I \times J \times K \times L$ 列联表。沿用第 4 章的标示符号，我们将该数据的饱和对数线性模型表示为一个四维交互模型：

$$\log\left(\frac{D_{ijkl}}{R_{ijkl}}\right) = \mu_{ijkl}^{ABSE}$$

$$\log D_{ijkl} = \log R_{ijkl} + \mu_{ijkl}^{ABSE}$$

(6.33)

这里，$\log R_{ijkl}$ 为补偿位移项，其系数已知为 1。

表 6 – 8　美国按照年龄、种族和出生结果进行分类的婴儿死亡数
（暴露量，以天为单位）——1995～1998 年

年龄区间	出 生 体 重			
	≥2500 克		<2500 克	
	孕　　期			
	>37 周	≤37 周	>37 周	≤37 周
白人				
[0, 1)	688 (4065327)	355 (102821)	203 (213132)	2989 (131287)
[1, 7)	1040 (24384682)	328 (613812)	175 (1277025)	1187 (76842)
[7, 28)	1236 (85321029)	298 (2141379)	168 (4465858)	1150 (2655278)
[28, 365)	4925 (1371907394)	795 (34222991)	466 (71741707)	1392 (42223842)
黑人				
[0, 1)	195 (882791)	121 (53366)	55 (92490)	1622 (82337)
[1, 7)	272 (5294814)	96 (319158)	52 (554450)	703 (481923)
[7, 28)	387 (18525001)	95 (1114948)	73 (1939200)	830 (1670042)
[28, 365)	2156 (297592348)	413 (17832826)	342 (31117951)	1345 (26430651)

我们对该模型的各效应采用虚拟变量编码。用对中效应（ANOVA）编码的不同的参数标准化方法允许对效应做替代性的解释。因为对中效应编码将一个分类变量的不同"水平"（levels）的效应之和限定为零，我们可以估计某特定类别的风险偏离"平均"（average）风险的程度。

我们的首要目标是要考察各风险因素的年龄依赖（age-dependence）以及这

些效应的种族差异。从允许黑人和白人的风险随年龄变化的基线模型开始，我们对若干对数线性模型进行评价。其余各模型（2～6）为一系列嵌套模型，开始于一个三维交互模型，终止于一个 PH 模型，该模型假定风险会随时间变化，同时种族和出生结果对该风险的影响是成比例的。

因为样本量很大，所以使用 BIC 作为模型选择的标准。在此例中，最优模型为模型 5，它含有年龄和种族(AB)、年龄和低出生体重(AS)、年龄和早产(AE)之间的二维交互作用，以及种族和低出生体重(BS)、低出生体重和早产(SE)之间的二维交互作用，或表示为：

$$\log D_{ijkl} = \log R_{ijkl} + \mu_{ij}^{AB} + \mu_{ik}^{AS} + \mu_{il}^{AE} + \mu_{jk}^{BS} + \mu_{kl}^{SE} \tag{6.34}$$

该公式能够很容易被改写，使其因变量变成对数形式的死亡率 $\log(D/R)$。

我们使用第 4 章中用于对数线性模型的惯用标示符号，这里，凡出现高阶交互效应，就意味着同时也存在所有低阶交互项。就拟合观测数据而言，表 6 – 9 中的拟合统计量表明非比例风险模型要优于为大多数死亡研究所采用的标准 PH 模型。我们进一步比较模型 5 下的观测比率和拟合比率，结果（此处未给出）显示，该模型对黑人死亡率的拟合稍差一点。[1]

表 6 – 9　婴儿死亡数据的模型及其拟合统计量

模型	项[a]	偏差	BIC	自由度
1	(AB)	48207.93	48332.26	8
2	(ABS)(ABE)(ASE)	115.05	550.24	29
3	(ABS)(ASE)	131.48	504.50	25
4	(ABS)(AE)(SE)	163.27	474.12	21
5	(AB)(AS)(BS)(AE)(SE)	170.18	449.95	19
6	(A)(B)(S)(E)	5700.71	5809.51	8

[a] 括号中的各项指的是主效应、二维和三维交互项。

表 6 – 10 显示了模型 1 和模型 5 两个等价模型的基线风险和风险比的估计值，它们涉及两种可相互替代的参数化方法。模型 1a 和模型 5a 非常清晰地表明

---

[1]　实际上，大多数有关这一主题的研究都使用标准 logit 模型来研究年度婴儿死亡率，而不考虑变动的风险，也不考虑出生结果的效应在第一年内的变化。参见 Powers、Frisbie、Hummer、Pullum 和 Solis（2006）有关变动的出生结果效应的例子。

了各效应的时间依赖性质。模型 1b 和 5b 提供了某一特定类别相对于基线类别的风险常规参数化方法。所有效应都在 0.05 水平上统计显著。

表 6 – 10　美国婴儿死亡的基线风险与风险比（1995～1998 年）

	模型 1		模型 5	
	1a	1b	5a	5b
截距	—	0.000938	—	0.000168
[0，1)	0.000938	1[a]	0.000168	1[a]
[1，7)	0.000101	0.108	0.000043	0.257
[7，28)	0.000030	0.032	0.000014	0.085
[28，365)	0.000005	0.005	0.000004	0.022
黑人	—	1.911	—	1.142
黑人 × [0，1)	1.911	1[a]	1.142	1[a]
黑人 × [1，7)	1.673	0.875	1.153	1.010
黑人 × [7，28)	1.976	1.034	1.399	1.225
黑人 × [28，365)	2.289	1.197	1.938	1.697
小			—	20.585
小 × [0，1)			20.585	1[a]
小 × [1，7)			11.160	0.542
小 × [7，28)			9.288	0.451
小 × [28，365)			5.196	0.252
黑人 × 小			0.731	0.731
早			—	5.438
早 × [0，1)			5.438	1[a]
早 × [1，7)			2.753	0.506
早 × [7，28)			2.758	0.507
早 × [28，365)			1.516	0.279
小 × 早			1.220	1.220

[a] 参考类别效应没有被估计。

模型 1 提供了一个供比较的种族别（race-specific）基线。我们清楚地发现死亡率在第一天之后明显下降，黑人死亡率在不同年龄区间比白人死亡率高 1.67～2.29 倍。通常认为，较高的出生后死亡率（postneonatal rates）（第 28～365 天）反映外生原因（exogenous causes）而非出生结果本身。模型 5 为此提供了一定的支持，因为在控制出生结果的情况下，黑人婴儿死亡风险最大幅度的下降发生在新生儿期（neonatal period）（即第 1～28 天）。这个结果，部分地是由于低出生体重黑人婴儿的相对生存优势造成的，这由 *BS* 交互项体现出来，另外，也由于低出生体重的影响在出生后逐渐消退。总的来说，出生结果的效应随时间减弱，相比于第一个年龄区间，以后各阶段的效应要小 46% ~ 73%。

6.5　半参数比率模型

到目前为止，我们已经介绍了简单双状态（或单一事件）模型，这时，所有个体都从共同初始状态开始，并都处于向另一种共同终点状态转换的风险中。状态变量此时为一个二分变量，如果转换发生，则编码为 1，否则为 0。这些模型可以扩展到竞争风险（competing-risk）和多状态模型。事件史的基本形式包含有关从共同初始状态向特定终点状态单次转换的信息。数据应该包括某一初始时间点所处的状态、在该状态的持续期以及一个是否进入终点状态（或退出初始状态）的标识。Blossfeld 和 Rohwer（2004）提出了表 6 - 11 所示的事件史数据的概念格式。

表 6 - 11　事件史数据的概念格式

观测码	开始时间	开始状态	结束时间	结束状态	x - 变量
（*ID*）	（*ST*）	（*SS*）	（*FT*）	（*FS*）	（*x*）

开始时间（starting time，记作 *ST*）是指一个具有向某一状态转换风险的时段（episode）的开始。开始状态（starting state，记作 *SS*）为一个时段开始时的状态。结束时间（ending time，记作 *FT*）指事件发生的时间或删失的时间。假定 *x* 变量在该期间内保持不变。一个转换（事件）的发生意味着状态上发生了变化，而没有变化时则意味着发生了删失（即终点状态 = 初始状态）。结束状态变量(*FS*)被用来反映状态上的这一转换或退出初始状态。这种数据组织方式为我们处理多次转换（多状态和竞争风险模型）、整合随时间变化自变量的时段别（episode-specific）取值以及允许风险随时间变化提供了很大的灵活性。

我们将讨论两个用于对涉及单一事件的简单转换进行研究的灵活模型，分段式恒定指数模型（piecewise constant exponential model）和 Cox（1972）的 PH 模型。尽管我们并没有使用这个称谓，但前面我们用于分组死亡数据的风险率模型实际上就是一个分段式恒定风险模型。该模型很容易扩展到个人层次数据，从而容纳随时间变化的自变量以及允许非比例效应。分段式恒定指数模型属于半参数模型，它假定在规定时间区间内存在一个指数风险，但却允许风险函数以一种非参数的形式随时间区间变化。我们还会考察 Cox PH 模型，它也属于半参数模型，但却有一些完全不同于迄今为止讨论过的模型性质。

6.5.1　分段式恒定指数模型

分段式恒定指数模型是对前面曾介绍过的基本指数等待时间（或失败时间）模型的一个细化。该模型的分组数据形式能够从个人层次数据模型推导出来，并用前面介绍过的对数线性模型技术进行估计。将基本指数模型如此加以扩展的根本理由是为了考虑风险的持续期依赖（duration-dependence）或时间依赖（time dependency），以及考虑如同我们在早先例子里所涉及的非比例风险。

指数风险模型的一个可能缺点是关于风险不随时间变化的假定。该假定对于某些现象也许还算合理，但是许多社会和物理过程并不服从这一简单规则；递增、递减或非单调的（nonmonotonic）风险是很常见的。为了处理事件史建模的这个问题，研究者提出了各种各样的参数模型。[①]

我们推荐分段式恒定指数模型作为参数模型和处理一般意义上的时间依赖的一种简单替代。在这种方法中，研究者通过预先指定时段（episode）的数量和长度来建构时段数据，并假定在给定时段中经历事件的个体的风险保持恒定，于是，风险便随着不同的时段而增减。采用这一方式，时间就被分解为一套子时段，或时间区间（time-intervals），个体有可能在不同时段面临不同的风险，这取决于他们的事件所发生的时段。

Holford（1980）、Laird 和 Oliver（1981）以及其他学者一直提倡该方法。要想考察时间 - 协变量交互效应，只需引入交互项便可以了。幸运的是，这并不要求专门的方法或软件，前面介绍的标准指数模型所用的方法和软件就够了。此外，该模型还可以保留和检验简便的比例性假设。然而，像离散时间模型一样，个人层次数据必须整理成合适的事件取向（event-oriented）或分时段（split-episode）格式，下面我们就对此模型予以介绍。

6.5.2　分段式恒定指数模型的数据结构

考虑表 6 - 1 中的数据。假设我们想知道毕业率是否随着在项目中度过的时

---

① Blossfeld 等（1989）、Heckman 和 Singer（1984）以及 Tuma 和 Hannan（1984）更详细地讨论过这些模型以及对等待时间的分布做出不正确假定将导致的问题。

间而变化。为便于说明，我们定义两个风险时间段——一个表示事件发生在 0 到 12 个月这一区间，另一个表示事件发生在第 12 个月之后。更一般地，我们界定 $q+1$ 个时间区间，$[c_0, c_1)$，$[c_1, c_2)$，$\cdots$，$[c_{q-1}, c_q)$，$[c_q, c_{q+1})$，其中，$c_0 = 0$，$c_{q+1} = \infty$。这些区间界定了持续期变量（duration variable）T 的分界点，从而达到划分每一个个体的时段（episode）的目的。在这个例子中，我们令 $c_1 = 12$ 和 $c_2 = \infty$ 来界定两个时间区间的结束点。省略个人层次的下标，两段风险基于这些分界点就可以定义如下：

$$h_j = \begin{cases} h_1 & \text{对于 } 0 < t \leqslant c_1 \\ h_2 & \text{对于 } c_1 < t \leqslant \infty \end{cases} \tag{6.35}$$

显然，我们不难将之扩展到多于两个时间区间的情况。

$$h_j = \begin{cases} h_1 & \text{对于 } 0 < t \leqslant c_1 \\ h_2 & \text{对于 } c_1 < t \leqslant c_2 \\ \vdots & \\ h_q & \text{对于 } c_{q-1} < t \leqslant c_q \\ h_{q+1} & \text{对于 } c_q < t \leqslant c_{q+1} \end{cases} \tag{6.36}$$

我们定义一个虚拟变量，假如在 0 到 12 个月之间完成学业，则 $d_1 = 1$，否则为 0。类似地，假如毕业发生在第 12 个月之后，则令 $d_2 = 1$，否则为 0。用持续期变量及其分界点来表示，则有：

$$d_j = \begin{cases} 1 & \text{如果 } c_{j-1} < t \leqslant c_j（\text{事件发生在区间内}）\\ 0 & \text{其他（在区间内删失）} \end{cases} \tag{6.37}$$

如果个体在 0 到 12 个月区间经历了事件，则事件时间为 t。此期间中的右删失观测的删失时间为 12 个月。如果个体在第二个时间区间经历了事件，他/她的结束时间就等于所有暴露在风险中的时间，即第一个时间区间（12 个月）加上第二个时间区间内的部分（$t-12$）。那些被右删失的观测也积累了第一个时间区间 12 个月和第二个时间区间（$t-12$）个月的暴露量。我们以一个更一般的方式将第 j 个时间区间内的暴露量（r_j）定义为：

$$r_j = \begin{cases} 0 & \text{对于 } t < c_{j-1} \\ t - c_{j-1} & \text{对于 } c_{j-1} < t \leqslant c_j \\ c_j - c_{j-1} & \text{对于 } t < c_j \end{cases}$$

现在，对数似然值就可以利用这些成分写成：

$$\log L = \sum_{i=1}^{n} \sum_{j=1}^{q+1} d_{ij} \log h_{ij} - \sum_{i=1}^{n} \sum_{j=1}^{q+1} r_{ij} h_{ij} \qquad (6.38)$$

这一表达式可以理解为 $q+1$ 个独立的对数似然值的和——每个时间区间对应一个对数似然值。这就意味着，个体 i 的每一个风险时段都可以被处理成标准对数线性（即泊松回归）模型中的一个单独的伪（pseudo）观测。

表 6－12 显示了如何利用有关每一个时间区间的状态 d_j 以及开始和结束时间的信息，将数据整理成一个事件取向（或分时段）的数据文件。[①] 每一个时间区间的开始时间由分界点 c_{j-1} 给出。结束时间可以是事件时间或删失时间。令 $c_j^* = \min(t, c_j)$（即 t 和 c_j 中的更小者）。由于有共同的初始状态，所以只需记录最后或结束状态即可。

表 6－12 分时段事件史数据格式

案例	项目 1			案例	项目 2		
	c_{j-1}	c_j^*	d_j		c_{j-1}	c_j^*	d_j
1	0	12	1	7	0	5	1
2	0	12	0	8	0	12	0
2	12	24	0	8	12	18	1
3	0	6	1	9	0	12	0
4	0	12	0	9	12	20	0
4	12	13	0	10	0	8	1
5	0	12	0	11	0	10	1
5	12	16	1	12	0	12	0
6	0	12	0	12	12	17	0
6	12	24	0				

使用这一数据格式，我们能够将持续期（暴露量）定义为 $r_j = c_j^* - c_{j-1}$。就是说，我们用持续期 r_j 定义了一个开始时间为 c_{j-1}、结束时间为 c_j^* 的时段。事件/删失标识变量 d_j 是一个包含补偿位移项 $\log r_j$ 的泊松回归的因变量。在不失一般性的情况下，我们可以允许个体 i 在时间区间 j 的风险率取决于固定和随时间变化的协变量。更一般地，我们可以允许协变量和协变量的效应随时段而不同

$$h_{ij} = \exp(\alpha_j + \mathbf{x}'_{ij} \boldsymbol{\beta}_j) \qquad (6.39)$$

① Stata 的 xtsplit、R 的 survSplit，以及 TDA 的 split 命令都可用作时段分界的工具。

这意味着协变部分 $\mathbf{x}'_{ij}\boldsymbol{\beta}_j$ 只能在与暴露量 r_j 相同的层次进行参数化。这通常意味着会比在其他情况下更加粗糙。

如果协变量为分类变量，使用分组数据可能会更方便一些，这里，事件（d_j）和持续期时段（r_j）在列联表的单元格里被累积起来。通过将事件和暴露量进行汇总，表 6 – 13 将表 6 – 12 中的数据以一种等价的形式呈现出来。在这种情况下，可以用一个针对计数（D_i）的对数线性模型以暴露量的对数（$\log R_i$）作为补偿位移项来拟合该分组数据。使用时段取向的个人层次数据能得到同样的结果。我们从表 6 – 14 中可以看到，时期效应和交互效应在常规水平上均未达到统计显著（A 组部分）。事实上，就如我们在前面发现的一样，不同类型学位项目的风险率并不存在显著差异。表 6 – 14 的 B 组部分显示了时期别（period-specific）基线对数风险率的估计值，这些值通过忽略模型的常数项并针对每个时间区间拟合一个项来得到。

表 6 – 13　表 6 – 12 的交互分类数据

完成学业所用月数	项目 1		项目 2	
	R	D	R	D
$[0,12)$	66	2	59	3
$[12,\infty)$	29	1	19	1

表 6 – 14　含非比例效应的分段式恒定率模型

	A		B	
	$\hat{\beta}$	$se(\hat{\beta})$	$\hat{\beta}$	$se(\hat{\beta})$
常数	– 3.367	1.00	—	—
$[0,12)$	—	—	– 3.367	1.00
$[12,\infty)$	0.129	1.22	– 3.497	0.71
项目 2	0.518	0.91	0.518	0.91
项目 2 × $[12,\infty)$	– 0.095	1.68	– 0.095	1.68

6.5.3　扩展分段式恒定率模型

我们已经展示了分段式恒定率模型既可以用个人层次数据也可以用分组数据进行估计。如在前面那个婴儿死亡率的例子中显示的，当对大量数据建模时，分组数据具有一些优势。然而，直接使用分时段（split-episode）（或人 – 期）个人层次数据常常更加方便。将其扩展到多层对数线性风险模型时，尤其如此。可以通过使用一般化线性混合模型（GLMM）直接将第 5 章中的多层技术应用到一个多层风险模型中。一个对第 i 个聚类中第 j 个个体的风险进行研究的 GLMM 将基于泊松分布而非二项分布，其形式如下：

$$\log h(t_{ij}) = \log h_0(t_{ij}) + \mathbf{x}'_{ij}\boldsymbol{\beta} + \mathbf{z}'_{ij}\mathbf{u}_i$$

将对数基线风险吸收进 $\mathbf{x}$ 或 $\mathbf{z}$，将会在层 - 2 允许固定或随时间变化的效应。将上述结果和第 5 章的标示符号整合起来，一个混合泊松回归可以写作：

$$\log h(t_{ij}) = \mathbf{x}'_{ij}\boldsymbol{\beta} + \mathbf{z}'_{ij}\mathbf{u}_i + \log r_{ij}$$

6.5.4 举例：分段式恒定率模型

表 6 - 15 是对第 5 章曾用过但包含事件发生年龄信息的婚前生育数据所拟合的一系列模型的结果。注意，大约 1/3 的样本为同胞姐妹，因此我们可以利用这

表 6 - 15 初次婚前生育风险的分段式恒定指数模型

	模型 1	模型 1a	模型 2	模型 2a
$[14, 18)$	0.002	0.001	0.028	0.025
$[18, 20)$	0.017	0.009	0.328	0.309
$[20, 22)$	0.017	0.010	0.390	0.381
$[22, 24)$	0.010	0.006	0.241	0.243
$[24, 36)$	0.014	0.010	0.105	0.110
C. Prot			1.747	1.814
Catholic			0.807[a]	0.817[a]
Step			2.069	2.162
Single			1.863	1.934
Reading			0.821	0.814
Mother < HS			1.633	1.621
AFQT			0.951	0.949
Nsibs			1.087	1.096
South			0.501	0.493
Inc. $\times [14, 24)$			0.491	0.479
Inc. $\times [24, 36)$			1.821	1.768
σ_u^2		1.464		0.382[a]
$\log L$	- 1273.32	- 1264.46	- 1140.69	- 1139.79
n	7899	7899	7899	7899
df	5	6	16	17

[a] 效应统计不显著，$p > 0.05$。

个数据结构，来估计与初次婚前生育风险有关的家庭层次未观测到的异质性的方差。从事件发生的最小到最大观测年龄，基线风险包括 5 个风险区间。宗教、家庭结构和家庭社会经济地位的效应是最重要的。这些模型中的大多数变量测量的是被访者在青少年时期的家庭背景特征。

表示保守新教（C. Prot）和天主教背景（Catholic）的虚拟变量被用来研究宗教的影响，以其他宗教类型——包括无宗教背景——为参照类。家庭结构的测量包括青少年时期生活在一个有继母或继父家庭（Step）或单亲母亲家庭（Single），以所有其他家庭类型为参照类。另外，还有以下几个预测变量：用来描述母亲受教育水平较低（低于高中）的一个虚拟变量（Mother < HS）；一个关于家中阅读材料的变量（Reading）——被编码成从 0 到 3，分别指有报纸、杂志或图书馆借书证；根据家庭规模加以调整的家庭收入测量指标（Inc.）；还有姐妹数（Nsibs）。南部居住地（South）作为对婚前生育率地域差异的控制。

被访者的入伍资格考试（Armed Forces Qualifying Test，AFQT）分数用作影响初次婚前生育风险的单一个体层次变量。初步分析显示，家庭收入对 14 ~ 24 岁和 24 岁以后这两个时期的风险有不同的效应。后面我们将对此效应做更详尽的讨论。现在，我们注意到这样一个有趣的事实：直到大约 24 岁，更高的家庭收入会降低事件的风险；而在该年龄以后，更高的家庭收入与更高的事件风险联系在一起。

表 6 – 15 中的模型 1 和模型 2 为常规对数线性模型，给出了非条件基线风险（模型 1）、风险比（即协变量变化的乘积效应）（模型 2），以及基线风险。模型 1a 和 2a 增加了一个服从正态分布的家庭层次随机效应。当控制了家庭层次未观测到的异质性时（模型 1a），非条件基线风险的估计值无一例外地都变小了。当我们纳入预测变量时，家庭层次随机效应的方差减少了约 74%。实际上，恰如由似然比检验所得结果（$\chi^2_{(1)} = 1.80$）所反映的，模型 2a 并没有表现出对模型 2 的显著的改进。因此，纳入这些协变量解释了不同家庭之间初次婚前生育风险中的变异。

保守新教宗教成长背景将初次婚前生育的风险提高了 75% ~ 80%，考虑到许多宗教团体不允许避孕和堕胎，这个结果是可以预料的。不完整家庭会增加初次婚前生育的风险。Wu 和 Martinson（1993）一直建议考虑由这些和其他测量指标所反映家庭结构的效应的不同理论维度。正如前文所述，有证据表明收入的效应随年龄变化。在 14 ~ 24 岁，家庭收入每增加 10000 美元，初次婚前生育的风险就降低大约一半。24 岁之后，风险增加约 82% 。当然，由于婚姻情况（该样本主要发生在 20 ~ 30 岁）导致删失，所以，更大年龄时的风险集的构成可能非常不同于更小年龄时的情况。

6.5.5 Cox 比例风险模型

持续期数据分析中用得最多的模型或许就是 Cox（1972）缔造的比例风险模型。这个模型的吸引人之处在于它不对生存时间的分布做任何假定。在应用该模型之前，重要的是要理解其假设和性质。像在指数模型中一样，协变量取值不同的任意两人的风险率都是成比例的，至少在被定义为 Cox PH 模型的标准形式中是这样的。放松比例性假定是可能的，此时称之为 Cox 回归模型，或简称 Cox 模型会更加合适（Singer & Willett，2003）。

Cox 模型最常见的应用涉及连续时间事件数据。当对事件发生时机的测量更不精确时，离散时间模型可能更合适。然而，我们将会看到，尽管 Cox 模型利用事件时间来确定样本中各事件的排序，但却并不使用生存时间的实际值本身。Cox 模型与离散模型非常接近，事实上，它既可以被看作离散时间模型，也可以被看作连续时间模型。

6.5.6 模型设定

与前面所有的模型一样，该模型的一个关键假定就是基线风险和协变部分的可分解性（decomposability 或 separability）。我们从一个对个体 i 在时间 t_j 的事件发生风险进行研究的模型开始。在此情况下，t_j 代表 $m \leq n$ 个特定事件时间集合中的一个事件时间：

$$h(t_{ij}) = h_0(t_j)\exp(\mathbf{x}'_i \boldsymbol{\beta})$$

或者

$$\log h(t_{ij}) = \log h_0(t_j) + \mathbf{x}'_i \boldsymbol{\beta}$$

该模型与我们讨论过的其他模型之间既有相似性，也有差别。具体而言，对 $\mathbf{x}_i$ 的每一个取值和每一个特定的事件时间 t_j，都有一个不一样的风险函数。这一点与离散时间风险和分段式恒定风险模型形成对照，它们针对少数时间段设定不同的风险，而不是对每一个具体事件时间设定一个风险。另外，与前面讲述的各模型相似的是，每个风险函数在每一时间区间都有相同的形状，这意味着任意两人在任意时间的风险比仅取决于预测变量的效应，而非在时间 t_j 的基线风险。

比例性假定意味着预测变量的效应在每一个可能瞬间都相同。离散时间风险和分段式恒定风险模型均通过纳入交互项提供了放松比例性假定的方法。然而，我们马上将会看到，Cox 回归模型实际上并不对基线风险内的各项进行估计，所以这些成分与其他预测变量之间的交互是不可能的。我们稍后会对这一局限做更详尽的讨论。

假定事件时间是特定的，且不存在删失，则 n 个个体就有 n 个不同的风险函数。如果将协变量效应引入一个多元模型中，则会导致参数比数据点还要多。正是由于这个原因，基线风险不能直接加以估计。Cox 模型实际上不估计在时间 t_j 的基线风险而使之处于未定（unspecified）状态，这样做有一些优势——研究者不必考虑 T 的分布。然而，较之于离散时间模型或分段式恒定率模型，该模型缺少描述风险随时间变化的参数，这一点或许可以看作它的一个劣势。

6.5.7 部分似然法

Cox 回归模型的估计方法不同于截至目前介绍过的其他估计方法。最大似然法利用假定的有关 T 分布的信息来估计个体 i 在时间 t_j 经历事件的概率。请回想一下，如果我们知道 T 的分布函数（风险、密度、生存、累积风险）中的任意一个，则我们可以确定其他的任何一个。进行 ML 估计需要有关 T 的这一信息，同时所有个体——无论他们的事件时间是否被删失——都会对似然函数贡献信息。例如，在前面介绍的指数模型里，个体 i 在时间 t_j 对似然值的贡献就要用到有关其在初始状态中所度过的时间数量的信息。

Cox（1975）提出一种被称作最大部分似然（partial likelihood）的估计方法。之所以说似然是部分的，是因为在估计回归参数时只需用到数据中的部分信息。实际上，用到的是事件时间的序次，而不是实际值。因为我们不对 T 的分布做假定，同时估计 Cox 模型的过程中风险、密度以及生存函数都不会被涉及。

ML 是基于第 i 个个体在时间 t_j 经历事件的概率，与之相比，PL 考虑的是，给定事件发生在时间 t_j 处于事件风险中的某人身上的条件下，个体 i 在时间 t_j 经历事件的概率。PL 以样本中 n 个个体的一套观测到的、经排序的事件时间 $t_1 < t_2 < \cdots < t_m$ 进行估计。在最简单的情况下，所有人都在不同的时间经历事件，因此 $m = n$。我们将首先建构这个模型，然后再考虑包含删失和重叠事件时间（tied event times）的更常见的情况。不像 ML，只有经历过事件的人才对 PL 函数贡献

一个特定的项。

在 t_j 时经历事件的个体 i 在此时的贡献为：该个体的风险除以所有在该时间处于风险中的个体的风险之和，或

$$\text{PL}_j = \frac{h(t_{ij})}{\sum\limits_{i \in \mathcal{R}(t_j)} h(t_{ij})} = \frac{h_0(t_j)\exp(\mathbf{x}_i'\boldsymbol{\beta})}{\sum\limits_{i \in \mathcal{R}(t_j)} h_0(t_j)\exp(\mathbf{x}_i'\boldsymbol{\beta})} \tag{6.40}$$

这里，$\mathcal{R}(t_j)$ 表示在时间 t_j 处于事件风险中的个体的集合，或风险集。

因为 $h_0(t_j)$ 在任意时间 t_j 都是一个常数，所以，可以将其从公式 6.40 中抵消掉，结果得到一个关于在 t_j 时对 PL 的贡献的表达式，其中仅有 $\boldsymbol{\beta}$ 是未知的模型参数：

$$\text{PL}_j = \frac{\exp(\mathbf{x}_i'\boldsymbol{\beta})}{\sum\limits_{i \in \mathcal{R}(t_j)} \exp(\mathbf{x}_i'\boldsymbol{\beta})} \tag{6.41}$$

所以，仅有风险得分 $e^{\mathbf{x}_i'\beta}$ 和在时间 t_j 时处于风险集中的那些人的风险得分之和才被用在对 $\boldsymbol{\beta}$ 的估计中。PL 函数为样本中所有 m 个事件时间上的 PL 函数的乘积，或

$$\text{PL} = \prod_{j=1}^{m} \frac{\exp(\mathbf{x}_i'\boldsymbol{\beta})}{\sum\limits_{i \in \mathcal{R}(t_j)} \exp(\mathbf{x}_i'\boldsymbol{\beta})} \tag{6.42}$$

6.5.8　例1：无重叠且无删失

为了说明 PL 估计的要点，我们来看一个改编自 Namboodiri 和 Suchindran（1987）的简单例子。设想有 4 个个体，记为 A、B、C 和 D。假定事件时间不存在重叠或删失。事件时间被依照第一、第二、第三……进行排序，因此 $t_1 < t_2 < t_3 < t_4$，然后我们把每个个体与一个特定的事件时间进行配对。

个　　体	C	B	A	D
	t_1	t_2	t_3	t_4
事件时间（周）	12	23	34	45

令 $P_L(t_j)$ 表示给定事件发生在处于 t_j 时的风险集内某人身上的条件下个体 L 在 t_j 时经历事件的概率。如上所述，基线风险被抵消了，所以个体 L 在时间 t_j 的

风险能够完全以风险得分的形式加以表达：

$$h_L = h_0(t_j)\exp(\mathbf{x}_L\,\boldsymbol{\beta}) = \exp(\mathbf{x}_L\,\boldsymbol{\beta}), \quad L \in \{A,B,C,D\} \tag{6.43}$$

$$
\begin{aligned}
\mathrm{PL}_1 = P_C(t_1) &= \frac{h_C(t_1)}{h_C(t_1) + h_B(t_1) + h_A(t_1) + h_D(t_1)} \\[4pt]
\mathrm{PL}_2 = P_B(t_2) &= \frac{h_B(t_2)}{h_B(t_2) + h_A(t_2) + h_D(t_2)} \\[4pt]
\mathrm{PL}_3 = P_A(t_3) &= \frac{h_A(t_3)}{h_A(t_3) + h_D(t_3)} \\[4pt]
\mathrm{PL}_4 = P_D(t_4) &= \frac{h_D(t_4)}{h_D(t_4)}
\end{aligned}
\tag{6.44}
$$

该样本的 PL 便是这些条件概率的乘积：

$$\mathrm{PL} = P_C(t_1) \times P_B(t_2) \times P_A(t_3) \times P_D(t_4)$$

显然，事件的次序是有意义的，但 t_j 的实际值除了用来对事件进行排序之外就别无他用了。我们可以看到，PL 是使用每一个事件时间上的贡献来加以建构的，这一方式使得加入那些随风险集变化的协变量成为可能。这一特征使得 Cox 模型在处理随时间变化的预测变量和时变效应方面具有吸引力。

6.5.9　例 2：有删失但无重叠

删失数据对 Cox 回归模型不产生任何问题。设想个体 A 的生存时间是 34 周。实际时间并不重要。我们只需知道个体 A 的未观测到的事件时间落在个体 B 和 D 的事件时间之间便足够了。现在该样本仅有三个事件时间，在 t_j 时的风险集构成也被相应地进行了调整。

个　　体	C	B	A	D
	t_1	t_2		t_3
事件时间（周）	12	23	34 +	45

$$
\begin{aligned}
\mathrm{PL}_1 = P_C(t_1) &= \frac{h_C(t_1)}{h_C(t_1) + h_B(t_1) + h_A(t_1) + h_D(t_1)} \\[4pt]
\mathrm{PL}_2 = P_B(t_2) &= \frac{h_B(t_2)}{h_B(t_2) + h_A(t_2) + h_D(t_2)} \\[4pt]
\mathrm{PL}_3 = P_D(t_3) &= \frac{h_D(t_3)}{h_D(t_3)} \\[4pt]
\mathrm{PL} &= P_C(t_1) \times P_B(t_2) \times P_D(t_3)
\end{aligned}
\tag{6.45}
$$

这表明在区间 $[t_j, t_{j+1})$ 内具有删失生存时间的个体是如何只通过出现在从 t_1 至 t_j 时的风险集中来对 PL 贡献信息的。

6.5.10　例 3：有重叠

重叠可能会给 Cox 回归模型带来问题。事件时间必须是唯一的，才能恰当地计算其对公式 6.40 中的 PL 的贡献。有几种处理重叠的方法，每一种都会得到一个不同形式的 PL 函数。我们将集中介绍这些最常见方法中的两种。

6.5.11　Breslow 方法

PL 的 Breslow（1974）近似一直是许多统计软件包的传统默认方法，这主要是因为它在计算上比其他替代方法更快。就如今的计算状况而言，这个问题可能更不重要了。为了说明这一方法，设想个体 C 和 B 都在 t_1（第 12 周）时经历事件。

个　　体	C	B	A	D
	t_1	t_1	t_2	t_3
事件时间（周）	12	12	34	45

重叠的 Breslow 处理对同时经历事件的个体使用同样的风险集。采用这一方式，个体 C 在 t_1 时经历事件，其贡献为：

$$\mathrm{PL}_1 = P_C(t_1) = \frac{h_C(t_1)}{h_A(t_1) + h_B(t_1) + h_C(t_1) + h_D(t_1)} \tag{6.46}$$

类似地，个体 B 在 t_1 时经历事件，其贡献为：

$$\mathrm{PL}_1 = P_B(t_1) = \frac{h_B(t_1)}{h_A(t_1) + h_B(t_1) + h_C(t_1) + h_D(t_1)} \tag{6.47}$$

无论哪种情形，风险集都包括在事件时间时处于风险中的所有成员。个体 C 和 B 对在 t_1 时的 PL 的总贡献为：

$$
\begin{aligned}
\mathrm{PL}_1 &= P_C(t_1) \times P_B(t_1) \\
&= \frac{\exp(\mathbf{x}'_C\,\boldsymbol{\beta})}{\sum\limits_{i \in \mathcal{R}(t_1)} \exp(\mathbf{x}'_i\,\boldsymbol{\beta})} \times \frac{\exp(\mathbf{x}'_B\,\boldsymbol{\beta})}{\sum\limits_{i \in \mathcal{R}(t_1)} \exp(\mathbf{x}'_i\,\boldsymbol{\beta})} \\
&= \frac{\exp\{(\mathbf{x}_B + \mathbf{x}_C)'\,\boldsymbol{\beta}\}}{\left[\sum\limits_{L \in \mathcal{R}(t_1)} \exp(\mathbf{x}'_L\,\boldsymbol{\beta})\right]^2}
\end{aligned}
\tag{6.48}
$$

因此，在更一般的情况下，样本的 PL 为：

$$\mathrm{PL}_{\mathrm{Breslow}} = \prod_{j=1}^{m} \frac{\exp(\mathbf{s}_j' \boldsymbol{\beta})}{\left[\prod_{i \in \mathcal{R}(t_j)} \exp(\mathbf{x}_i' \boldsymbol{\beta}) \right]^{d_j}} \qquad (6.49)$$

这里，$\mathbf{s}_j$ 表示在时间 t_j 时经历事件的个体的协变向量（$\mathbf{x}_i$）之和；d_j 表示在 t_j 时发生的事件数。通过在 m 个事件时间的集合中纳入非唯一事件时间，该表达式可根据公式 6.42 推导得到。

6.5.12　Efron 方法

在重叠存在时，PL 函数的 Efron（1977）近似考虑到不同的可能性：C 在 B 之前经历事件和 B 在 C 之前经历事件。无论哪种情况，我们都把第二个风险集缩小，以考虑首先发生的那个事件。如果 C 的事件先发生，在 t_j 时其贡献为：

$$P_{CB}(t_1) = \frac{h_C(t_1)}{h_A(t_1) + h_B(t_1) + h_C(t_1) + h_D(t_1)} \times \frac{h_B(t_1)}{h_A(t_1) + h_B(t_1) + h_D(t_1)}$$

如果 B 的事件先发生，则

$$P_{BC}(t_1) = \frac{h_B(t_1)}{h_A(t_1) + h_B(t_1) + h_C(t_1) + h_D(t_1)} \times \frac{h_C(t_1)}{h_A(t_1) + h_C(t_1) + h_D(t_1)}$$

个体 C 和 B 以 0.5 的概率出现在每一情形下的第二个风险集内。所以，对第二个风险集的贡献为：

$$h_A(t_1) + h_D(t_1) + 0.5[h_B(t_1) + h_C(t_1)]$$

它等价于

$$h_A(t_1) + h_B(t_1) + h_C(t_1) + h_D(t_1) - 0.5[h_B(t_1) + h_C(t_1)]$$

后一个表达式得到 PL 的一个简便计算公式。沿用 Kalbfleisch 和 Prentice（1980）的标示符号，Efron 方法的 PL 一般表达式为：

$$\mathrm{PL}_{\mathrm{Efron}} = \prod_{j=1}^{m} \frac{\exp(\mathbf{s}_j' \boldsymbol{\beta})}{\prod_{r=1}^{d_j} \left[\sum_{i \in \mathcal{R}(t_j)} \exp(\mathbf{x}_i' \boldsymbol{\beta}) - \left(\frac{r-1}{d_j} \right) \sum_{i \in \mathcal{D}(t_j)} \exp(\mathbf{x}_i' \boldsymbol{\beta}) \right]} \qquad (6.50)$$

这里，$\mathcal{D}(t_j)$ 表示事件时间为 t_j 的个体的集合。

在到目前为止所考虑的针对 Cox 回归模型的不同处理中，Efron 近似法被认为是处理重叠的"最佳"方法。无论是在 Efron 方法还是 Breslow 方法中，重叠的出现将使得 β 的估计值是有偏的，因为来自具有不同协变量取值的个体的信息被汇总了。考虑到当今的计算能力，我们推荐使用 Efron 近似。

6.5.13 精确部分似然法

重叠也可以使用精确方法来处理，该方法对计算的要求要高得多。其中一种精确法将时间作为离散的来处理，Cox 回归模型在这一情况下可以用处理条件 logit 模型的软件进行估计。条件逻辑斯蒂回归通常用于估计离散选择模型（McFadden，1974）。在处理未观测到的异质性时，它也是很有用的模型。由 Andersen（1970）提出并由 Chamberlain（1980，1984）进一步扩展的固定效应模型常常在处理二分类追踪数据的模型中被用来对未观测到的异质性进行分解。同样，Cox 回归模型中的基线风险可以被理解为一个从似然值中分离出去的"噪声"（nuisance）参数。以这一方式处理 t_j 时的基线风险得到处理 Cox 回归模型的一个条件似然法。[①]

我们将在第 8 章中更详细地讨论此模型。如同前面介绍的离散时间模型，我们必须将数据处理成分时段（split-episode）格式，分界点设在每一个事件时间处。这样，有多少唯一的事件时间，就有多少时段。时段的数量决定了数据中风险集的数量。如 Stata 软件中的 stsplit 等工具可以将数据在事件时间处断开，并保存风险集标识（identifier），然后，该标识就可以在条件 logit 模型中作为一个分组变量使用。但是，注意，该模型现在已经成为一个离散模型，它研究的是在给定一个或多个个体在某一特定风险集中经历事件的条件下，个体事件发生的概率。

如同前面所介绍的模型一样，一个事件/删失标识被用来确定一个事件是否在时段 j 发生于个体 i。下表显示的是适用于条件 logit 方法的数据结构。属于每一个风险集 R 的个体被与事件/删失标识 d 一起排列。事件时间 t 仅作为参照给出，而与估计无关。

个体	B	C	A	D	A	D	D
d	1	1	0	0	1	0	1
t	12	12	12	12	34	34	45
R	1	1	1	1	2	2	3

[①] 这意味着我们能够使用针对 Cox 回归模型的软件来估计离散选择模型以及针对追踪数据的固定效应模型。

条件 logit 模型以每一个特定风险集的构成为条件来估计风险集中事件模式的概率。第一个风险集包含个体 A、B、C 和 D。事件发生于 B 和 C。给定处于风险中的那些个体发生了 2 个事件的条件下，目标是确定 A 和 B 是经历了事件的个体的概率。这就牵涉计算二项系数以确定处于风险中的 4 个个体之间发生 2 个事件有多少种可能的方式。在这个例子中，一共有 $\binom{4}{2} = 6$ 种获得 2 个事件的可能方式。在计算每一个风险集的二分类响应模式的概率时，条件似然法将考虑获得某一给定事件数目的所有可能性。

为了用公式表达这个模型，考虑数据中有 m 个被排序的事件时间的情况。在任意事件时间 t_j，风险集内有 r_j 个个体（$j = 1$，$\cdots$，m）。对应于每一个风险集，有一个二分类响应序列 $\mathbf{d}_j = (d_{j1}，\cdots，d_{jr_j})$，其中，$d_{jk} = 1$ 表示事件，而 $d_{jk} = 0$ 则表示删失（$k = 1$，$\cdots$，r_j）。事件时间为 t_j 的人数等于第 j 个风险集内的事件数，这可以通过加总二分类序列获得：

$$d_{j+} = \sum_{k=1}^{r_j} d_{jk}$$

以在 t_j 时的 d_{j+} 个事件为条件的响应序列 $\mathbf{d}_j$ 的概率由下式给出：

$$\Pr(\mathbf{d}_j \mid d_{j+}) = \frac{\exp\left(\sum_{k=1}^{r_j} d_{jk}\mathbf{x}'_{jk}\boldsymbol{\beta}\right)}{\sum_{l \in \mathcal{R}_j} \exp\left(\sum_{k=1}^{r_j} d_{lk}\mathbf{x}'_{lk}\boldsymbol{\beta}\right)} \tag{6.51}$$

这里，$\mathcal{R}_j$ 为无回置地从 t_j 时的风险集内选取 d_{j+} 个个体的全部子集的集合。亦即

$$\mathcal{R}_j = \left\{ (d_{j1}，\cdots，d_{jr_j}) \mid d_{jk} = 0 \text{ 或 } 1 \text{ 且 } \sum_{k=1}^{r_j} d_{jk} = d_{j+} \right\} \tag{6.52}$$

精确离散方法估计的是第 j 个风险集中响应模式的概率，其中，风险集由该风险集内 d_{j+} 个二分类响应的所有组合构成。在我们前面那个在 t_1 发生 2 个事件的例子中，风险集包括处于风险的 4 人中所有可能的 2 人组合。样本总的 PL 为：

$$\mathrm{PL}_{\mathrm{Discrete}} = \prod_{j=1}^{m} \frac{\exp\left(\sum_{k=1}^{r_j} d_{jk}\mathbf{x}'_{jk}\boldsymbol{\beta}\right)}{\sum_{l \in \mathcal{R}_j} \exp\left(\sum_{k=1}^{r_j} d_{lk}\mathbf{x}'_{lk}\boldsymbol{\beta}\right)} \tag{6.53}$$

一旦数据被分割成与唯一事件时间一一对应的风险集，我们就能够以二分类

响应序列为因变量、以风险集标识为分组变量来估计一个条件 logit 模型。这一方法突出了 Cox 模型的关键洞见——针对所有可能的事件，通过以某一时间的一个事件为条件来分离出事件别（event-specific）或时间别（time-specific）风险。对于它们中的每一个，如果一个事件已经发生于风险集内的某人身上，我们将询问哪一个单元可能经历该事件。对于每一次事件发生，Cox PL 看上去就像一个条件 logit 似然。

6.5.14　非比例风险

除了不必设定基线风险之外，Cox PH 模型的另一个优势，就是对回归效应 $\boldsymbol{\beta}$ 的解释很容易。就像指数和分段式恒定指数一样，预测变量 x 一个单位的变化导致对数风险在任意时间变化 β 个单位。类似地，无论事件何时发生，风险被乘以相同的量 $\exp(\beta)$。这是由比例性假定带来的一个方便的解释，但是该假定在某些情况下可能是令人怀疑的。如我们在前面所看到的，一个关于家庭收入的比例效应的假定掩盖了其对于低龄和高龄时初次婚前生育风险影响的重要差异。检查离散时间和分段式恒定指数模型的非比例效应相对比较容易。预测变量和定义基线风险的虚拟变量之间的交互作用如显著，则证明存在非比例风险。当基线风险未被设定时，如何将这些交互作用纳入 Cox 回归模型呢？幸运的是，Cox 回归模型的标准诊断方法和针对非比例效应调整模型的方法已经被开发出来。

6.5.15　层的引入

非比例性问题最直接的解决方案也许就是允许基线风险随一个分类协变量的取值水平发生变化。这可以通过定义具有不同基线风险的层（strata）来实现。分层变量被假定是分类的，这就得到了可处理的层数。一般地，对于一个包含 s 个层的分层变量，我们有

$$h(t_{ij}) = h_{0s}(t_j)\exp(\mathbf{x}'_i \boldsymbol{\beta})$$

对上式的估计简单明了，因为它建立在对层别（stratum-specific）风险集的考虑以及各 β 被限定为在层间相等的基础上。[①] 这一方法不难扩展到包括多个分层变量的情况。

---

① 只要有足够的观测，对各层估计不同模型也是可能的。这将允许协变效应随层发生变化。

尽管这一方法在某些情况下可能具有吸引力，但要想估计分层变量的效应却是不可能的。所以，我们将无法根据点估计值直接分辨任何对风险的比例性调整。然而，一个分层模型的预测函数可以被用来揭示各层之间对数风险的差异，比如，每一层的一幅关于对数基线累积（或积分的）风险 $\log H_0(t_j)$ 对 t_j 的图。统计软件包提供了从拟合的 Cox 回归模型得到的基线函数的估计值。Stata 的 stcox 命令可以计算当所有预测变量都被固定在 0 处时的基线函数（或它们的贡献）。R 的 coxph 则默认在预测变量的均值处进行计算。无论用的是哪种方法，累积基线风险函数图都可以揭示对成比例性假定的偏离情况。对于分层模型，我们获得 $\log H_0(t_j)$ 的两个估计值。对于非分层模型，我们只需简单地把基线风险乘上预测变量的效应。例如，对于一个虚拟变量 x，

$$\begin{aligned}\hat{H}(t_j) &= \hat{H}_0(t_j) & (x = 0)\\ \hat{H}(t_j) &= \hat{H}_0(t_j)\exp(\hat{\beta}) & (x = 1)\end{aligned} \qquad (6.54)$$

图 6-2 所示为一个根据保守新教家庭背景（$x=1$，否则 $x=0$）进行分层的 Cox 回归模型所得到的 $\log \hat{H}_0(t_j)$ 对 t 的图。为供参考，另附一幅图以显示每组的估计生存函数 $\hat{S}(t_j)$。$\hat{S}(t_j)$ 在 t_j 处越陡表示该点的风险越高。各组具有不同的风险，但问题在于风险比是否在不同时间保持不变。累积风险提供了一个了解这一点的更加直接的方法。比较这两幅累积风险图，就能看出风险比是否随时间发生变化。假如事件最易发生的一个时间段 t 上出现了两条平行线，则表明没有偏离比例性。我们发现了一些与 PH 假定不符的直观证据，因为对数累积风险函数在青少年早期阶段几乎一模一样，但后来却分化了。但是，在事件集中发生的年龄阶段，两条曲线却几乎是平行的。作为替代，可以将数据加以分组，然后直接查看经验风险。

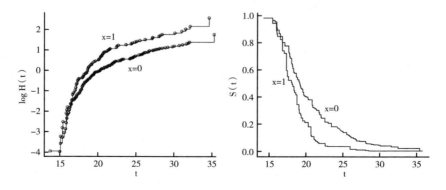

图 6-2　对数累积风险和生存函数图

6.5.16　非比例效应诊断检验

对于评价分类预测变量情况下结果对 PH 假定的偏离，分层和图形检查都是很有帮助的，它们也是初步描述性分析不可或缺的工具。对于多元模型，则不妨直接使用统计检验来对偏离比例性的情形进行诊断，这样往往更简单也更可取。Schoenfeld（1982）以及 Therneau 和 Grambsch（2000）为 Cox 回归模型使用针对 PH 模型的一种残差形式的正式统计检验提供了一个简便的方法。

6.5.17　使用 Schoenfeld 残差对比例性做正式检验

为了对比例性做正式检验，Schoenfeld（1982）将模型预测变量当作随机变量处理，并提出以下"残差"：

$$s_{jk} = d_j \left\{ x_{jk} - \frac{\sum_{i \in \mathcal{R}_j} x_{ik} \exp(\mathbf{x}_i' \boldsymbol{\beta})}{\sum_{i \in \mathcal{R}_j} \exp(\mathbf{x}_i' \boldsymbol{\beta})} \right\} \qquad (6.55)$$

这里，s_{jk} 是一个事件时间为 t_j 的个体的第 k 个协变量的残差项，d_j 表示发生在 t_j 时的事件数。[①] 注意，只有在 t_j 时经历事件的个体才对此残差项有贡献。那些处于风险中但没有经历事件的个体，则对 t_j 时的平均样本风险得分有贡献。

公式 6.55 右边括号里的第二项可以解释为处于个体的事件时间时的风险集内的所有人的第 k 个预测变量的平均值，以当时的"样本"风险得分进行加权。该个体预测变量的实际值减去这一平均值就得到那个预测变量随时间变化的残差。更具体地说，变量 x_k 在 t_j 时的 Schoenfeld 残差反映了一个个体的 x_k 取值相对于在 t_j 时处于风险中的其他个体的 x_k 的期望值之间的差，或

$$x_{jk} - \mathrm{E}[x_{ik} \mid i \in \mathcal{R}(t_j)]$$

x_k 的 Schoenfeld 残差彼此间互相独立，且样本中所有 Schoenfeld 残差的和为零。

6.5.18　使用 Schoenfeld 残差进行诊断

最常见的诊断指标是由 Grambsch 和 Therneau（1994）提出的，它用原始系

---

① 该项为得分函数（score function）$\partial\, \mathrm{PL}/\partial\beta_k$ 的一个成分，该得分函数是 PL 估计中需要用到的一个量。

数的尺度（metric）将 Schoenfeld 残差尺度化为：

$$s_{jk}^* = \hat{\beta}_k + d_j \{ D(\mathbf{S}_j \hat{\mathbf{V}}_j^{-1}) \}$$

这里，$\mathbf{S}_j$ 为 Schoenfeld 残差矩阵，$\hat{\mathbf{V}}$ 为 β 的估计方差/协方差矩阵，d_j 为 t_j 时发生的事件数，D 为事件总数。

如果比例性假定成立，那么经尺度化的 Schoenfeld 残差值和事件时间之间应该不存在相关。类似地，一幅 Schoenfeld 残差对时间的图应当显示没有时间趋势（斜率为零）。Grambsch 和 Therneau 提出使用一个近似于自由度为 1 的卡方统计量对经尺度化的 Schoenfeld 残差与时间之间的相关（ρ）进行正式检验。此外，他们还提出一个针对该模型的整体（global）卡方检验。

我们将一个使用婚前生育数据估计的 PH 模型的检验结果列在表 6 – 16 中。整体检验统计量是所有个体的贡献之和。只有家庭收入的效应显示出非比例性的证据。图 6 – 3 画出了与收入效应相对应的经尺度化的 Schoenfeld 残差。Cox 回归模型给出的估计收入效应由点线表示。实线表示由 s^* 对 t 的非参数（修匀的）回归所得到的拟合值。虚线表示修匀回归线的 95% 置信区间。这里，我们再次确证了从分段式恒定指数模型获得的有关家庭收入效应随年龄而增大的结论。[1]

表 6 – 16   非比例性诊断检验

变量	ρ	χ^2	df	p-value
保守新教	0.053	0.71	1	0.399
天主教	− 0.047	0.58	1	0.445
继父母	0.074	1.47	1	0.226
单亲母亲	− 0.015	0.06	1	0.813
收入[a]	0.215	17.01	1	0.000
阅读材料	0.109	3.20	1	0.074
母亲的受教育年限 < 12	0.038	0.39	1	0.532
AFQT	0.036	0.33	1	0.568
姐妹数	− 0.079	1.71	1	0.191
南部居住地	0.026	0.17	1	0.676
整体检验		35.65	10	0.0001

[a]（家庭收入/$\sqrt{家庭规模}$）/10000 美元。

---

[1] 家庭收入根据家庭规模进行了修正，并采用 10000 美元为单位。

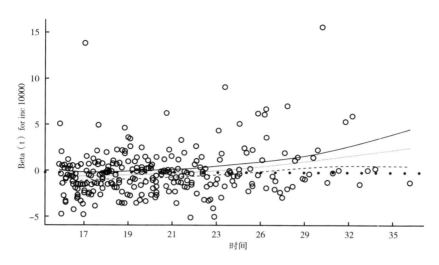

图 6 – 3　家庭收入效应的 Schoenfeld 残差图

6.5.19　纳入与时间的交互

估计非比例效应的一个常见方法就是允许与时间的交互。表 6 – 17 显示了使用 NLSY 婚前生育数据进行估计的若干 Cox 回归模型的结果。正如从表 6 – 16 中已知的，存在收入的非比例效应的证据。为恰当地考虑这种效应，我们可以建构收入和 t_j 之间的交互。[①] 注意，我们必须在计算风险集的每一点处（即在每一个唯一的事件时间处）建构该交互作用。一般地，不可以简单地将收入和时间（或年龄）相乘，并把该项纳入模型中；相反，交互作用必须作为模型的一部分加以设定，使得它在计算每一次风险集的时候都能内在地被建构。对于只含有一个协变量（x）和一个与时间的线性交互的简单模型，在 t_j 时对 PL 函数的贡献为：

$$\mathrm{PL}_j = \frac{\exp\{\beta_1 x_j + \beta_2 (x_j \times t_j)\}}{\sum\limits_{i \in \mathcal{R}(t_j)} \exp\{\beta_1 x_i + \beta_2 (x_i \times t_j)\}} \qquad (6.56)$$

风险集的构成随 t_j 变化，线性时间项 β_2 反映了这一点。我们从表 6 – 17 中的模型 2 可以看到，收入效应和收入 × 时间交互项都是显著的。然而，与模型 1 不同，此时收入效应必须解释为在时间（年龄）为 0 时的效应，该效应在模型 1

---

　① 与时间的函数之间的交互也是可能的。

表 6 - 17　含比例效应与非比例效应的 Cox 回归模型

变　量	模型 1	模型 2	模型 3	模型 4
保守新教	1.758	1.756	1.769	1.944
天主教	0.783[a]	0.801[a]	0.805[a]	0.829[a]
继父母	2.038	2.076	2.083	2.274
单亲母亲	1.900	1.886	1.873	2.037
收入	0.793	0.047	—	—
收入 $\times t_j$	—	1.137	—	—
收入 $\times [14,24)$	—	—	0.486	0.459
收入 $\times [24,36)$	—	—	1.852	1.748
阅读材料	0.811	0.811	0.812	0.784
母亲的受教育水平 < 高中	1.643	1.620	1.632	1.585
AFQT	0.949	0.950	0.949	0.942
姐妹数	1.093	1.091	1.089	1.117
南部居住地	0.517	0.522	0.516	0.491
ϕ	—	—	—	1.016[c]
$\log L$	-1705.02	-1693.55	-1690.95	-1687.1
n	2287	2287	175808[b]	175808[b]
df	10	11	11	12

[a] 效应在 $\alpha = 0.05$ 水平上不显著。

[b] 数据在 133 个唯一事件时间处被断开。

[c] 似然比 $\chi_1^2 = 7.7$（$p = 0.006$）。

里代表的是收入在整个年龄区间的平均效应。模型 2 中的交互效应表明年龄每增长 1 岁，收入效应就相应变化 $\log(1.137) = 0.13$。在 15 岁时，调整的家庭收入每增加 10000 美元，风险就降低 68%。在 30 岁之前，家庭收入的变化将使初次婚前生育的风险翻番。这些效应在图 6 - 4 中用虚线表示。靠近 x 轴的点线为收入效应（0 岁时）的风险比，实线为随时间变化的收入效应。

6.5.20　随时间变化效应的更一般的形式

一个更容易描述这种关系的方法是考虑非单调的收入效应，就像我们在分段式恒定指数模型里所做的那样。在这种情况下，我们针对发生在 14 ~ 24 岁的事件和在较高年龄发生的事件建构一个分段式（piecewise）收入效应。这要求把原始数据在不同的事件时间处断开。使用这种数据结构，与时段别（episode-specific）时间值之间的交互项将恰当地解释在那些时间处家庭收入对风险集的

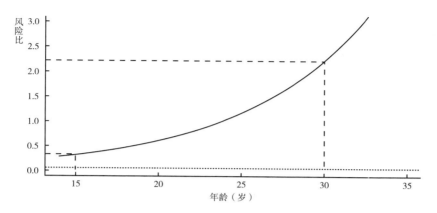

图 6 - 4　随时间变化的家庭收入效应图

贡献。模型 3 的结果与前面的发现是一致的。各收入效应被解释为各个事件时间段上的平均收入效应。

6.5.21　多层 Cox 回归模型

第 5 章介绍的多层建模方法主要适用于 GLMM，因此不能够直接应用到 Cox 回归模型中。然而，长期以来，人们一直对 PH 模型中未观测到的异质性进行建模感兴趣，这些方法牵涉在许多方面与随机截距模型相似的分层模型（hierarchical models）。传统方法普遍假定在一个共轭族（conjugate family）中存在一个乘积随机效应。

首先，我们考虑风险率模型中未观测到的异质性的一般情形。然后，我们将之扩展到多层模型。给定 $\mathbf{x}$ 和未观测到的异质性 v，我们可以将个体 i 在时间 t 处的风险表示为：

$$h(t_i \mid \mathbf{x}_i, v_i) = h_0(t) \exp(\mathbf{x}_i' \boldsymbol{\beta}) v_i$$

这里，v 为未观测到的异质性。人口学家和流行病学家经常称 v 为脆弱性（frailty），它可以被理解为一个未观测到的对个体的风险具有乘积效应的因素的集合。脆弱性模型在人口学里具有很长的历史。Vaupel 和 Yashin（1985）对该主题做过有趣的介绍。

通常假定 v 服从伽玛（gamma）分布，

$$g(v) = \frac{\alpha^\alpha v^{\alpha-1}}{\Gamma(\alpha)} \exp(-\alpha v) \tag{6.57}$$

这里，$\alpha > 0$。习惯上，我们将该分布标准化成均值 $E(v) = 1$ 和方差 $\mathrm{var}(v) = 1/\alpha = \phi$。数据一旦给定，估计的问题就变成了如何处理脆弱性的问题。

将脆弱性纳入 Cox 回归模型的简便方法一直在发展。我们可以设想一个更简单的问题——把脆弱性当作一个已知风险进行处理。具体而言，如果 v_i 为已知的，我们可以简单地将它作为一个补偿位移项（即作为每一个个体的风险的已知乘数）纳入风险模型，或

$$h(t_i \mid \mathbf{x}_i, v_i) = h_0(t) \exp(\mathbf{x}_i' \boldsymbol{\beta}) \hat{v}_i$$

或表示为加法形式的对数风险，

$$\log h(t_i \mid \mathbf{x}_i, v_i) = \log h_0(t) + \mathbf{x}_i' \boldsymbol{\beta} + \log(\hat{v}_i)$$

尽管 v_i 为未知的，但可以根据观测数据对它进行估计，从而得到脆弱性的经验贝叶斯估计值。我们可以使用 EM 算法在 E – 步骤对 v_i 进行估计，并且把它当成一个标准 PH 模型中的已知相对风险（M – 步骤）。

Cox 和 Oakes（1984）、Guo 和 Rodríguez（1992）与 Lancaster（1990）显示 v 的后验均值为：

$$\hat{v}_i = \frac{\hat{\alpha} + d_i}{\hat{\alpha} + \hat{H}(t_i)} \tag{6.58}$$

这里，$\hat{H}(t_i) = \hat{H}_0(t) \exp(\mathbf{x}_i' \hat{\boldsymbol{\beta}})$。

这样一来，问题简化成了估计 α、计算 $\hat{v}$ 以及更新 Cox 模型。这一方法可以被改编成像 Guo 和 Rodríguez（1992）与 Lancaster（1990）所介绍的聚类层次脆弱性（cluster-level frailty）模型。我们现在假定个体由 j 标示，而聚类由 i 标示。令 v_i 表示第 i 个聚类的脆弱性，该聚类中的 n_i 个成员都分享该脆弱性。聚类导致 v 的一个不同的伽玛分布，其形状和尺度参数（scale parameter）根据数据进行调整。

$$\hat{v}_i = \frac{\alpha + d_{i+}}{\alpha + \hat{H}(t_i)_+} \tag{6.59}$$

这里，$d_{i+} = \sum_{j=1}^{n_i} d_{ij}$ 表示聚类 i 中 n_i 个个体的事件数，j 为个体的标识。$\hat{H}(t_i)_+$ 项为聚类 i 中的估计累积风险之和，或 $\sum_{j=1}^{n_i} \hat{H}_0(t) \exp(\mathbf{x}_{ij}' \boldsymbol{\beta})$。

6.5.22　应用伽玛脆弱性解释聚类风险

我们假定随机效应服从伽玛分布时，随机效应方差就有了一个方便的解释。为理解这一点，我们考虑来自一项涉及同胞对（sibling pairs）设计的被访者的条件风险。在这个例子中，一对同胞中的一名成员在给定另一成员在 t_2 经历事件的条件下在时间 t_1 的条件风险，相对于该成员在给定另一成员活过 t_2 的条件下在时间 t_1 的条件风险为：

$$\frac{h_1(t_1 \mid T_2 = t_2)}{h_1(t_1 \mid T_2 > t_2)} = 1 + \phi$$

这一风险比不随时间变化。这就意味着事件的发生是一个表明该对同胞属于高风险对的"标识"。这一新信息使我们将该对同胞的风险估计值提高了 $1 + \phi$ 倍。

更一般地，设想一个比较两个风险的条件风险比：一个是聚类的一个成员在时间 t_1 的风险——给定在时间 t_2，$\cdots$，t_n 经历事件的成员的任意特定子集的条件下；另一个是该成员在 t_1 的风险——给定活过 t_2，$\cdots$，t_n。即

$$\frac{h(t_1 \mid t_2, \cdots, t_n; d_2 = d_3 =, \cdots, d_n = 1)}{h(t_1 \mid t_2, \cdots, t_n; d_2 = d_3 =, \cdots, d_n = 0)} = 1 + \phi \sum_{j=1}^{n} d_j$$

表 6-17 中的模型 4 显示的是用 R 软件 coxph 命令的默认选项估计的一个伽玛脆弱性模型的结果。[1] ϕ 的估计值（$\hat{\phi} = 1.016$）意味着如果女孩的同胞姐妹中有一人经历过婚前生育事件，则将使其婚前生育风险的估计值增加一倍。若有两个同胞姐妹经历婚前生育事件，将使其婚前生育风险增加两倍，依此类推。[2]

6.6　小结

本章介绍了研究事件发生的各种模型。我们从描述性生命表技术开始，使用分组数据说明了事件发生和风险的基本概念。然后，我们把已经很熟悉的二分类数据模型扩展到离散时间事件史。我们揭示了处理频次数据的对数线性模型与基

---

[1]　Stata 在 stcox 中提供一个共享脆弱性的选项。

[2]　Powers（2001）使用分段式恒定率模型提供了一个类似的例子。

于分组或个人层次发生数/暴露量（occurrence/exposure）数据的风险率模型之间的联系。人－期（person-period）或分时段（split-episode）数据结构为模型设定提供了相当大的灵活性。处理二项或泊松响应的多层事件史模型可以作为一般化线性混合模型进行估计。

本章比较细致地讨论了 Cox 回归模型，特别介绍了处理重叠时的一些细节，以及在实际应用中常常被忽视的非比例效应。Cox 回归模型的多层分析还没有在标准统计软件中得到广泛的应用，然而，我们可以通过引入一个服从伽玛分布的随机效应来处理聚类数据或重复事件。

第 7 章

次序因变量模型

7.1 导言

人们关注的许多社会现象都使用序次分类（或简称为次序）变量（ordered categorical variable）加以测量。通常，次序变量假定用数值型取值（numerical values）来代表某一特定属性的序次。然而，这些排序并不一定反映某一实质尺度上的实际大小（actual magnitudes）。也就是说，次序变量的相邻类别之间的距离未必就是其分布的不同部分之间的距离。次序变量在下述意义上可被看作介于名义变量和连续变量之间：次序变量在考虑相邻取值之间的不同距离方面比连续变量更具一般性，而在包含序次信息方面则比名义变量更严格。次序定性数据（ordinal qualitative data）的例子包括李克特量表（Likert scale），这里，对问题所做出的回答被编码为坚决反对、反对、中立、赞成或坚决赞成等类别。次序变量的其他例子还包括上学年限的离散测量（不到 8 年、8～11 年、12 年与 13 年及以上）（Winship & Mare，1984）和老年人之间的财产分割（property division）情况（未分、部分地分、全部都分）（Li，Xie，& Lin，1993）。

正如第 1 章所概述的那样，次序变量基本上是属于分类的。将结果处理成次序的而不是名义的是研究者必须根据研究目的做出的一个选择。有时候，某一既定结果既可以处理成名义变量，也可以处理成次序变量。如果基本关注点在于结果上的差异和自变量对这些差异的影响，那么恰当的做法就是采用适合于非次序多分类响应变量的模型。这些模型将在第 8 章中加以详细讨论。但如果基本关注点在于理解解释变量如何影响由次序变量所反映的概念维度（conceptual dimension），则选择次序变量模型比较恰当。我们在下面将要讲到，次序因变量在某一特定假定下也可以被当作连续变量来处理。本章对适合于分析次序定性变量的一些常用统计方法和模型加以介绍。

7.2 赋值方法

不完整信息（incomplete information）是研究者在分析次序因变量时所面临的基本问题之一。次序变量揭示了其不同取值的序次而不是它们在具有实质含义的尺度上的度量。为了解决这一难题，研究者凭借各种方法通过给它们指定数值分数（numerical scores）来揭示与大小有关的信息。我们将此类方法称作"赋值方法"（scoring mothods）。赋值可能是次序因变量分析中被用来解决上述难题的最广泛使用的办法。在某些情形中，赋值方法很有效。作为更高级模型的背景，本节对各种赋值方法进行简要的回顾。

7.2.1 整数赋值（integer scoring）

整数赋值是最简单且可能是最为流行的赋值方法。该方法指定一些整数来体现序次。对于一个典型的李克特尺度问题，可以做如下指定：坚决反对 =1、反对 =2、中立 =3、赞成 =4 和坚决赞成 =5。作为具体说明，我们引用前面有关婚前性行为态度的例子（表 4-8）。我们可以指定：总是错的 =1、几乎总是错的 =2、有时是错的 =3 以及根本没错 =4，这里，数字越大表示对婚前性行为的容忍程度越高。

整数赋值背后隐含的关键假定在于相邻类别之间的距离完全相等。采用整数赋值方法的研究者并不总是能意识到这一假定并对其很敏感；相反，他们使用整数赋值主要是出于方便的考虑。

考虑到潜在尺度（latent scale）是不可观测的，就可以有无数其他赋值方法，只要它们满足等距离假定，这些方法就将得到与整数赋值等价的结果。例如，对于李克特尺度的响应，(-2, -1, 0, 1, 2)的赋值可得到与(1, 2, 3, 4, 5)的赋值不差毫厘的结果。类似地，对于受教育水平的例子，(2, 4, 6, 8)的赋值在功能上等价于(1, 2, 3, 4)的赋值。与所有潜在变量一样，分值的位置（location）和尺度（scale）需要加以标准化。整数赋值方法从便利性出发将类别的初始位置设定为 1，同时将类别的每一增量尺度化为 1。

7.2.2　中点赋值（midpoint scoring）

次序变量有时从概念上属于连续型的一些变量的分类测量中得到。在对婚前性行为态度的例子中，受教育水平在综合社会调查（General Social Surveys，GSS）中原本是作为上学年限来收集的，但被分解成四个类别：中学以下（0～11年）、中学（12年）、大学未毕业（13～15年）和大学及以上（16年或更多）。

如果某一次序变量属于某一连续变量的离散化形式，研究者就知道区分每一类别所在区间的分界点。因此，就有可能计算出每一区间分界点之间的中点，并以此作为"平均"值来代表落入该区间的所有案例，这有时候也很吸引人。实际上，这在实际工作中是一种被经常用来解决聚合问题（aggregation problem）的方法。

中点赋值方法存在两个可能的问题。第一，如果分布在某一区间内高度偏态，中点就是对真值的一个拙劣替代。例如，就 GSS 中那些属于"上学年限不到 12 年"这一类别的被访者而言，5.5 年可能严重低估了他们的平均上学年限。第二，最后一类往往是开口的。就受教育水平的例子来说，最后一类为大学及以上。对此开口类别，可能需要借助某个假定或使用辅助信息来得到一个合理的中点值。对于这两个问题，我们建议采用一种建立在数据的某一假设分布之上的变换规则。

7.2.3　标准分变换（Normal Score Transformation）

在第 1 章，我们曾讨论分类变量被视为潜在地服从正态分布变量的外在表征，这是分类变量分析中一个非常重要的思路，由 Karl Pearson 及其后的学者们提出。在前面的介绍中，这一观点认为次序变量属于正态分布变量的简单离散化形式。在列联表分析中，当两个变量都属于次序变量时，Goodman（1981b）展示了能够得到四分相关模型（tetrachoric correlation model）的双变量正态分布模型（bivariate normal distribution model）与 RC 关联模型（RC association model）之间的密切联系。有关这一主题的更详细的讨论，请参见 Clogg 和 Shihadeh（1994）。

尽管正态分布假定在理想情况下应当在控制解释变量之后用在潜在因变量的条件分布中，但是这对于一些利用因变量的边缘分布来推导标准分的应用而言却是富有成效的。为了基于正态分布将标准分指派给每个区间，我们采取以下步骤：（1）计算出每个类别在样本中所占的比例；（2）将类别之间的比例累积起来；（3）对于每一类别，找出与其中点（类别中的第 50 个百分位数）相对应的累积比例；（4）基于标准正态分布，将中点的累积比例转换成 Z 值。[1] 表 7 - 1 以婚前性行为态度数据为例对这些步骤做了详细说明。

表 7 - 1　以态度为例的标准分变换

	总是错的	几乎总是错的	有时是错的	根本没错
频数	1020	386	825	1573
比例	0.268	0.101	0.217	0.414
累积比例	0.268	0.370	0.586	1.000
中点值	0.134	0.319	0.478	0.793
Z 值	- 1.107	- 0.471	- 0.055	0.818

从表 7 - 1 中得到的一个有趣的发现是，如果我们基于边缘分布对分数进行标准化的话，第二类（即几乎总是错的）实质上比最后一类（即根本没错）更加接近于第一类（即总是错的）。第三类（即有时是错的）看起来是中立态度的反映。

7.2.4　利用辅助信息的尺度化

前面提及的赋值方法都是在同一次序变量中进行的。更复杂但更好的方式是利用辅助信息，这些信息要么来自同一数据集中的不同变量，要么来自其他数据。这一点在有关尺度化的更主要的文献中能够找到，这里将不展开讨论。经典的例子是 Duncan（1961）对社会经济地位指数（socioeconomic status index）的建构。更近的实例是利用"工具"变量进行尺度化的例子，即 Clogg（1982）用 Goodman（1979）的 RC 模型获取次序测量的数值尺度（numerical scale）。正如第 4 章所提到的，RC 模型作为一种尺度化方法其富有吸引力的特征就在于，它不需要假定类别之间的正确序次；相反，它能对各个类别的大小以及序次进行估计。

7.3　分组数据的 Logit 模型

第 3 章介绍了用于对二分类因变量（y）进行处理的回归模型，我们将 logit 定义为：

---

[1]　回想一下，Z 其实就是标准累积正态概率分布的逆〔即 $Z = \Phi^{-1}(p)$〕。

$$\log\left(\frac{p}{1-p}\right) = \log\left[\frac{\Pr(y=1)}{\Pr(y=0)}\right] \tag{7.1}$$

即，logit 可以被看作两个概率之比的对数。一般地，对于包含多个响应（$j=1$，$\cdots$，J）的结果变量（y）而言，logit 变换采用如下的形式：

$$\log\left[\frac{\Pr(y=j)}{\Pr(y=j')}\right] = \log\left(\frac{p_j}{p_{j'}}\right) \tag{7.2}$$

这里，p_j 和 $p_{j'}$ 分别是类别 j 和 j' 的概率。此外，这些 logit 可以采用累积概率建构得到。因此，对于包含多个结果的响应变量而言，潜在地存在着很多令人感兴趣的 logit。但是，在 J 个类别的响应变量 y（$y=1$，$\cdots$，J）的诸多 logit 中，只有 $J-1$ 个才是非冗余的（nonredundant）。一旦我们理解了这一套非冗余的 logit，就能推导出其他的 logit。本节将介绍三种定义非冗余 logit 的方法，并对它们之间的关系加以讨论。

7.3.1　基线 logit、相邻 logit 和累积 logit

先来介绍一下基线 logit（baseline logit）。这一概念是将所有其他响应类别与某一基线类别加以比较。为了不失一般性，我们可以使用第一类作为基线。与类别 j（$j=2$，$\cdots$，J）对应的基线 logit 为：

$$\mathrm{BL}_j = \log\left[\frac{\Pr(y=j)}{\Pr(y=1)}\right] = \log\left(\frac{p_j}{p_1}\right), \quad j = 2, \cdots, J \tag{7.3}$$

当然，对于名义自变量而言，选择某个参照类来建构一套虚拟变量是随意的，在这一意义上，我们选择第一类作为基线也纯属随意而为。非次序多类别因变量 logit 模型（即多类别 logit 模型）通常采用基线 logit 的形式，这将在第 8 章中加以讨论。

下面我们转到相邻 logit（adjacent logit）上来。基本的想法是比较一对相邻的类别。我们将其定义为：

$$\mathrm{AL}_j = \log\left[\frac{\Pr(y=j)}{\Pr(y=j-1)}\right] = \log\left(\frac{p_j}{p_{j-1}}\right), \quad j = 2, \cdots, J \tag{7.4}$$

正如我们在后面将看到的，该 logit 变换与在对数线性模型（第 4 章）中起着核心作用的 LOR 有着密切的关联。正是由于这一点，相邻 logit 模型通常被用于对分组数据进行分析，因此，参数解释也采用对数线性建模框架。

最后，我们可以用累积概率来构造累积 logit（cumulative logit）。将

$$\mathrm{CL}_j = \log\left[\frac{\mathrm{Pr}(y \leq j)}{\mathrm{Pr}(y > j)}\right] = \log\left(\frac{\sum_{k=1}^{j} p_k}{\sum_{k=j+1}^{J} p_k}\right) \tag{7.5}$$

定义为累积 logit，即小于或等于类别 j 相对于大于类别 j 的概率。该式在次序 logit 模型中起着重要作用，本章将对其做深入讨论。

从前面的公式中，我们可以清楚地看到，

$$\mathrm{BL}_j = \sum_{k=2}^{j} \mathrm{AL}_k \tag{7.6}$$

累积 logit 与相邻或基线 logit 之间的关系是非线性的，这里不展开加以介绍。

7.3.2　相邻分类 logit 模型

前面提及的三类 logit 形成了三类 logit 模型。基线 logit 模型将在第 8 章中加以讨论，本章剩下的篇幅将集中讨论累积 logit 模型。本小节及下一小节将讨论相邻分类 logit 模型的性质。设想有一个分类自变量 x（$x = 1, \cdots, I$），相邻分类 logit 模型具有如下形式：

$$\log\left(\frac{p_{ij}}{p_{i(j-1)}}\right) = \beta_{ij}, \quad i = 1, \cdots, I; \quad j = 2, \cdots, J \tag{7.7}$$

实际上，估计该模型所需要的充分统计量都包含在 $y \times x$ 的列联表中。如果我们以列联表作为输入数据的话，所得到的相邻类别 logit 模型（公式7.7）就是一个饱和模型。作为例子，表 7 - 2 呈现了基于教育成就来预测婚前性行为态度的结果。输入数据取自表 4 - 8 所示的 4×4 表格。在该模型设定中，我们将受教育水平当作名义解释变量处理。结果基本上与表 4 - 9 中所报告的比数比（odds-ratios）完全一致。主要差别在于：（1）表 7 - 2 是在自变量的某一类别内来比较因变量的结果，而表 4 - 9 涉及因变量和自变量两者之间比数比的比较；（2）表 7 - 2 的结果用的是 logit 尺度，而表 4 - 9 使用的则是比数比尺度。

如果我们假定解释变量为定距测量尺度的变量，那么公式7.7可以简化成：

$$\log\left(\frac{p_{ij}}{p_{i(j-1)}}\right) = \alpha_j + \beta_j x_i, \quad i = 1, \cdots, I; \quad j = 2, \cdots, J \tag{7.8}$$

表 7 – 2　受教育水平与对婚前性行为的态度

受教育水平	对婚前性行为的态度		
	C: 2 相对于 1	C: 3 相对于 2	C: 4 相对于 3
高中以下	– 1. 210	0. 354	0. 791
高中	– 0. 886	0. 693	0. 621
大学未毕业	– 0. 827	0. 919	0. 663
大学及以上	– 0. 908	1. 075	0. 546

虽然我们对公式 7. 8 中任一解释变量所对应的 $J-1$ 个系数进行估计，但我们仍然尚未利用因变量中的序次信息。如果进一步假定因变量可以尺度化成定距变量（interval variable）y_j，公式 7. 8 可以进一步简化成：

$$\log\left(\frac{p_{ij}}{p_{i(j-1)}}\right) = \alpha_j + \beta(y_j - y_{j-1})x_i, \quad i = 1,\cdots,I; \quad j = 2,\cdots,J \tag{7.9}$$

作为特例，如果将整数赋值同时应用于 y 和 x，公式 7. 9 可以简化成：

$$\log\left(\frac{p_{ij}}{p_{i(j-1)}}\right) = \alpha_j + \beta i, \quad i = 1,\cdots,I; \quad j = 2,\cdots,J \tag{7.10}$$

7.3.3　相邻分类 logit 模型和对数线性模型

在前一小节中我们讨论的相邻分类 logit 模型本质上讲就是对数线性模型。与公式 7. 7 等价的对数线性模型为饱和模型，与公式 7. 8 等价的对数线性模型则是下面"一般化的"列效应模型（column effects model）：

$$\log F_{ij} = \mu + \mu_i^R + \mu_j^C + x_i \nu_j \tag{7.11}$$

这里，x_i 是解释变量第 i 个类别的估算值（imputed score）。由于列效应模型通常对行变量采用整数赋值，而这里我们允许对行变量使用一种更具一般意义的尺度，所以我们使用了"一般化的"这一术语。在给定公式 7. 11 的情况下，其相邻 logit 模型可以写为：

$$\log\left(\frac{p_{ij}}{p_{i(j-1)}}\right) = \log\left(\frac{F_{ij}}{F_{i(j-1)}}\right) = \mu_j^C - \mu_{j-1}^C + x_i(\nu_j - \nu_{j-1}) \tag{7.12}$$

由此，我们看到，用 $\alpha_j = \mu_j^C - \mu_{j-1}^C$ 和 $\beta_j = \nu_j - \nu_{j-1}$ 作为表示 j 对 $(j-1)$ 类 logit 进行比较的 x 的估计系数，公式 7. 12 将具有与公式 7. 8 相同的形式。如果把因变

量的潜在分值记为 y_j，那么 βy_j 可以替换 ν_j，这样一来，公式 7.12 就简化成公式 7.9。作为特例，列联表的统一关联模型（uniform association model）设定 $x_i = i$ 以及 $y_j = j$。这对应着整数赋值，同时将公式 7.12 简化成公式 7.10。这些相邻类别 logit 模型都可以采用适合于处理对数线性模型的现有统计软件进行估计。

我们将这些模型应用到对婚前性行为态度的例子中。先对受教育水平变量指定整数分值，因此 $x_i = i$，并估计公式 7.8，它等价于列效应模型。我们的估计得到的 G^2 为 14.22，自由度为 6（BIC = −35.24）。与将因变量的类别 2 对 1、3 对 2 以及 4 对 3 加以比较的三个相邻类别 logit 相对应的系数分别为 0.112、0.343 和 0.281（标准误分别为 0.057、0.045 和 0.039）。这些估计值表明，受教育水平与对婚前性行为的更高容忍度存在着关联。受教育水平的影响在容忍度的低端要比在容忍度的高端更弱。为了检验受教育水平的影响在响应变量不同取值范围上完全相同的假设，我们进一步对 y_j 指定整数分值，并估计公式 7.10，它实际上就是统一关联模型。该模型得到的 G^2 为 31.33，自由度为 8（BIC = −34.62），对数据的拟合并没有前一个模型好。注意，除了整数赋值方法之外，也可以使用其他赋值方法。例如，我们可以对 x_i 指派整数分而对 y_j 指派标准分（见表 7−1）。但是该模型并未比统一关联模型拟合得更好（$G^2 = 39.69$，$df = 8$；BIC = −26.26）。

7.4 次序 Logit 和 Probit 模型

本节讨论适用于个体水平数据的次序概率模型（比如，包含连续型解释变量的模型），这些模型通常被称作次序 logit 和 probit 模型。logit 形式可以被看作建立在累积 logit 基础之上的。

有两种方法将第 3 章中所讨论的二项 logit 和 probit 模型扩展至次序结果的情况。第一种方法利用累积概率的 logit 或 probit。当类别被排序，但是分析人员又不想假定结果其实代表着对可能很好地被加以测量的连续变量进行重新编码或分解后的情况，此时，这一方法可能是更优的选择。第二种方法假定存在一个隐含着的连续潜在变量，与第 3 章中讨论过的随机效应回归类模型相近。不管是用哪一种方法，模型的统计性质完全相同。

7.4.1 累积 logit 和 probit

现在我们改变标记方法，以下标 i 来代表某一样本中的第 i 个观测。假设响

应变量 y_i 的取值为 1，2，$\cdots$，$J(J \geqslant 3)$，这些取值分别与排好了序次的响应类别相对应，那么，一个一般性的概率模型可以写成累积概率的形式。累积概率 $\Pr(y_i \leqslant j)$ 表示的是小于或等于某一特定值 j 的概率。照此方式，累积概率具有我们通常熟悉的解释，即可以被看作某一离散随机变量的一个长期累积相对频数。个体 i 出现响应水平 j 的累积概率记为 $C_{i,j}$，可以写成：

$$C_{i,j} = \Pr(y_i \leqslant j) = \sum_{k=1}^{j} \Pr(y_i = k), \quad j = 1, \cdots, J \tag{7.13}$$

根据定义，当 $j = J$ 时，累积概率必定等于 1，这意味着对于所有的个体 i 而言，$C_{i,j} = 1$。这一约束条件限定了只有 $J - 1$ 个累积概率（或其函数）才是唯一可识别的。

我们将累积概率表示成某一组自变量所构成向量 $\mathbf{x}_i$ 的函数，

$$C_{i,j} = F(\alpha_j + \mathbf{x}_i' \boldsymbol{\beta}), \quad j = 1, \cdots, J \tag{7.14}$$

这里，$F(\cdot)$ 是某个合适的累积分布函数。在大多数情况下，这是一个对称的分布。当 $F(\cdot)$ 服从一个累积逻辑斯蒂分布时，就得到了次序 logit 模型。如果对 $F(\cdot)$ 选择一个累积标准正态分布，就得到了次序 probit 模型。在这一设定中，有 $(J - 1)$ 个 α_j 参数，可以将它们视为对应于因变量各次序类别的分界点、门槛或各自的截距。如果以这种方式定义累积概率，则意味着 $C_{i,j} > C_{i,j-1}$，如图 7 - 1 所示，$F(\cdot)$ 会随着 j 的增大而增大。因此，α_j 参数在 j 上必定是非减的。

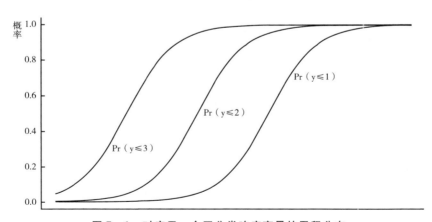

图 7 - 1　对应于一个四分类响应变量的累积分布

对这一基本模型可能会有不同的参数求解方法（parameterization）。例如，我们可能已经定义了 $C_{i,j} = \Pr(y_i > j)$。在对称分布中，它等于 $1 - \Pr(y_i \leqslant j)$，因此该模型只是将基于累积概率的标准参数求解方法所得系数的符号变为负的。重要的是要知道，当我们使用某一特定软件估计这些模型时，该软件采用哪种参数求解方法。SAS 的 proc logistic 程序采用累积概率参数求解方法（SAS Institute，2004），Agresti（2002）曾对该方法做过介绍。7.4.4 节将讨论不同的参数求解方法。

序次结果的条件概率以累积概率的形式可以表示为：

$$\Pr(y_i = j \mid \mathbf{x}_i) \begin{cases} F(\alpha_1 + \mathbf{x}'_i \boldsymbol{\beta}) & j = 1 \\ F(\alpha_j + \mathbf{x}'_i \boldsymbol{\beta}) - F(\alpha_{j-1} + \mathbf{x}'_i \boldsymbol{\beta}) & 1 < j \leq J - 1 \\ 1 - F(\alpha_{J-1} + \mathbf{x}'_i \boldsymbol{\beta}) & j = J \end{cases} \quad (7.15)$$

采用这一方式，可以根据模型得到与某一响应类别相对应的预测概率。

7.4.2　次序 logit 模型

次序 logit 模型的累积概率可以写为：

$$C_{i,j} = \Pr(y_i \leq j \mid \mathbf{x}_i) = \frac{\exp(\alpha_j + \mathbf{x}'_i \boldsymbol{\beta})}{1 + \exp(\alpha_j + \mathbf{x}'_i \boldsymbol{\beta})} \quad (7.16)$$

与第 3 章中提到的模型一样，该模型在逻辑斯蒂尺度上也是线性的。令 $l_j(x_i)$ 表示 $y \leq j$ 相对于 $y > j$ 的累积 logit，那么

$$l_j(\mathbf{x}_i) = \log\left[\frac{\Pr(y_i \leq j \mid \mathbf{x}_i)}{\Pr(y_i > j \mid \mathbf{x}_i)}\right] = \alpha_j + \mathbf{x}'_i \boldsymbol{\beta} \quad (7.17)$$

该模型常常被称为比例比数模型（proportional odds model）。若给定两个协变量向量 $\mathbf{x}_{i1}$ 和 $\mathbf{x}_{i2}$，那么，响应类别 $y_i \leq j$ 相对于 $y_i > j$ 的比数在 $\mathbf{x}_i = \mathbf{x}_1$ 和 $\mathbf{x}_i = \mathbf{x}_2$ 两种情形之间就会成比例地更高或更低。以 $\omega(\mathbf{x}_h)(h = 1, 2)$ 表示与协变量取值相关联的累积比数，可得到以下累积比数比：

$$\frac{\omega(\mathbf{x}_1)}{\omega(\mathbf{x}_2)} = \frac{\Pr(y \leq j \mid \mathbf{x}_1)/\Pr(y > j \mid \mathbf{x}_1)}{\Pr(y \leq j \mid \mathbf{x}_2)/\Pr(y > j \mid \mathbf{x}_2)}$$
$$= \frac{\exp(\mathbf{x}'_1 \boldsymbol{\beta})}{\exp(\mathbf{x}'_2 \boldsymbol{\beta})} = \exp\{(\mathbf{x}_1 - \mathbf{x}_2)' \boldsymbol{\beta}\} \quad (7.18)$$

它与解释变量取值之间的距离成比例。成比例特性的关键之处在于 $\mathbf{x}$ 的效应在因变量各类别之间固定不变。也就是说，回归系数向量 $\boldsymbol{\beta}$ 不受 j 的调节。

累积比数比的对数或累积 LOR 为：

$$\log\left[\frac{\omega(\mathbf{x}_1)}{\omega(\mathbf{x}_2)}\right] = l_j(\mathbf{x}_1) - l_j(\mathbf{x}_2) = (\mathbf{x}_1 - \mathbf{x}_2)'\boldsymbol{\beta} \tag{7.19}$$

公式 7.19 也不随 j 的不同而变化。

对于 J 个次序类别和单个协变量的情况而言，拟合得到的 logit 对应着 $J-1$ 条平行线。检验斜率相等（equal slopes）也是可能的。[1]

在前面针对某一给定协变量 x_k 的参数求解方法中，当 $\beta_k > 0$ 时，累积 logit 会随着 x_k 的增加而增加。这意味着，x_k 的取值越大，y 则倾向于越小。类似地，当 β_k 为负值时，随着 x_k 取值的增大，y 的取值也会增大。对 $C_{i,j} = \mathrm{Pr}(y_i > j)$ 求解参数的一个替代方法会得到与回归类型估计值相联系的常见解释。即当 $\beta_k > 0$ 时，x_k 的取值越大，y 的取值也越大。

7.4.3　次序 probit 模型

类似地，通过设定以下条件累积概率，可以得到次序 probit 模型：

$$C_{i,j} = \mathrm{Pr}(y_i \le j \mid \mathbf{x}_i) = \Phi(\alpha_j + \mathbf{x}_i'\boldsymbol{\beta}) \tag{7.20}$$

这里，$\Phi(\cdot)$ 表示累积标准正态分布函数。次序 logit 和次序 probit 都是累积链接模型的特例，该模型与 7.4.4 节中的潜在变量模型有着密切的联系。令 $F(\cdot)$ 表示某一连续随机变量的累积分布函数，那么，链接函数的逆 $F^{-1}(p)$ 将累积概率 $\mathrm{Pr}(y_i \le j)$ 变换成实际的线（real line）。对服从其他分布的变量而言，logit 或 probit 之外的链接函数可能比较合适。例如，当分布呈现左偏态（left-skewed），或当 $\mathrm{Pr}(y_i \le j)$ 接近 1 的速度比接近 0 的速度更快时，合适的做法是采用第 2 章和第 5 章中介绍过的互补双对数链接函数。

次序 probit 模型与次序 logit 模型非常类似。二者之间的差异主要是历史原因造成的，因为它们分别在不同的学科中被独立地发展出来：probit 模型出现在社会科学中（McKelvey & Zavoina，1975），而 logit 模型出现在生物统计学中（McCullagh，1980）。在二者之间进行的选择在实践中并不重要。协变量效应

---

[1]　可以使用成比例的卡方值检验来对等斜率（probit）或比例比数（logit）的假定进行检验。这一检验需要得到对数似然函数对参数的一阶和二阶偏导数的向量的表达式。SAS 的 proc logistic 程序提供这一检验作为输出的一部分。Stata 的加载包（add-on package）提供了对非比例性（nonproportionality）假定进行检验的详细信息。

（logit 和 probit）也具有类似的解释。不过，在次序 probit 模型中，分类自变量的效应并不能自然而然地采用比数的方式加以解释。

7.4.4 潜在变量方法

建立与前述模型相同的一种替代方法就是采用潜在变量。该方法是 McKelvey 和 Zavoina（1975）早期发展次序 probit 模型的基础。假定有一个能够代表响应变量但又不能直接测量的、隐含的连续潜在变量 y^*，潜在变量方法即受此思路的启发。用结构方程的语言，我们可以将潜在变量和观测变量之间的关系视为构成了一个测量模型（Xie，1989）。假定有一组未知的门槛值

$$\delta_0 < \delta_1 < \cdots < \delta_{J-1} < \delta_J \tag{7.21}$$

这里，$\delta_0 = -\infty$，$\delta_J = \infty$。潜在变量与其实现结果之间的关系为：

$$y_i = j, \quad 若 \delta_{j-1} < y_i^* \leq \delta_j \tag{7.22}$$

图 7-2 展示了包含 4 个次序结果情况下的这一关系。例如，我们发现，$y_i = 4$ 这一实现的次序结果对应着一个连续的潜在变量 $y_i^* > \delta_3$。

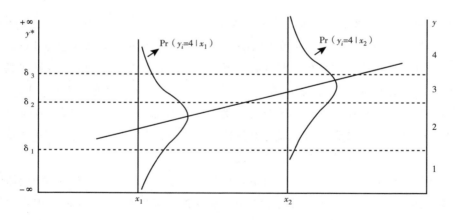

图 7-2 潜在变量和现实结果之间的关系

潜在变量方式将重点放在 y_i^* 的"结构"模型上面，

$$y_i^* = \mathbf{x}_i' \boldsymbol{\beta} + \varepsilon_i \tag{7.23}$$

这里，ε 的均值为零，并服从某一对称分布（即正态分布或逻辑斯蒂分布）。正如第 3 章中讨论过的二分类响应潜在变量模型，y^* 的位置和尺度也是任意的，

且不能被识别。因此，我们假定，对于 probit 模型，其残差（ε）的方差为 1；对于 logit 模型，其残差（ε）的方差为 $\pi^2/3$。

y_i^* 的潜在变量模型可以写成一个累积概率模型。这一等价关系建立在观测到的离散响应和连续潜在变量之间的下述关系基础之上：

$$\Pr(y_i \leqslant j) = \Pr(y_i^* \leqslant \delta_j) \tag{7.24}$$

将该式代入 y^* 中，累积概率可以写成：

$$C_{i,j} = \Pr(y_i \leqslant j \mid \mathbf{x}_i) = \Pr(\mathbf{x}_i'\boldsymbol{\beta} + \varepsilon_i \leqslant \delta_j) \tag{7.25}$$

重新整理各项之后，我们得到：

$$C_{i,j} = \Pr(\varepsilon_i \leqslant \delta_j - \mathbf{x}_i'\boldsymbol{\beta}) = F(\delta_j - \mathbf{x}_i'\boldsymbol{\beta}) \tag{7.26}$$

这里，$F(\cdot)$ 为残差 ε 的分布函数。这一参数求解方法使得由累积概率模型得到的 β 符号呈相反方向，因此，当 $\beta > 0$ 时，具有 x 对 y^* 的正效应这一熟知的解释。

潜在变量方法的分界点（δ_j）类似于累积概率方法的 α_j，因为它们的作用都是精确地拟合结果类别的边缘分布。由于这一原因，结构公式 7.23 通常没有截距项。LIMDEP 等一些统计软件包含结构方程的截距项，但是对由公式 7.21 所表示的测量模型增加了一个约束条件，即 $\delta_0 = 0$。

潜在变量模型（不含截距）下的累积概率具有以下形式：

$$\Pr(y_i = j \mid \mathbf{x}_i) \begin{cases} F(\delta_1 - \mathbf{x}_i'\boldsymbol{\beta}) & j = 1 \\ F(\delta_j - \mathbf{x}_i'\boldsymbol{\beta}) - F(\delta_{j-1} - \mathbf{x}_i'\boldsymbol{\beta}) & 1 < j \leqslant J-1 \\ 1 - F(\delta_{j-1} - \mathbf{x}_i'\boldsymbol{\beta}) & j = J \end{cases} \tag{7.27}$$

7.4.5 参数估计

次序概率模型参数的最大似然估计一目了然。很多软件都采用牛顿－拉弗森（Newton-Raphson）算法作为取得次序 probit 和次序 logit 的默认方法，而且我们的经验表明，这一算法比其他方法收敛得更快。目标是找到使所得观测值的联合概率实现最大化时的 β 和 α_j 或 δ_j 的估计值。由于观测之间相互独立，联合概率被分解成边缘概率的积。观测到 $y = j$ 的概率就是累积概率之间的差：

$$\Pr(y_i = j \mid \mathbf{x}_i) = \Pr(y_i \leqslant j \mid \mathbf{x}_i) - \Pr(y_i \leqslant j-1 \mid \mathbf{x}_i)$$

第 i 个观测所对应似然值的贡献取决于观测到的是哪一个 j 值。对于次序响

应的每个 J 值，我们取所有 $y = j$ 的观测值的乘积，并将该似然值写为：

$$L = \prod_{i=1}^{n} \prod_{j=1}^{J} \Pr(y_i = j \mid \mathbf{x}_i)^{d_{ij}} \tag{7.28}$$

这里，若 $y_i = j$，则 $d_{ij} = 1$，否则等于 0。因此，d_{ij} 定义了 J 个虚拟变量，对于任一观测而言，只有其中一个虚拟变量等于 1。

对于累积 logit 和 probit 模型，对数似然值可以用模型量（model quantities） 的形式写为：

$$\log L = \sum_{i=1}^{n} \sum_{j=1}^{J} d_{ij} \log[F(\alpha_j + \mathbf{x}_i' \boldsymbol{\beta}) - F(\alpha_{j-1} + \mathbf{x}_i' \boldsymbol{\beta})] \tag{7.29}$$

对于潜在变量模型，对数似然值为：

$$\log L = \sum_{i=1}^{n} \sum_{j=1}^{J} d_{ij} \log[F(\delta_j - \mathbf{x}_i' \boldsymbol{\beta}) - F(\delta_{j-1} - \mathbf{x}_i' \boldsymbol{\beta})] \tag{7.30}$$

它们得到系数向量 $\boldsymbol{\beta}$ 的相同参数估计值，但是符号恰好相反。

7.4.6　应用举例

作为举例说明，我们来考虑由 3705 名非西班牙裔白人年轻妇女所构成样本的婚前性行为态度，该样本取自 NLSY 数据集。次序结果根据被访者对下列表述所做的赞成或反对的回答得到："妇女应该待在家里而不是出去工作。" 可能的回答为 1 = 坚决反对（40%）、2 = 反对（45.2%）、3 = 赞成（11.3%） 以及 4 = 坚决赞成（3.5%）。

对该数据拟合的模型包含年龄（AGE）、14 岁时的不完整家庭（NONINT）、14 岁时母亲就业（MWORK）、母亲的受教育水平（MEDUC）、家庭收入（INCOME）、姐妹数（NSIBS）和保守新教徒式成长环境（CONSPROT）。[①]

表 7 - 3 呈现了采用两种参数求解方法所得到的次序 logit 模型的参数估计结果。[②] Ordered Logit I 对应着累积 logit 模型，而 Ordered Logit II 对应着潜在变量模型。

---

① 成比例比数的卡方值检验得到的卡方为 11.78，自由度为 14，这并没有提供否定这一假定整体上成立的证据。

② 这些结果采用 SAS 和 LIMDEP 统计软件估计得到。注意，LIMDEP 设定 $\sigma_0 = 0$ 并在模型中包含了一个截距项。LIMDEP 报告的门槛参数（μ_j）与 δ 参数之间的差相对应，因此，$\mu_0 = \beta_0 = -\delta_1$ 就是模型的截距，同时 $\mu_j = \delta_{j+1} - \delta_1$（$j = 1, \cdots, J - 2$）。

表 7 - 3　不同参数求解方法下的次序 logit 估计值

变　量	Ordered Logit I		Ordered Logit II	
	估计值	Z 值	估计值	Z 值
AGE	0.036	(2.57)	- 0.036	(- 2.57)
NONINT	0.182	(2.43)	- 0.182	(- 2.43)
MWORK	0.224	(3.50)	- 0.224	(- 3.50)
MEDUC	0.084	(6.25)	- 0.084	(- 6.25)
INCOME	0.013	(2.29)	- 0.013	(- 2.29)
NSIBS	- 0.046	(- 3.07)	0.046	(3.07)
CONSPROT	- 0.479	(- 6.69)	0.479	(6.69)
常数($-\delta_1$)	—	—	2.041	(6.47)
α_1	- 2.041	(- 6.47)	—	—
α_2	0.196	(0.62)	—	—
α_3	1.774	(5.52)	—	—
$\delta_2 - \delta_1$	—	—	2.234	(45.42)
$\delta_3 - \delta_1$	—	—	3.815	(41.50)
对数似然值	- 3947.3		- 3947.3	
模型χ^2	178.1		178.1	
df	7		7	

　　基于第一种参数求解方法（Ordered Logit I）可以看到，家庭规模越大且在保守新教徒式成长环境中长大，则对"妇女应该待在家里"这一观点的赞成程度越高。更低的赞成程度往往与年龄、家庭结构不完整、母亲的受教育水平、母亲在家庭之外工作和家庭收入有关。例如，在控制其他协变量不变的情况下，在保守新教徒式成长环境中长大的妇女的性别角色态度小于或等于某一给定水平 j 相对于大于 j 的比数是那些在其他宗教环境中长大的妇女相应比数的 $e^{-0.479}$ = 0.62 倍。相反，母亲有工作会导致比数增加 25%（$e^{0.224}$ = 1.25）。

　　第二种参数求解方法（Ordered Logit II）提供了对相同结果的另一种解释。潜在变量 y_i^* 代表持保守性别角色的倾向。对于那些有保守新教徒背景的妇女而言，这一倾向会增加 0.479 倍。在控制其他变量不变的情况下，母亲的受教育水平变化一个单位，导致持保守性别角色的倾向降低 0.084。

　　这两种参数求解方法简要地反映出刻画数据特征的不同方式。累积 logit 方法基于常规的累积概率定义。所得结果被解释成对小于或等于任一结果水平 j 的影响。潜在变量方法使用类似于线性回归的解释，协变量效应在这里被解释成 **x** 的单位变化所带来的潜在变量的相应变化。

7.4.7　边际效应

在潜在变量方法中，自变量的效应采用常规回归中的方式加以解释，即 $\mathbf{x}$ 的变化所带来的 y^* 的变化。很不幸的是，y^* 不可观测，因此需要寻求替代的解释。在次序 logit 模型中，一个自然而然的解释是采用公式 7.17 所表述的比数比的形式。但是，对于次序 probit 模型，并不存在类似于比数比的解释。不过，表示 $\Pr(y_i = j \mid \mathbf{x}_i)$ 变化的偏边际效应提供了一种对这些结果加以解释的便利方法。x_k 的偏边际效应由下式给出：

$$\frac{\partial \Pr(y_i = j \mid \mathbf{x}_i)}{\partial x_{ik}} = \begin{cases} -f(\delta_1 - \mathbf{x}'_i \boldsymbol{\beta})\beta_k & j = 1 \\ \{f(\delta_{j-1} - \mathbf{x}'_i \boldsymbol{\beta}) - f(\delta_j - \mathbf{x}'_i \boldsymbol{\beta})\}\beta_k & 1 < j \leqslant J - 1 \\ f(\delta_{J-1} - \mathbf{x}'_i \boldsymbol{\beta})\beta_k & j = J \end{cases} \quad (7.31)$$

根据这些表达式，我们发现，对于 $j=1$，边际效应的符号与 β 相反；而对于 $j=J$，边际效应的符号与 β 相同，这是因为密度 $f(\cdot)$ 为非负数的缘故。但是，对于中间类别，边际效应的符号取决于类别 j 和 $j-1$（$j=2$，$\cdots$，$J-1$）所对应的密度，而无法仅仅根据估计值来确定。因此，我们极力主张在对边际效应加以解释时要谨慎，同时提倡采用 logit 模型中更为简单的比数比方法。

表 7-4 是从性别角色数据的次序 probit 模型得到的参数估计值和边际效应。边际效应在自变量均值处计算得到，因此前述表达式中的 $\mathbf{x}'_i \boldsymbol{\beta}$ 可由 $\bar{\mathbf{x}}' \hat{\boldsymbol{\beta}}$ 替代。边

表 7-4　次序 probit 估计值与边际效应

变量	$\hat{\beta}$	Z	$\partial \Pr(y_i = j \mid x_i)/\partial x_i$ 次序结果			
			1	2	3	4
AGE	-0.021	-2.43	0.008	-0.003	-0.003	-0.014
NONINT	-0.100	-2.33	0.038	-0.016	-0.015	-0.007
MWORK	-0.139	-3.70	0.053	-0.023	-0.021	-0.010
MEDUC	-0.048	-6.16	0.019	-0.008	-0.007	-0.003
INCOME	-0.008	-2.37	0.003	-0.001	-0.001	-0.001
NSIBS	0.027	3.05	-0.010	0.004	0.004	0.002
CONSPROT	0.278	6.67	-0.107	0.045	0.042	0.019
δ_1	-1.200	6.43				
δ_2	0.134	0.75				
δ_3	0.922	5.38				
Log L	-3974.2					
模型 χ^2	178.4					
df	7					

际效应被解释为，在控制其他变量不变的情况下，x 每一单位的变化所带来的 y 等于某一给定值时概率的变化。对于虚拟变量，边际效应的这一表述并不完全正确，可以采用替代表述。不过，从计算的角度来看，使用公式 7.31 往往更容易。

7.4.8　非比例比数

比例比数或平行线（parallel lines）的假定提供了对协变量效应的便利解释；然而，这一假定往往并不能得到满足，因此应当加以检验。标准统计软件都能对此进行正式检验，随后做详细讨论。如果对效应的某种尝试性比较（heuristic comparison）感兴趣，我们可以对 y 的一个更高类别相对于一个更低类别的比数估计一系列二项 logit 模型。假设 y 被编码成 1，2，$\cdots$，J。响应大于 j 相对于小于或等于 j 的对数比数可以写成：

$$\log\left[\frac{\Pr(y_i > j)}{\Pr(y_i \leq j)}\right] = \delta_j - \mathbf{x}'_i \boldsymbol{\beta}_j, \quad j = 1, \cdots, J-1$$

这允许对每一个 logit 存在一个不同的 x 效应。我们可以定义 $J-1$ 个二分类响应变量 z_{ij}，如果 $y_i > j$（$j = 1$，$\cdots$，$J-1$），那么 $z_{ij} = 1$，否则为 0。上述模型相当于对 $J-1$ 个响应变量分别估计一个单独的二项 logit 模型。模型的那些截距类似于标准模型中的门槛参数，但是符号相反。系数的符号与潜在变量方法中所使用的正态化参数求解方法所得结果一致。

7.4.9　应用举例

为了说明这一方法，我们来考虑妇女的就业态度这样一个变量。表 7 - 5 是 6283 名 NLSY 妇女的回答，它刻画了这些妇女针对以下表述所做出的从坚决反对到坚决赞成的某种态度："全职太太没有时间在外面工作。"表 7 - 6 提供了使用前面定义过的二分类结果变量 z_{ij} 所得到的标准次序 logit 模型以及单独 logit 模型的估计结果。

表 7 - 5　对妇女就业的态度

响应类别(编码)	频　数	百分比
坚决反对(1)	1171	18. 64
反对(2)	3704	58. 95
赞成(3)	1105	17. 59
坚决赞成(4)	303	4. 82
总　　计	6283	100. 00

表 7 – 6　次序 logit 与单独 logit 的估计值

变　量	$\hat{\beta}$	z_1 $\hat{\beta}_2$	z_2 $\hat{\beta}_3$	z_3 $\hat{\beta}_4$
MWORK	0. 274 **	– 0. 178 **	– 0. 361 **	– 0. 319 **
MEDUC	– 0. 096 **	– 0. 091 **	– 0. 095 **	– 0. 111 **
INCOME	– 0. 016 **	– 0. 008	– 0. 025 **	– 0. 055 **
CONSPROT	0. 271 **	0. 250 **	0. 326 **	0. 156
URBAN	0. 013	– 0. 104	0. 059	0. 479 **
SOUTH	– 0. 044	0. 099	– 0. 168 *	– 0. 190
BLACK	– 0. 252 **	– 0. 302 **	– 0. 238 **	– 0. 063
常数		2. 685 **	0. 070	– 1. 704 **
δ_1	– 2. 798 **			
δ_2	0. 008			
δ_3	1. 780 **			

** $p < 0.01$；* $p < 0.05$。

我们增加了城镇（URBAN）、南部居住地（SOUTH）以及是不是黑人（BLACK）等变量。两种方式得到的估计值在很多方面都是一致的。我们发现，在所有模型中，母亲就业、母亲的受教育水平和家庭收入这些变量具有相似的影响程度。不过，有意思的是，家庭收入并未对赞成相对于坚决反对这一态度倾向产生显著影响。城镇和南部居住地两个变量在各类别上的作用不成比例表现得更为明显。我们在次序 logit 模型中并没有发现这些预测变量的显著影响，不过，单独的 logit 模型揭示出一些变量的作用具有不同的符号和大小。

7. 4. 10　比例特性的检验

一个针对比例比数的正式检验是由 Brant（1990）发展出来的。这一方法通过 Wald 检验提供了一种从整体上和基于逐个变量对模型的非比例特性进行评价的方法。Long 和 Freese（2006）提供了一个名为 brant 的 Stata ado 程序来执行这些整体和详细的检验。针对表 7 – 7 中第一个模型的检验结果显示在表 7 – 6 中，卡方（χ^2）检验提供了模型在整体上以及在 INCOME、SOUTH 和 URBAN 等变量上偏离比例特性的证据，通过查看表 7 – 6 中单独的 logit 模型也可以发现这一点。

表 7 - 7　比例比数假定的 Brant 检验

变　　量	χ^2	p 值	df
整体	42.88	0.000	14
MWORK	5.30	0.071	2
MEDUC	1.10	0.577	2
INCOME	9.55	0.008	2
CONSPROT	2.08	0.353	2
URBAN	10.36	0.006	2
SOUTH	8.61	0.014	2
BLACK	1.93	0.382	2

7.4.11　部分比例特性的模型

研究者可能希望在单个模型中同时考虑比例和非比例效应。Peterson 和 Harrell（1990）提供了在部分比例比数模型（partial proportional odds model）中纳入一部分非比例效应的方法。Williams（2006）发展出了一个 Stata ado 程序（gologit2）来拟合这一部分比例比数模型，该程序不仅对比例特性的偏离情况进行评价，而且会根据比例特性是否合理这一检验结果来自动拟合得到一个包含比例和非比例效应的次序 logit 模型。采用该程序所得到的结果显示在表 7 - 8 中。

表 7 - 8　部分比例比数模型

变　　量	$y > 1$ $\hat{\beta}_2$	$y > 2$ $\hat{\beta}_3$	$y > 3$ $\hat{\beta}_4$
MWORK	− 0.271 *	− 0.271 [a]	− 0.271 [a]
MEDUC	− 0.094	− 0.094 [a]	− 0.094 [a]
INCOME	− 0.006	− 0.027 *	− 0.060 *
CONSPROT	0.280 *	0.280 [a]	0.280 [a]
URBAN	− 0.093	0.060	0.474 *
SOUTH	0.086	− 0.147 *	− 0.184
BLACK	− 0.262 *	− 0.262 [a]	− 0.262 [a]
δ_j	2.735	0.048	− 1.852
log L	− 6617.73		
df	13		

* 效应在统计上显著，$p \leqslant 0.05$。

[a] 成比例性约束。

表述次序模型中非比例特性的其他可能方法涉及使用一个共同的尺度参数（scale parameter）来对各组比例效应加以测量的问题，这与 Andersen（1984）提出的构型（stereotype）次序响应模型类似。例如，设想与 $\mathbf{x}_1$ 对应的一组效应符合标准比例约束，与 $\mathbf{x}_2$ 对应的一组效应由一个随应答类别而变化的公因子 ϕ 加以度量。设 $\mathbf{x}_3$ 为具有任意非比例效应的一组变量。以下模型包含了所有这些可能性：

$$\log\left[\frac{\Pr(y_i > j)}{\Pr(y_i \leqslant j)}\right] = \delta_j - \mathbf{x}'_{1i}\boldsymbol{\beta}_1 - \mathbf{x}'_{2i}\boldsymbol{\beta}_2\phi_j - \mathbf{x}'_{3i}\boldsymbol{\beta}_{3j}, \quad j = 1,\cdots,J-1$$

该模型可以被扩展为对不同的协变量组纳入额外尺度参数的情况。Andersen（1984）和 Hendrickx（1995）曾对尺度参数的标准化做过讨论。由于 Andersen 的模型在乘法形式中设定了两套未知参数 $\boldsymbol{\beta}_2\phi_j$，因此，与 Goodman（1979）的 RC 模型类似，它的估计需要以迭代形式进行运算的专门程序。

7.4.12 次序响应的多层模型

第 5 章介绍的方法能够被应用于本章提到的许多次序响应模型。例如，个体 k 嵌套在背景 i 中的 2 层模型可以写为：

$$\log\left[\frac{\Pr(y_{ik} > j)}{\Pr(y_{ik} \leqslant j)}\right] = \delta_j - \mathbf{x}'_{ik}\boldsymbol{\beta} - \mathbf{z}'_{ik}\mathbf{u}_i \tag{7.32}$$

这里，$\mathbf{u}$ 为 $\mathbf{z}$ 的随机系数的多元正态向量（即随机变动效应）。其余各项与公式 7.23 给出的结构模型中的各项完全一样。应当注意，"固定效应"的解释要视层 −2 的随机系数而定。

该模型可以使用边际最大似然法或贝叶斯方法进行估计。MIXOR（Hedeker & Gibbons，1996）和 gllamm（Rabe-Hesketh，Skrondal，& Pickles，2004）等提供了估计这些模型的专门程序。aML 软件（Lillard & Panis，2003）也可以编程来拟合该模型，该软件具有考虑非比例比数和尺度参数的更多灵活之处。

7.5 小结

本章回顾了几种适合于对次序响应变量进行处理的模型。我们展示了如何将第 4 章的关联模型通过使用对数线性模型扩展到对次序响应变量的处理。对于个体水平数据，累积概率提供了建构累积 logit 和 probit 模型的基础。这些模型受到将次序响应变量看作类别排序或者更抽象地看作代表潜在连续变量的启发。我们指出，由于采用特定的参数求解方法，估计值可以有所不同，但是模型具有相同的实质解释。最后，尽管比例比数的假定提供了一个便利的解释，但是，更少约束的次序响应模型能够允许对比例比数假定的偏离，因此能够更好地描述观测数据。

第 8 章

名义因变量模型

8.1 导言

许多非常具有吸引力的现象被作为名义的或者非次序的定性（或多分类）变量加以测量。例如，社会学家和经济学家感兴趣的劳动力状态（在业、失业或退出劳动力市场），政治学家关注党派从属（共和党、民主党和无党派），地理学家和人口学家关心居住区域（东北部、中西部、南部和西部）。我们在本章讨论适用于名义因变量的统计模型。这类模型在有关消费者选择的经济学中有悠久的传统。例如，通勤者可能会在替代的交通工具（火车、公共汽车或小汽车）中做选择。像在第 3 章讲到的二项选择模型一样，多类别变量的建模框架可以通过假定在与消费者的显在选择相关联的个体偏好背后存在着一个潜在连续变量或一个效用函数推导出来。基于这种方法的模型一般被称为离散选择模型（discrete-choice models）。

应当强调的是，非次序定性变量的值一般是名义的，因为它们仅将总体中的个体成员区分成一个互斥的分类框架。与次序分类变量的值不同，多类别变量的数字取值没有任何实质意义。考虑到这一点，只要保持互斥性，人们可以在不丧失或改变任何信息的情况下很容易地给不同类别重新赋值。

正如第 7 章所介绍的，包含分类自变量的次序响应模型可以用对数线性模型拟合。类似地，我们在本章也会看到，对于多类别因变量的分组数据模型也可以用大家熟悉的对数线性框架加以估计。

8.2　多项 Logit 模型

多项 logit 模型（multinomial logit model）是分析社会科学研究中非次序分类响应变量的最常用方法之一。我们能够举出几个其之所以流行的理由：（1）它是对二项 logit 模型自然而然的一般化；（2）它与采用分组数据的对数线性模型等价；（3）估计该模型的统计软件可以很容易地得到。在本节中，我们通过刻画其与二项 logit 模型的密切关联来介绍多项 logit 模型。

8.2.1　二项 logit 模型的回顾

对于常规 logit 模型，因变量是二分的：$y = 0，1$。尽管我们有两个结果可能性，但是我们仅仅对 $\Pr(y = 1)$ 或 $\Pr(y = 0)$ 感兴趣，因为 $\Pr(y = 0) = 1 - \Pr(y = 1)$。以 $\Pr(y = 1)$ 作为所关注的因变量的结果，二项 logit 模型可以表示为下述形式：

$$\log\left[\frac{\Pr(y = 1)}{1 - \Pr(y = 1)}\right] = \log\left[\frac{\Pr(y = 1)}{\Pr(y = 0)}\right] = \sum_{k=0}^{K} \beta_k x_k \tag{8.1}$$

这里，x_k 是系数为 β_k 的第 k 个自变量（$x_0 = 1$）。根据公式 8.1，它服从

$$\Pr(y = 1) = \frac{\exp\left(\sum_{k=0}^{K} \beta_k x_k\right)}{1 + \exp\left(\sum_{k=0}^{K} \beta_k x_k\right)}$$

$$\Pr(y = 0) = \frac{1}{1 + \exp\left(\sum_{k=0}^{K} \beta_k x_k\right)} \tag{8.2}$$

我们可以设想两组 β 值，一组与结果 $y = 1$ 有关（即 β_{1k}），另一组与结果 $y = 0$ 有关（即 β_{0k}）。β_{1k} 是公式 8.1 和公式 8.2 中常见的 β，而 β_{0k} 被标准化为 0。注意到 $\exp(0) = 1$，因此公式 8.2 可以被写为：

$$\Pr(y = 1) = \frac{\eta_1}{\eta_0 + \eta_1}$$

$$\Pr(y = 0) = \frac{\eta_0}{\eta_0 + \eta_1} \tag{8.3}$$

这里，对于所有的 k，$\eta_1 = \exp\left(\sum_{k=0}^{K} \beta_{jk} x_k\right), j = 0, 1$，且 $\beta_{0k} = 0$。

8.2.2　多项 logit 模型的一般设置

当我们说一个定性变量为非次序的时，意味着每个类别与其他类别相比是唯一的。与其他类别联系起来定位某个类别并不存在额外的优势。多项 *logit* 模型背后的基本想法是一次比较两个结果。我们在第7章（7.3.1节）介绍了基线和相邻 *logit*。尽管两者都提供了建构多项 *logit* 模型的基础，但基线 *logit* 更常用。

为了不失一般性，对于包含 J 个类别（$j = 1, \cdots, J$）的结果变量（y），我们将第 j（$j > 1$）个分类与第一个或基线类别进行比较，推导出第 j 个分类的基线 logit 为：

$$\mathrm{BL}_j = \log\left[\frac{\Pr(y = j)}{\Pr(y = 1)}\right] = \log\left(\frac{p_j}{p_1}\right), \quad j = 2, \cdots, J \tag{8.4}$$

这里，p_j 和 p_1 表示第 j 类和第一类的概率。选择第一类作为基线是任意的。其他任何类别都可以作为基线。

在变换框架中，我们能够将公式 8.4 中设定的基线 logit 作为 x 的一个线性函数进行回归。但是，这里的情况不同于公式 8.1，因为公式 8.4 中的基线 logit（BL）有下标 j。因此，当我们对非次序定性结果建模时，有必要设定比较类别（即 j）以及基线类别（本例中是 1）。对于一个包含 J 个类别的结果变量，有 $J - 1$ 个非冗余的基线 logit。

现在让我们考虑仅有一个自变量 x 的情况，其中 x 具有有限个类别（即 $x = 1, \cdots, I$）。这种情况等价于一个二维列联表。在 $x(x = i)$ 的每一个取值处，基线 logit 是：

$$\log\left[\frac{\Pr(y = j \mid x = i)}{\Pr(y = 1 \mid x = i)}\right] = \log\left(\frac{p_{ij}}{p_{i1}}\right) = \mathrm{BL}_{ij} \tag{8.5}$$

既然在此情形下我们设定了一个饱和模型，因此公式 8.5 的估计很容易得到：

$$\log\left(\frac{F_{ij}}{F_{i1}}\right) = \log\left(\frac{f_{ij}}{f_{i1}}\right) \tag{8.6}$$

这里，f_{ij} 和 F_{ij} 与第4章中的定义相同，为 $x \times y$ 分类表中第 i 行和第 j 列的观测和期望频数。我们很容易将结果改写成一个一般化线性模型的形式：

$$\mathrm{BL}_{ij} = \sum_{i=1}^{I} \log\left(\frac{F_{ij}}{F_{i1}}\right) I(x = i) \tag{8.7}$$

这里，$I(\cdot)$ 是标识（indicator）函数，如果为真，$I = 1$，否则为 0。用虚拟变量编码并将第一类作为参照，公式 8.7 通常可以写为：

$$\mathrm{BL}_{ij} = \alpha_j + \sum_{j=1}^{J} \beta_{ij} I(x = i), \quad x > 1 \tag{8.8}$$

这里，α_j 是 $x = 1$ 时的基线 logit，β_{ij} 是 $x = i$ 和 $x = 1$ 之间的基线 logit 的差值。在这个简单的例子中，α_j 和 β_{ij} 可以针对所有的 i 和 j 分别加以估计。在这种情况下，同时估计将会产生一个等价模型。除了饱和模型之外，α 和 β 都应同时被估计。

8.3 标准多项 Logit 模型

现在我们回到使用个体数据的更一般的情况，并且改变标示符号，因此，现在 i 代表第 i 个人。令 y_i 为包含 1，$\cdots$，J 个类别的多类别结果变量。与每个类别相联系的是一个响应概率（P_{i1}，P_{i2}，$\cdots$，P_{iJ}），代表第 i 个被访者属于特定类别的可能性。正如第 3 章中二分类结果变量的情况一样，我们假定存在一个被访者测量特征向量 $\mathbf{x}_i$（包括 1 作为它的第一个元素）作为响应概率的预测变量。

使用通常的指引函数（index-function）定义，我们允许响应概率依赖于线性函数 $\mathbf{x}_i'\boldsymbol{\beta}_j = \sum_{k=0}^{K} \beta_{jk} x_{ik}$ 的非线性变换，这里，K 是预测变量数。[①] 值得注意的是，与二项和次序 logit 模型的情况不同，多项 logit 模型的参数会随结果变量的类别而变化。但是，基本模型的扩展允许在结果变量类别之间对参数增加约束条件。

多项 logit 模型可以被看作是将由公式 8.2 和公式 8.3 描述的二项 logit 模型扩展到结果变量包含多个非次序类别的情况。例如，在三个类别（$J = 3$）的情况下，我们可以将概率写为：

$$
\begin{aligned}
\Pr(y_i = 1 \mid \mathbf{x}_i) = P_{i1} &= \frac{1}{1 + \exp(\mathbf{x}_i'\boldsymbol{\beta}_2) + \exp(\mathbf{x}_i'\boldsymbol{\beta}_3)} \\
\Pr(y_i = 2 \mid \mathbf{x}_i) = P_{i2} &= \frac{\exp(\mathbf{x}_i'\boldsymbol{\beta}_2)}{1 + \exp(\mathbf{x}_i'\boldsymbol{\beta}_2) + \exp(\mathbf{x}_i'\boldsymbol{\beta}_3)} \\
\Pr(y_i = 3 \mid \mathbf{x}_i) = P_{i3} &= \frac{\exp(\mathbf{x}_i'\boldsymbol{\beta}_3)}{1 + \exp(\mathbf{x}_i'\boldsymbol{\beta}_2) + \exp(\mathbf{x}_i'\boldsymbol{\beta}_3)}
\end{aligned}
\tag{8.9}
$$

这里，$\boldsymbol{\beta}_2$ 和 $\boldsymbol{\beta}_3$ 表示第二个和第三个类别相对于第一个类别的协变量影响。请注

---

① 用这一标示符号，第一个参数 β_0 是截距项，与公式 8.8 的参数 α 相同。

意，P_{i1} 的公式是从三个概率之和为 1 的约束条件中得到的，即 $P_{i1} = 1 - (P_{i2} + P_{i3})$。

类似于公式 8.3，公式 8.9 的概率可以用线性项 $\eta_{ij} = \exp(\mathbf{x}_i' \boldsymbol{\beta}_j)$ 的指数函数的形式加以表达：

$$P_{i1} = \frac{\eta_{i1}}{\eta_{i1} + \eta_{i2} + \eta_{i3}}$$

$$P_{i2} = \frac{\eta_{i2}}{\eta_{i1} + \eta_{i2} + \eta_{i3}} \qquad (8.10)$$

$$P_{i3} = \frac{\eta_{i3}}{\eta_{i1} + \eta_{i2} + \eta_{i3}}$$

经 $\boldsymbol{\beta}_1 = \mathbf{0}$ 这一标准化处理，有 $\eta_{i1} = 1$。

通常，对于一个包含 J 个类别的结果变量，概率 P_{ij} 可被建模为：

$$P_{ij} = \frac{\eta_{ij}}{\sum_{j=1}^{J} \eta_{ij}} = \frac{\exp(\mathbf{x}_i' \boldsymbol{\beta}_j)}{\sum_{j=1}^{J} \exp(\mathbf{x}_i' \boldsymbol{\beta}_j)} \qquad (8.11)$$

要求对于任意的 i，$\sum_{j=1}^{J} P_{ij} = 1$。经 $\boldsymbol{\beta}_1 = \mathbf{0}$ 这一常见的标准化处理，有 $\eta_{i1} = 1$。公式 8.11 意味着：

$$\Pr(y_i = j \mid \mathbf{x}_i) = P_{ij} = \frac{\exp(\mathbf{x}_i' \boldsymbol{\beta}_j)}{1 + \sum_{j=2}^{J} \exp(\mathbf{x}_i' \boldsymbol{\beta}_j)}, \qquad \text{对于 } j > 1$$

和

$$\Pr(y_i = 1 \mid \mathbf{x}_i) = P_{i1} = \frac{1}{1 + \sum_{j=2}^{J} \exp(\mathbf{x}_i' \boldsymbol{\beta}_j)} \qquad (8.12)$$

因此，对于一个包含 K 个协变量的模型，共有 $(K+1) \times (J-1)$ 个参数需要估计。我们可以看到，多项 logit 模型包含着二项 logit 模型：当 $J = 2$ 时，以第一类（$y = 1$）作为参照类，我们估计一组与结果 $y = 2$ 相对应的参数。二项 logit 模型与多项 logit 模型之间的这一密切关系可能往往被二分类因变量编码成（0，1）而不是（1，2）的事实所掩盖。排除编码差异，二项 logit 模型可以被看作是多项 logit 模型的一个特例。

多类别响应变量的一种替代编码方式是将类别编码为 0，$\cdots$，$J-1$ 而不是 1，$\cdots$，J，这就使多项 logit 模型非常类似于二项 logit 模型。用 0，$\cdots$，$J-1$ 进行编码，我们仍然可以遵循将第一类（$y = 0$）设为参照类的常规，因此有 $\boldsymbol{\beta}_0 = \mathbf{0}$。然而，我们在前面说过将第一类作为参照类的选择只是一个便利的标准化常规。从原理上讲，任何其他的类别都可以作为参照类。像在 8.3.2 节我们将会看到的，当第一类作为参照类时，所有 $\boldsymbol{\beta}_j$ 的参数估计值都是以它为参照的。改变参照类将导致标准化参数估计值的外在变化，但不影响实质结果。

8.3.1 估计

估计用 ML 迭代进行。为方便起见，定义成组的 J 个虚拟变量：如果 $y_i = j$，则 $d_{ij} = 1$，否则为 0。这使得对于每个观测而言，有且仅有一个 $d_{ij} = 1$。对数似然值为：[①]

$$\log L = \sum_{i=1}^{n} \sum_{j=1}^{J} d_{ij} \log P_{ij} \tag{8.13}$$

8.3.2 解释多项 logit 模型的结果

8.3.2.1 比数和比数比

就像在第 3 和第 4 章中描述的二分类响应和对数线性模型一样，比数和比数比在多项模型中也扮演着重要的角色。在多项 logit 模型框架内，某一给定 i 的类别 j 与类别 1 之间的比数可以简单地表示为：

$$\frac{P_{ij}}{P_{i1}} = \frac{\eta_{ij}}{\eta_{i1}} = \exp(\mathbf{x}'_i \boldsymbol{\beta}_j), \quad j = 2, \cdots, J \tag{8.14}$$

因此对数比数（log-odds）或 logit 是 $\mathbf{x}_i$ 的一个线性函数：

$$\log\left(\frac{P_{ij}}{P_{i1}}\right) = \mathbf{x}'_i \beta_j, \quad j = 2, \cdots, J \tag{8.15}$$

给定公式 8.14 的 $J - 1$ 个基线比数，多项 logit 系数的解释就变得简单直接了。一个自变量（x_k）的系数为正，意味着在控制其他协变量的情况下，观测到某一观测案例属于类别 j 而不是类别 1 的比数会增大。一个负的系数意味着，随着 x_k 的增大，属于基线类别的可能性相对要高于类别 j。如果 x_k 是 0，1 编码的虚拟变量，那么 β_{jk} 就是一个 LOR：

---

① 本书的网站提供了一个编程实例来说明了 ML 估计技术的细节。

$$\log\left[\frac{(P_j \mid x_k = 1)/(P_1 \mid x_k = 1)}{(P_j \mid x_k = 0)/(P_1 \mid x_k = 0)}\right] = \beta_{jk} \qquad (8.16)$$

因为公式 8.15 中的其他项在公式 8.16 已被消去。当 x_k 是一个连续变量时，将 β_{jk} 作为一个 LOR 加以解释需要在 $x_k = x_k^0 + 1$ 和 $x_k = x_k^0$ 之间进行比较，其中，x_k^0 是 x_k 的任意值：

$$\log\left[\frac{(P_j \mid x_k = x_k^0 + 1)/(P_1 \mid x_k = x_k^0 + 1)}{(P_j \mid x_k = x_k^0)/(P_1 \mid x_k = x_k^0)}\right] = \beta_{jk} \qquad (8.17)$$

前述的各种关系关注类别 j 和基线类别 1 之间的比较。通过考虑类别 j 和 j' 两者的系数，它们可以很容易地被扩展至任何两个类别 j 和 j' 之间的比较。比如，公式 8.14 可被扩展为：

$$\frac{P_{ij}}{P_{ij'}} = \frac{\eta_{ij}}{\eta_{ij'}} = \exp\left[\mathbf{x}_i'(\boldsymbol{\beta}_j - \boldsymbol{\beta}_{j'})\right] \qquad (8.18)$$

因此，对于任何给定的解释变量 x_k，系数之间的差（$\beta_{jk} - \beta_{j'k}$）决定着类别 j 和 j' 之间比数的变化方向。正的差值意味着，随着 x_k 的增大，可以观测到 j 而不是 j' 的一个更大的比数。这与改变基线类别以便评估任何两个类别之间比数的相对变化是等价的。如果我们想要得到与 $y = j$ 有关的概率如何对 x_k 的变化做出反应的信息，就需要计算边际效应。

8.3.2.2 边际效应

因为多项 logit 模型是一个非线性模型，因此 x_k 对 P_{ij} 的影响在 x_k 的变化范围内并不是固定不变的。一般情况下，x_k 的变化对 P_{ij} 的边际效应较为复杂，但是可以计算如下（假定 $j = 1$ 为参照）：[①]

$$\frac{\partial P_{ij}}{\partial \mathbf{x}_{ik}} = P_{ij}\left(\boldsymbol{\beta}_j - \sum_{j=2}^{J} P_{ij}\boldsymbol{\beta}_j\right) \qquad (8.19)$$

尽管这类似于二项 logit 模型的情况，但边际效应在多项 logit 模型中要比在二项 logit 模型中更无益。二项模型的边际效应是很明确的，当系数为正时，意味着概率随 x_k 的增大而呈正向的变化。然而，在多项响应模型中，$\Pr(y_i = j)$ 的变化未必就与 β_{jk} 的符号相同。例如，我们可能发现即使 β_{2k} 为正的，但 $\Pr(y_i = 2)$ 的变化却是随 x_k 的增大而降低。因此，我们在对根据多项响应模型求得的边际

---

① 这些计算在大多数计算机软件包中都可以用附加程序和宏命令来完成。

效应进行解释时要格外谨慎，建议使用基于比数和比数比的相对简单的解释。

8.3.2.3　举例

表 8 - 1 是一个多项 logit 模型的结果，其数据来自全国青年跟踪调查（NLSY）中年龄为 20 ~ 22 岁的 978 名男性个体样本。所关注的因变量为青年人报告的 1985 年其主要的活动是：（1）在工作，（2）在学校，（3）待业。我们用最后一类（待业）作为参照类。假设青年人的主要活动依赖于表示种族的虚拟变量（BLACK = 1，其他为 0），不完整家庭（NONINT = 1，其他为 0），表示被访者的父亲（部分）具有大学受教育水平的虚拟变量（FCOL = 1，其他为 0），1979年以千美元为单位的家庭收入（FAMINC），1980 年当地的失业率（UNEMP80），以及兵种倾向选择测验（ASVAB）的标准分。

表 8 - 1　多项 logit 结果

变　量	估计值	标准误	Z 值
在工作			
常数	0.726	0.347	2.091
BLACK	- 0.444	0.219	- 2.032
NONINT	- 0.134	0.192	- 0.699
FCOL	0.179	0.241	0.745
FAMINC	0.407	0.211	1.930
UNEMP80	- 0.071	0.037	- 1.903
ASVAB	0.308	0.110	2.794
在学校			
常数	0.359	0.333	1.078
BLACK	0.229	0.196	1.166
NONINT	- 0.547	0.186	- 2.941
FCOL	0.241	0.236	1.025
FAMINC	0.268	0.209	1.283
UNEMP80	0.012	0.035	0.361
ASVAB	0.177	0.106	1.658
$\log L$	- 1017.2		
模型 χ^2	69.7		
df	12		

例如，我们从表 8 - 1 的结果发现，年轻黑人男性报告其主要活动为工作相对于待业的比数是白人和其他种族的 $\exp(-0.444) = 0.64$ 倍。不同的表达方式是，白人报告其主要活动为工作（相对于待业）的比数是黑人的 1.56 倍。来自完整家庭

的青年人在学校（相对于待业）的比数是来自不完整家庭的 $1/\exp(-0.547)=$ 1.73 倍。对连续变量效应的解释也较为直截了当。例如，我们发现一个人在工作或在学校的比数随家庭收入（FAMINC）和测验分（ASVAB）而升高。具体来讲，ASVAB 分一个标准差的变化使工作的比数提高 36%，即 $\{\exp(0.308)-1\}\times$ 100%，使在学校的比数提高 19%。但是后一效应只是边缘显著。

我们可以用第 3 章介绍的方法对模型拟合情况进行评价。单个系数的检验可以用 Z 检验进行，而嵌套模型的检验可以采用似然比检验，也可以使用 BIC 统计量。但是，尽管多项模型会估计得到除某一选择之外的所有选择情况下的参数，但是对某一特定变量是否无关的检验实际上是在检验与此变量相联系的 $J-$ 1 个参数是否都为 0。原理上，Wald 检验可以用来对参数子集的线性约束条件进行检验。也就是说，一些选择情况下的系数可能为 0，其他选择情况下的系数可能不为 0。[①] Stata 软件中的多项 logit 程序（mlogit）提供了多种在结果类别内部和之间对协变量影响加以约束的方法。我们也可能在拟合了一个具体模型之后，对假设的约束条件进行似然比检验。模型的扩展允许额外的待估的测量参数，它们会成比例地对效应的分组情况进行调整。DiPrete（1990）提出了一个针对基本多项模型的扩展模型来对代内流动进行建模，该模型允许这类约束。Hendrickx（1995）已经在 Stata（mclest）软件中编制了一个方便的估计程序来拟合该模型。[②]

8.4 分组数据的对数线性模型

8.4.1 二维表

对数线性模型提供了一个针对分类解释变量（分组数据）建立多项响应模

---

① 许多软件包都提供这种类型的检验。它需要得到模型估计值和方差 - 协方差矩阵。我们可以定义合适的约束矩阵并用第 3 章介绍的矩阵步骤计算 Wald 统计量。为了检验类别 j 和 j' 之间系数的差异，我们可以用一般性公式：

$$z = \frac{\hat{\beta}_j - \hat{\beta}_{j'}}{\sqrt{\operatorname{var}(\hat{\beta}_j) + \operatorname{var}(\hat{\beta}_{j'}) - 2\operatorname{cov}(\hat{\beta}_j, \hat{\beta}_{j'})}}$$

② 这些方法来自 Andersen（1984）构型次序响应模型（stereotype ordered response，SOR），它也可以被看作是次序和非次序多项响应模型的一个混合。

型的灵活工具。当所有协变量都是分类的或者可以被当作此类变量处理时，前面介绍的基线 logit 能够用从列联表的对数线性模型中得到的期望单元格频数来求解参数。我们先来考虑二维列联表的情况，其中，行（R）是解释变量，列（C）是响应变量。在这种情况下，与公式 8.7 仅有一个解释变量的模型等价的对数线性模式是一个饱和模型，可被写为：

$$\log F_{ij} = \mu + \mu_i^R + \mu_j^C + \mu_{ij}^{RC} \tag{8.20}$$

这里，F_{ij} 表示期望频数。我们用虚拟变量编码对参数标准化，并且以 C 和 R 的第一类为参照，因此 $\mu_1^R = \mu_1^C = \mu_{1j}^{RC} = \mu_{i1}^{RC} = 0$。那么，logit 可以简单地表达为：

$$\log\left(\frac{p_{ij}}{p_{i1}}\right) = \log\left(\frac{F_{ij}}{F_{i1}}\right) = (\mu_j^C - \mu_1^C) + (\mu_{ij}^{RC} - \mu_{i1}^{RC}) = \mu_j^C + \mu_{ij}^{RC} \tag{8.21}$$

此式与公式 8.8 具有同样的形式，其中，μ_j^C 代表 $R = 1$ 时的基线 logit，μ_{ij}^{RC} 代表 $i \neq 1$ 时 $R = i$ 和 $R = 1$ 之间基线 logit 的差值。注意，公式 8.21 中的 μ_j^C 和公式 8.8 中的 α_j 之间，以及公式 8.21 中的 μ_{ij}^{RC} 和公式 8.8 中的 β_{ij} 之间的一一对应关系。描述解释变量的边缘分布的项 μ 和 μ_i^R 在 logit 分析中并不是构成影响的因素。

8.4.2　三维表与高维表

我们现在将与多项 logit 模型等价的对数线性模型扩展到三维和更高维列联表的情况。以三维表来说明两者之间的等价性。令 f_{ijk} 是 $R \times C \times L$ 三维表的观测频数，F_{ijk} 是其期望频数。同前，响应变量是 C。该三维表的饱和对数线性模型是：

$$\log F_{ijk} = \mu + \mu_i^R + \mu_j^C + \mu_k^L + \mu_{ij}^{RC} + \mu_{ik}^{RL} + \mu_{jk}^{CL} + \mu_{ijk}^{RCL} \tag{8.22}$$

它也通常被记为 $(R, C, L, RC, RL, CL, RCL)$。

对数线性模型和多项 logit 模型之间等价的一个重要条件是所有解释变量之间的联合分布没有被建模，因此被饱和拟合。用对数线性建模的术语来讲，这个条件等于在所有的模型中都包括 μ, μ_i^R, μ_k^L, μ_{ik}^{RL}。此条件意味着拟合的解释变量的边缘分布必定等于观测的边缘分布。为了实现此条件，我们通过纳入所有解释变量的最高阶交互项加上所有的较低阶交互项和主效应来固定解释变量之间的联合分布。也就是说，(R, C, L, RL) 的对数线性模型等价于将公式 8.8 所示 logit 模型中的所有参数 β 都限定为 0 时的情况。

为了估计 logit 系数，我们在对数线性模型中增加了解释变量的交互项和响应变量。每个主效应由二维交互项参数表示。交互效应通过纳入更高阶交互项估计得到。我们可以将前面讨论的对数线性形式和多项 logit 形式之间的等价关系总结在表 8 – 2 中。

表 8 – 2　三维表情况下多项 logit 和对数线性模型之间的等价

多项 logit 模型	对数线性模型	多项 logit 模型	对数线性模型
C 对 L	(R,C,L,RL,CL)	C 对 R,L	(R,C,L,RL,RC,CL)
C 对 R	(R,C,L,RL,RC)	C 对 R,L,RL	(R,C,L,RL,RC,RCL)

为了证明其等价性，我们来详细说明第三个模型（C 对 R，L）。在公式 8.22 中删去 μ_{ijk}^{RCL}，将它代入公式 8.6 中（增加代表 L 的下标），用虚拟变量编码将它标准化，并简化它，对于 $j > 1$，

$$
\log\left(\frac{F_{ijk}}{F_{i1k}}\right) = (\mu_j^C - \mu_1^C) + (\mu_{ij}^{RC} - \mu_{i1}^{RC}) + (\mu_{jk}^{CL} - \mu_{1k}^{CL}) \tag{8.23}
$$

$$
= \mu_j^C + \mu_{ij}^{RC} + \mu_{jk}^{CL}
$$

在公式 8.23 中，μ_j^C 对应着截距项，μ_{ij}^{RC} 和 μ_{jk}^{CL} 对应着多项 logit 模型中 R 和 L 协变量的系数 β，这里，我们为 C 对 R 和 L 进行回归。将前面的结果一般化到多维表的情况是较为简单的。

8.4.3　应用举例

表 8 – 3 显示的是种族(A)（1 = 白人／其他，2 = 黑人）、父亲的受教育年限(B)（1 = 最多 12 年，2 = 12 年以上）和 1985 年的就业状况(C)（1 = 待业，2 = 工作，3 = 在学校）的交互分类，数据来自全国青年跟踪调查(NLSY)的 20 ~ 22 岁男性样本（$n = 978$）。数据为一个 $2 \times 2 \times 3$ 列联表的形式。[①]

表 8 – 3　按照种族和父亲的受教育年限分的就业状况

种族(A)	父亲的受教育年限(B)	就业状况(C)		
		1	2	3
白人／其他	≤12 年	131	195	204
黑人	≤12 年	67	53	100
白人／其他	>12 年	28	90	78
黑人	>12 年	9	5	12

---

① 这是前面例子中所用个体数据的分组形式。

我们的研究兴趣是一名青年自我报告的前一年的主要活动(C)如何依赖于种族(A)和父亲的受教育年限(B)。拟合一个与多项 logit 模型等价的对数线性模型要求模型中出现 AB 交互项以及所有低阶项(A 和 B)。为了检验 A 和 B 的效应，我们也拟合 AC 和 BC 交互项，同时包含一个低阶项(C)。结果列示在表 8 - 4 中。这里只报告了涉及 C 的具有实质意义的系数。在这种情况下，我们有 6 个参数，表示属于类别 2 相对于 1 和类别 3 相对于 1 的基线对数比数（log-odds）的两个常数项；代表与上述对数比数有关的黑人的主效应的两项；以及表示父亲的受教育年限的效应的两项。

表 8 - 4　从对数线性模型推出的多项 logit 估计值

变　量	模型中的项	就业状况			
		2 相对于 1		3 相对于 1	
		估计值	（标准误）	估计值	（标准误）
常数	(μ_2^C, μ_3^C)	0.453	(0.110)	0.435	(0.111)
黑人	(μ_2^{AC}, μ_3^{AC})	− 0.071	(0.180)	− 0.777	(0.203)
父亲的受教育年限	(μ_2^{BC}, μ_3^{BC})	− 0.513	(0.216)	0.612	(0.219)
模型 χ^2	32.05				
df	4				

表 8 - 4 的结果显示黑人在学校相对于待业的比数（odds）是白人和其他种族的 $\exp(-0.777) = 0.46$ 倍。父亲受教育年限为 12 年以上的青年男性在工作相对于待业的比数是那些父亲受教育年限最多为 12 年的 1.67 倍。父亲有很好的教育能够提高青年人在学校相对于待业的比数的 1.84 倍。

当解释变量是分类的或可以被当作分类的处理时，对数线性模型提供了一个设定多项 logit 模型的灵活方法。同样的方法可以被用来拟合二项 logit 模型。当样本规模较大（比如 $n > 10000$）时，尤其适合。数据可以整理成交叉表的形式。当样本规模较小且变量的某些组合的单元格计数为 0 时，此方法较不适合，因为对数线性建模对 0 频数需要特殊处理（Clogg & Eliason，1988）。

8.5　潜在变量方法

多项 logit 模型也可以被看作第 3 章介绍的潜在变量模型的一个自然扩展。

在恰巧只有两类选择的情况下，此模型与二项选择模型是完全一样的。一个更一般的随机效应模型框架可以被用来处理非次序选择模型。令 u_{ij} 表示第 i 个人从 J 个备选项中选择第 j 个选项的效用。假定 u_{ij} 是一个解释变量加上一个随机成分的线性函数：

$$u_{ij} = \mathbf{x}'_i \boldsymbol{\beta}_j + \varepsilon_{ij} \tag{8.24}$$

也就是说，一个人有 J 个可能的效用函数，即使在实际的研究工作中我们仅观测到他/她的一个结果。因此有必要进一步假定观测规则为：

$$y_{ij} = j \quad 若 u_{ij} > u_{ij'} \quad 对于所有的 j \neq j' \tag{8.25}$$

与采用二项 logit 模型的情况一样，公式 8.25 所表达的决策规则对于用潜在变量方法来识别多项 logit 模型也是必需的。经济学家经常赋予它一个行为上的解释，并称它为"显示性偏好"（revealed preference），意思是说观测到的选择是使理性个人的效用函数最大化的那一个。

误差项（ε_{ij}）被进一步假定为独立于不同的选择〔即 $\mathrm{cov}(\varepsilon_{ij}, \varepsilon_{ij'}) = 0$〕，并且服从一个具有以下累积分布函数的 I 类极值分布：[①]

$$F(\varepsilon_{ij}) = \exp\{-\exp(-\varepsilon)\}$$

McFadden（1974）证明了在这些条件下，概率 $\mathrm{Pr}(y_i = j)$ 服从公式 8.11 所示的多项设定（multinomial specification）。

8.6 条件 Logit 模型

尽管 8.3 节介绍的标准模型一般为社会科学家所广泛使用，但是一种不同形式的多项 logit 模型可以在经济学研究的许多领域中找到。由于 McFadden（1973，1974）的原因，这类模型已被称为离散选择模型或条件 logit 模型。然而，它也经常被称为多项 logit 模型，这就造成了很大的混淆。除了将个体特征作为解释变量之外，条件多项 logit 模型在考虑选择的特征及选择在个体上的差异作为解释变量上面也不同于标准模型。离散选择模型的早期应用包括对消费者选择行为的研究，此时，成本、价格或特定选择的某些其他特征成为主要的解释变量。一

---

① 注意，这是用于第 3 章所介绍的互补双对数模型的分布函数的补充。

个经典的例子是，假定它们所需花费的时间和成本不同，讨论小汽车、公共汽车或火车等可替代交通工具的选择（Hensher，1986）。在标准多项 logit 模型中，解释变量不随着结果的类别而变化，但是它们的参数会随着结果而变化。在条件 logit 模型中，解释变量会随着结果而变化，也会随着个体而变化，然而它们的参数被假定在所有的结果类别之间保持不变。

用随机效应的观点来看，与第 j 个选择有关的个体 i 的效用是：

$$u_{ij} = \mathbf{z}'_{ij}\boldsymbol{\alpha} + \varepsilon_{ij}$$

这里，$\mathbf{z}_{ij} = (1, z_{ij1}, \cdots, z_{ijK})'$ 表示与个体 i 的第 j 个选择有关的解释变量的向量，$\boldsymbol{\alpha}$ 是一组未知参数。与第 j 个选择有关的概率可以写为：[①]

$$\Pr(y_i = j \mid \mathbf{z}_{ij}) = P_{ij} = \frac{\exp(\mathbf{z}'_{ij}\boldsymbol{\alpha})}{\sum\limits_{h \in C} \exp(\mathbf{z}'_{ih}\boldsymbol{\alpha})} \tag{8.26}$$

8.6.1　解释

与到目前为止讨论的所有 logit 模型一样，对条件 logit 模型所得结果进行解释也涉及对数比数（log-odds）和 LOR 的使用。选择选项 j 相对于 j' 的比数可以被表示为：

$$\frac{P_{ij}}{P_{ij'}} = \exp\big[(\mathbf{z}_{ij} - \mathbf{z}_{ij'})'\boldsymbol{\alpha}\big] \tag{8.27}$$

这意味着下面的 logit 变换：

$$\log\left(\frac{P_{ij}}{P_{ij'}}\right) = (\mathbf{z}_{ij} - \mathbf{z}_{ij'})'\boldsymbol{\alpha} \tag{8.28}$$

这个表达式表明选项 j 和 j' 之间的对数比数是与个体在此两种选择的解释变量上的取值之间的加权差成比例的，权重就是估计的参数（α 系数）。在任何其他情况等同的情况下，α 的值越大，与其有关的解释变量就越重要。如果一个解释变量对于两个选择（j 和 j'）具有相同的取值，那么此变量并不影响被访者在 j 和 j' 之间的选择。

---

① 这个模型允许可能的选择项数量根据个体的特定选择集 C 在它们之间变动。在这种情况下，C 可以小于 J。

将这个解释与标准多项 logit 模型的解释相比照，不同之处在于回答类别之间系数的差值决定了比数比（odds-ratio）随自变量变化而变化的方向。

8.6.2 应用举例

下面的例子使用 152 名被访者关于交通工具选择的数据。[1] 三种选择及做每一选择的百分比为 1 = 火车（41.5%），2 = 公共汽车（19.7%），3 = 小汽车（38.8%）。我们假定选择是等待时间（TTME）、乘车时间（INVT）、乘车成本（INVC）以及一个等于 INVC + INVT × VALUE 的广义成本测量（GC）的函数，其中，VALUE 是与每种交通工具有关的被访者时间的主观价值。

我们将与标准模型中相同的对数似然函数最大化。[2] 需要注意的是，许多离散选择程序需要一个与标准模型不同的数据布局。因为自变量的取值随不同的选择而变化，一个人的数据被记录为 J 个单独的记录。注意，这是与第 6 章介绍的估计 Cox 比例风险模型完全一致的方法。但是，对于 Cox 模型而言，每个风险集将定义一个单独的层，层内包括在那个特定事件时间时处于风险中的所有个体。[3] 离散选择模型的 ML 估计值在表 8 - 5 中给出。

表 8 - 5 条件 logit 模型的估计值

变量	估计值	标准误	Z 值
TTME	− 0.002	0.007	− 0.314
INVC	− 0.435	0.133	− 3.277
INVT	− 0.077	0.019	− 3.991
GC	0.431	0.133	3.237
Log L	− 96.349		
模型 χ^2	141.28		
df	4		

这些估计值表明某一特定交通工具的吸引力随等待时间、乘车成本和乘车时间的增加而降低，而随广义成本（特别是个人时间的主观价值）的增加而上升。

---

[1] 我们对 David Hensher 提供这些数据表示感谢，此数据来自 William Greene 的 LIMDEP 编程示例。我们排除了乘飞机旅行这一选择。

[2] 在标准条件 logit 模型中（即没有选择别的常数），模型 χ^2 的自由度等于参数的个数。

[3] 更一般地讲，如果选择集在个体之间变动，因而第 i 个人面临一组 X 的选择，那么第 i 个人就会有与他/她的特定选择集或层中一样多的记录。换一种说法，每个人的一种选择提供一种记录，但是属于每个选择的自变量之间是不同的。TDA 程序允许使用两者中的任意一种方法。

特别地，选择火车相对于选择小汽车的估计对数比数为：

$$\log\left(\frac{P_{i1}}{P_{i3}}\right) = -0.002(\mathrm{TTME}_1 - \mathrm{TTME}_3) - 0.435(\mathrm{INVC}_1 - \mathrm{INVC}_3)$$
$$-0.077(\mathrm{INVT}_1 - \mathrm{INVT}_3) + 0.431(\mathrm{GC}_1 - \mathrm{GC}_3) \tag{8.29}$$

其他的 LOR 值可以用类似的方法进行计算。

8.6.3　条件和多项模型的组合

条件 logit 模型可以修正成允许纳入个体特征以及结果特征的模型。混合模型（mixed model）将标准模型的特征与条件 logit 模型的特征整合起来。这不能与分层线性模型、GLMM 等意义上的混合模型相混淆。混合模型很容易通过在条件 logit 模型中纳入个体层次的协变量来建构。事实上，我们将展示标准多项 logit 模型能够被写成条件 logit 模型的一个特例。在实际应用中，实现这一点的最简单的方法是创建一组对应着 J 个选择中的每一个选择的虚拟变量，并且用这组虚拟变量乘上每一个体层次的协变量。所得模型会包括结果别常数（outcome-specific constants）（即虚拟变量本身）以及个体层次的特征。与第 j 个选择相关的对应效用函数现在是：

$$u_{ij} = \mathbf{z}'_{ij}\boldsymbol{\alpha} + \mathbf{x}'_i\boldsymbol{\beta}_j + \varepsilon_{ij}$$

这里，$\mathbf{z}_{ij}$ 和 $\mathbf{x}_i$ 分别表示随结果和个体变化的协变量，$\boldsymbol{\alpha}$ 和 $\boldsymbol{\beta}_j$ 为相应的效应。一般或混合模型可以写为：

$$\Pr(y_i = j \mid \mathbf{x}_i, \mathbf{z}_{ij}) = P_{ij} = \frac{\exp(\mathbf{z}'_{ij}\boldsymbol{\alpha} + \mathbf{x}'_i\boldsymbol{\beta}_j)}{\sum_{h \in C} \exp(\mathbf{z}'_{ih}\boldsymbol{\alpha} + \mathbf{x}'_i\boldsymbol{\beta}_h)} \tag{8.30}$$

它将公式 8.11 和公式 8.26 整合在一起。为了识别模型，我们需要基于任一选择进行标准化，将该选择的 $\boldsymbol{\beta}$ 值设定为 0。比如，我们可以设定 $\boldsymbol{\beta}_1 = 0$，它等于基于第一种选择进行标准化。遵循这一思路，混合多项模型的 logit 可以表示为：

$$\log\left(\frac{P_{ij}}{P_{ij'}}\right) = \mathbf{x}'_j(\boldsymbol{\beta}_j - \boldsymbol{\beta}_{j'}) + (\mathbf{z}_{ij} - \mathbf{z}_{ij'})'\boldsymbol{\alpha} \tag{8.31}$$

从此模型中排除那些随结果类别变化的协变量就得到标准多项 logit 模型。条件 logit 模型提供的灵活性远远超过多项响应模型。比如，Hendrickx（1995）发展了一个 Stata 程序 mclest，可以估计条件和多项 logit 模型、Goodman 的 *RC* 模型和构型次序响应（SOR）模型。

8.6.4 应用

使用前面的例子，假设家庭收入（HHINC）也与选择别协变量一起被纳入模型中。因为此变量的取值在选择集中是不变的，它不能像具有不随结果变化的系数 z_{ij} 那样被纳入模型中。因此，有必要调整数据以识别模型。这可以通过定义一个对应着每个选择的虚拟变量并用表示这些选择的虚拟变量与个体层次协变量的乘积作为回归量来实现。

省略最小编码的类别（火车），我们用虚拟选择变量（DB）代表公共汽车，（DC）代表小汽车。HHINC_DB = HHINC × DB 表示选择公共汽车的人的收入变量，以及 HHINC_DC = HHINC × DC 表示选择小汽车的人的收入变量。混合模型的估计值在表 8-6 中。例如，我们发现公共汽车和小汽车相对于火车的吸引力随收入的增加而上升，但只有小汽车相对于火车的吸引力才会随着收入的增加而统计上显著地上升。如果我们将混合模型看作标准多项 logit 模型的一般性情况，则模型卡方检验是基于 6 个自由度进行的。这是因为零模型包含 $J-1$ 个选择别截距。但是，将混合模型看作条件 logit 模型的一个特例则得到一个自由度为 8 的模型卡方。这种情况下的零模型将所有的参数固定为 0。

表 8-6 混合模型的结果

变量	估计值	标准误	Z 值
TTME	−0.074	0.017	−4.360
INVC	−0.619	0.152	−4.067
INVT	−0.096	0.022	−4.361
GC	0.581	0.150	3.883
DB	−2.108	0.739	−2.577
HHINC_DB	0.031	0.021	1.404
DC	−6.147	1.029	−5.974
HHINC_DC	0.048	0.023	2.682
$\log L$	−59.66		
模型 χ^2	214.66		
df	8		

8.6.5 使用分组数据的条件 logit

条件 logit 模型可以用前面介绍的对数线性建模技术进行估计。在这种情况下，我们需要找到能够刻画结果和解释变量交互作用的协变量，不再设定结果和与观测类别有关的解释变量之间的自由交互，研究者可以用事先设定的"交互"（interactive）协变量来解释交互作用。让我们考虑一个 $R \times C$ 二维表的简单例子，R 的变动用 $i = 1$，$\cdots$，I 表示，C 的变动用 $j = 1$，$\cdots$，J 表示。C 代表结果变量。采用交互协变量的对数线性设定可以表达如下：

$$\log F_{ij} = \mu + \mu_i^R + \mu_j^C + \sum_{k=1}^{K} \alpha_k z_{ijk} \tag{8.32}$$

这里，k 表示第 k 个协变量（$k = 1$，$\cdots$，K）。显然，$K \leqslant (I-1)(J-1)$。它可以简单地表达为：

$$\log\left(\frac{P_{ij}}{P_{ij'}}\right) = \log\left(\frac{F_{ij}}{F_{ij'}}\right) = (\mu_j^C - \mu_{j'}^C) + \sum_{k=1}^{K} \alpha_k (z_{ijk} - z_{ij'k}) \tag{8.33}$$

这与公式 8.28 所示的条件 logit 模型具有相同的表达式。有关这方面的应用，见 Breen（1994）、Logan（1983）以及 Xie 和 Shauman（1996）。

8.7　设定问题

在这一节，我们讨论多项 logit 模型的局限和扩展。其最严重的局限就是它的假定，即误差项在选择项之间是相互独立的。当个人将两个选择视为相似或等价的时候，就可能违背了该假定。下面，我们讨论一些修正方法以及对基本多项模型的一些有用的扩展。

8.7.1　无关选择的独立性：IIA 假定

前面介绍的 logit 模型的不同形式都是对复杂的社会过程的简单表述。作为简单的结果，前述的 logit 模型具有一个重要的特性，即两个选择结果之间的相对比数（odds）互斥地依赖于属于这两个结果的特征，并因此与同时加以考虑的所有其他结果的数量和属性无关。这个特性被称为无关选择的独立性（IIA）。为了搞清 IIA 特性的含义，读者可以参考表达基本多项 logit 模型的公式 8.18，表达条件 logit 模型的公式 8.28，以及表达混合模型的公式 8.31。在这些公式中，都显示出选择项 j 和 j' 之间的比数仅仅是结果 j 和 j' 的参数的函数，因而不受属于其他结果的参数的影响。

IIA 假定可能将真实世界过于简化，并给研究者带来困难。当两个结果被看作可相互替代时，这一点尤其如此。经典的例子是 McFadden（1974）讨论过的消费者交通选择的问题，其中，选择集包括以下几种选择：（1）红色公共汽车，（2）蓝色公共汽车，（3）小汽车，和（4）火车。事实上，如果通勤者并没有选择乘哪一种公共汽车的偏好，那么他们就会视红色公共汽车和蓝色公共汽车是等价的或同等的替代物，这个选择集就产生了一个分析上的问题。根据 IIA，对红色公共汽车的强（弱）偏好就意味着对蓝色公共汽车的弱（强）偏好。比如，在某一特定时间，通勤者可能会在红色公共汽车、蓝色公共汽车、小汽车和火车之间做相同可能性的选择。

（j）选择项	（1）红色公共汽车	（2）蓝色公共汽车	（3）小汽车	（4）火车
P_j	0.25	0.25	0.25	0.25

在这种情况下，任何一对选择之间的比数都是 1。为了简单起见，我们假设红色公共汽车和蓝色公共汽车可以完全相互替代的极端情况，如果城市关闭蓝色公共汽车线路，那么以前乘坐蓝色公共汽车的通勤者将会转向红色公共汽车。因此，取消蓝色公共汽车线路应当得到如下的分布：

（j）选择项	（1）红色公共汽车	（2）小汽车	（3）火车
P_j	0.50	0.25	0.25

也就是说，当我们取消蓝色公共汽车时，行为模型使我们期望红色公共汽车和小汽车之间的比数以及红色公共汽车和火车之间的比数会升高到 2，而不是维持在 1 上。相反，IIA 特性将预测得到下述不切实际的分布：

（j）选择项	（1）红色公共汽车	（2）小汽车	（3）火车
P_j	0.333	0.333	0.333

8.7.2 检验 IIA 假设

按照 Wald 检验的思路，Hausman 和 McFadden（1984）提出了一个一般性检验。此检验也通过提供支持或反对将两个或更多类别合并成一个单一类别的证据来阐述可合并性的问题（collapsibility）。[1] 为了进行 Hausman-McFadden 检验，研究者首先估计一个包含所有类别的模型，然后估计一个只包含限定选择集的模型，注意保持每一模型中具有相同的一组回归量（regressors）。令 $\hat{\beta}_u$ 和 $\hat{\beta}_r$ 分别表示从非约束和约束模型估计得到的参数估计值，Hausman-McFadden 检验统计量（q）可计算如下：

$$q = [\hat{\beta}_u - \hat{\beta}_r][\mathbf{V}_r - \mathbf{V}_u]^{-1}[\hat{\beta}_u - \hat{\beta}_r] \tag{8.34}$$

这里，$\mathbf{V}_r$ 和 $\mathbf{V}_u$ 是约束和非约束模型估计值的方差 – 协方差矩阵。

　　Hausman-McFadden 检验统计量服从卡方分布，其自由度等于参数个数之差。此检验的零假设是约束和非约束模型的参数相等（或它们的差为 0）（即 $H_0: \beta_u = \beta_r$）。一个较大的 q 值使我们拒绝零假设。[2] 一个更不正式的方法是排除掉一个选择，估计简化的模型，并且简单地比较约束和非约束模型的估计值，来判断模型之间结果的解释是否不同。从实质性立场来看，基于正式或非正式方法来合并类别经常会产生一个更容易解释和评价的模型。就像我们在后面将展现的，通常，可能的做法是通过将一个多项问题分割成一系列二项选择问题来获得简洁性以及深入的认识。

8.7.3　嵌套 logit 模型

　　嵌套 logit 模型是处理违背 IIA 假定的一个流行方法（Greene，2008）。此方法假定选择可以被分割成独立的水平，也被称为嵌套（nests）、选择集（choice sets）或节点（nodes），这里，假定嵌套之间保持独立。允许嵌套内的选择是相似的（或不独立的）。嵌套模型能够调节一个具体选择集之中的选择子集之间的相关。比如，在上面的问题中，选择集可能由节点"公共汽车"、"火车"和"小汽车"构成，而"蓝色公共汽车"和"红色公共汽车"在"公共汽车"节点中是相关的。选择概率（choice probabilities）能够以封闭的形式加以表达，当与稍后讨论的多项 probit 模型比较时，这一点就是此方法的一个独特优势。选择概率涉及额外的取值范围在 0 到 1 之间的节点别"相异"参数（node-specific

---

[1]　对于这一点和其他选择集分割检验的评述，见 Fry 和 Harris（1998）。

[2]　这个检验可以在 Stata 和 LIMDEP 中进行。

"dissimilarity" parameters）。如果所有的相异参数都等于 1，那么嵌套 logit 模型就等价于一个多项 logit 模型。

嵌套 logit 模型的一个难点是嵌套的设定。在作为模型来源的交通工具选择的研究中，个人可能首先在公共和私人交通方式中做选择，然后才会在私人节点或公共节点内的特定选择项之间做选择。在上面的例子中，我们或许设定"公共的"和"私人的"为第一层节点，其中，"公共的"包含选择项"火车"和"公共汽车"，而"私人的"仅包含"小汽车"作为唯一的选择项。第二层节点考虑在"公共汽车"节点内的"蓝色公共汽车"和"红色公共汽车"选择项。在其他研究领域，选择项的分类可能更不明显，可能更难以确定恰当的嵌套。我们下面讨论作为另一种处理违背 IIA 假定的方法——多项 probit 模型。

8.7.4　多项 probit 模型

当 IIA 假定不成立时，已经出现了若干可供选择的方法，其中的大多数都涉及多项 probit 模型的变体（Daganzo，1979）。Hausman 和 Wise（1978）的多项 probit 模型放松了选择项之间独立误差的 IIA 假定。这在潜在变量方法中最容易加以描述。一个（混合的）多项 probit 的效用函数由下面的公式给出：

$$u_{ij} = \mathbf{x}'_i \boldsymbol{\beta}_j + \mathbf{z}'_{ij} \boldsymbol{\alpha} + \varepsilon_{ij} \tag{8.35}$$

这里，ε_{ij}，$\cdots$，ε_{ij} 服从均值为 0、协方差矩阵为 Σ 的正态分布。对于一个有三个选择的模型，第三个选择项被选中的概率是：

$$\Pr(y_i = 3) = \Pr(u_{i3} > u_{i2}, u_{i3} > u_{i1})$$
$$= \int_{-\infty}^{+\infty} \int_{-\infty}^{u_2} \int_{-\infty}^{u_3} f(u_1, u_2, u_3) \, du_1 \, du_2 \, du_3 \tag{8.36}$$

这里，$f(\cdot, \cdot, \cdot)$ 是三变量正态密度函数。[1] 此方法的吸引力在于它估计选择项之间的误差协方差（此处为 σ_{12}、σ_{13} 和 σ_{23}）的能力，它们提供了有关选择项之间存在关联的信息。[2] 直到最近，多项 probit 的一个主要不足仍然是与多元正态积分的计算有关的技术问题（例如，参见 Butler & Moffitt，1982）。除了多

---

[1]　通常，一个多项 probit 模型可以进行转换，因此，对于 J 个选择项，仅有 $J-1$ 个积分需要计算。

[2]　由于 probit 模型中 $\sigma = 1$ 这一任意尺度化约束，使得协方差和相关是等价的。Bunch（1991）讨论了与多项 probit 模型有关的识别问题。

达 4 项选择和小数据集的情况之外，这个局限使得这些模型不能为大多数研究者所使用。结合计算机算法设计方面的改进和这些模型被纳入标准统计软件包中，增强的计算能力现在已经使得估计这些模型变得切实可行了。现代方法依靠模拟技术来计算多元正态积分，因此提供了处理大量选择的实用计算方法（例如，参见 Geweke，Keane，& Runkle，1992；Hajivassiliou，1993；McFadden，1989；Train，2003）。[①]

8.7.5　其他方法

将多项 logit 模型一般化为一个放松 IIA 假定的非独立 logit 模型（nonindependent logit model）也是可能的。McFadden（1978）建议采用一个一般化的极值分布。尽管其实现起来比多项 probit 模型更简单，但这个方法产生了一个单一的相关估计值，而不是完全的相关结构。Gumble（1961）显示关联参数是与皮尔森（Pearson）相关系数（ρ）连接在一起的。但是，双变量－逻辑斯蒂分布（bivariate-logistic distribution）将 ρ 值限定在区间 [– 0. 304，+ 0. 304] 之内，这在一些应用中可能并不符合实际。其他处理 IIA 问题的方法涉及模拟潜在效用（u_{i1}，…，u_{iJ}）和用观测的相对频数来估计由公式 8. 36 给出的联合概率（Albright，Lerman，& Manski，1977；McFadden，1989）。

8.7.6　序列 logit 模型（sequential logit models）

一些多项响应问题可以通过考虑响应的时间次序加以简化，此方法利用了决策（decision-making）的序列性质。典型的例子包括教育连续决策（school continuation decisions）（例如，参见 Mare，1980）。例如，设想教育获得的一个测量指标（y_i）取下述值：

$y_i = 1$，如果个体已获得不到 12 年的学校教育，

$y_i = 2$，如果个体已获得至少 12 年的学校教育，以及

$y_i = 3$，如果个体已获得 12 年以上的学校教育。

粗略来看，这个变量是次序变量，应当用第 7 章讨论的次序响应模型进行建模。但是，请注意，次序响应模型在不允许不同类别之间存在不同的结构机制这一点上是一个局限。如果研究者怀疑在学校转换的不同水平上存在着不同的机制，

[①]　Stata、LIMDEP、TDA 和 aML 都提供了估计多项 probit 模型的程序。

他/她或许希望将这个过程分解为一个转换序列。这时，我们将采用条件概率来针对给定 $y_i = j - 1$（$j > 1$）情况下的 $y_i \geq j$ 的概率（记为 P_{ij}^+）进行建模。也就是

$$P_{ij}^+ = \Pr(y_i \geq j \mid y_i \geq j - 1) = \frac{\sum\limits_{l=j}^{J} P_{il}}{\sum\limits_{h=j-1}^{J} P_{ih}}, \quad j > 1 \tag{8.37}$$

这个方法使用了被称为连续比 logit（continuation-ratio logit）的另一种 logit 形式，它可以用公式 8.37 中的条件概率的方式进行界定。一个连续比 logit 模型可以被写为：

$$\text{CRL}_{ij} = \log\left(\frac{P_{ij}^+}{1 - P_{ij}^+}\right) = \mathbf{x}_i' \boldsymbol{\beta}_j, \quad j = 2, \cdots, J \tag{8.38}$$

教育获得的过程可以被看作一系列二项选择，可以用图形加以描述：

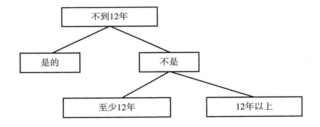

这意味着序列模型能够通过选取数据中的恰当子样本来进行估计。通过使用连续比 logit 模型，整个样本被用来对受教育年限为 12 年或更多的概率（P_{i2}^+）进行建模。在针对第一次转换的模型中，如果被访者的受教育年限已经达到了至少 12 年，则响应变量编码为 1，否则为 0。注意，$P_{i1} = 1 - P_{i2}^+$。然后，研究者只选择那部分至少受过 12 年教育的被访者采用连续比 logit 模型来对获得 12 年以上教育的条件概率（P_{i3}^+）进行建模。在第二次转换的模型中，如果被访者的受教育年限超过 12 年，那么响应变量编码为 1，否则为 0。注意，$P_{i2} = P_{i2}^+ (1 - P_{i3}^+)$ 和 $P_{i3} = P_{i2}^+ P_{i3}^+$。因此，一系列二项 logit 模型的所得结果完整描地述了这一多项过程。

似然比检验可以用常规方式进行。在转换水平之间相互独立这一假定下，模型的整体对数似然值（overall log-likelihood）是各个独立模型的似然值之和。对于分组数据，我们可以用各个独立模型的对数似然值之和来概括整体拟合的情

况。用上面介绍的方式来拟合独立 logit 模型将对每一次教育转换得到不同的协变量效应。Wolfe（1998）的 Stata 程序 ocratio 通过强加一个比例比数（proportional odds）假定拟合了此模型的受约束形式，因此得到了各转换之间共同的协变量效应以及转换别截距（transition-specific intercepts）。本书的网站提供了估计一个更具一般形式的此模型的 Stata 程序，该模型同时包含比例和非比例效应。

8.7.7　举例

作为一个例子，针对从全国青年跟踪调查（NLSY）中抽取的 1979 年时为 18 岁或以上的 1369 名青年男性的样本，我们考虑 1988 年以前的教育获得情况。假设完成的教育情况是种族（如果被访者是黑人，BLK = 1，其他为 0；如果被访者是西班牙裔，HSP = 1，其他为 0）、父亲的受教育年限（FEDU）、父亲的社会经济地位（FSEI）、姐妹数（NSIBS）和 14 岁时不与亲生父母一起生活（NONINT）的一个函数。表 8 - 7 中的左列是完成 12 年或更多年教育的 logit 模型（YRS），右列是以至少完成 12 年为条件的完成 12 年以上教育的 logit 模型。

表 8 - 7　教育获得

变　量	YRS ≥ 12		YRS > 12 | YRS ≥ 12	
	估计值	Z	估计值	Z
常数	0.624	1.902	- 1.550	- 5.132
BLK	0.005	0.028	0.091	0.542
HSP	0.281	1.259	0.651	3.218
FEDU	0.117	5.300	0.011	0.481
FSEI	0.260	4.688	0.311	7.754
NSIBS	- 0.173	- 4.487	- 0.012	0.350
NONINT	- 0.875	- 5.487	- 0.235	- 1.447
log L	- 589.06		- 782.45	
n	1369		1097	
模型 log L		- 1371.51		

例如，我们发现，完成至少 12 年教育的比数随父亲的受教育年限和社会经济地位的提高而上升，但却是不完整家庭和姐妹数的减函数。以至少完成 12 年教育为条件的完成 12 年以上教育的比数随父亲的社会经济地位的提高而上升；但是，没有证据表明父亲的受教育年限存在影响。家庭结构和姐妹数的影响也比

随后的转换更小。与以前的研究相吻合，我们通过将受教育年限视为一系列转换找到对消除社会背景（除 FSEI 外）影响这一观点的一些支持（例如，参见Mare，1980）。

8.7.8 名义响应变量的多层模型

第 5 章的方法可以应用于本章中许多的名义响应模型。我们可以调整公式8.24 所表达的随机效应模型以对第 i 个背景中（层 – 2）的第 k 个人做出的第 j 个选择进行建模。像通过混合标准多项 logit 和离散选择模型得到的模型中的情况一样，这里，我们让 **x** 和 **β** 随着不同选择而变动。

$$u_{ijk} = \mathbf{x}'_{ijk}\, \boldsymbol{\beta}_j + \mathbf{z}'_{ijk}\mathbf{u}_{ij} + \varepsilon_{ijk} \qquad (8.39)$$

这里，**z** 表示一组具有随机变动系数的变量，**u** 是对应的随机效应的多元正态向量。注意，在此一般形式中，随机系数因每一选择而异，而且在选择项之间可能存在相关。例如，一个涉及 3 项选择的随机截距模型提供了 2 项选择的层 – 2 方差的估计值，以及随机截距之间协方差的估计值。

该模型可以用 MML 和贝叶斯方法进行估计。MIXNO（Hedeker，1999）和Stata 的 gllamm 程序（Rabe-Hesketh et al.，2004）都提供了适合这些模型的 MML程序。这些模型也可以在 aML 中编程来实现（Lillard & Panis，2003）。类似地，也可以设定序列 logit 模型。比如，Powers（2005）用比例和非比例协变量效应作为初次婚前生育风险的结构模型的一部分估计了一个家庭变迁的多层连续比 logit 模型。

8.8 小结

我们在这一章中回顾了如何处理非次序多项响应变量的方法，从熟悉的对数线性模型到由一个随机效用或行为选择框架推导出来的多项的、条件的和混合的logit 模型。Hoffman 和 Duncan（1988）对这些模型有过简明的回顾。Ben-Akiva和 Lerman（1985）提供了对离散选择模型的更详细的介绍。Train（2003）对采用基于模拟的计算方法的现代技术有过讨论。我们考察了如何放松严格的假定以满足更加实际的模型。我们发现将过程分解成一个选择序列也可以得到从实质观点来看可能具有吸引力的模型，这些模型从实用观点来看也容易解释。

附录 A

回归的矩阵方法

A.1 导言

矩阵表达作为一个一般化的数学和统计运算的方法被用在多元统计学中。以矩阵作为工具具有省去下标的优势，因此，无论自变量个数多寡都可以使用同样的标注符号。其缺点在于要求运用不同的运算（矩阵代数）法则进行矩阵运算。我们这里的讨论仅限于简略的要点。要想更多地了解我们在这里所讨论的主题，我们推荐阅读 Fox（2008b）和 Gill（2006）的专著。

A.2 矩阵代数

矩阵是一种表示变量集的方法，即将变量的数值按照行和列进行布局。通常采用单个的粗体字母来表示一个矩阵，同时标注了下标的项表示一个矩阵的不同元素。习惯上，粗体大写字母用来表示矩阵，而粗体小写字母则用来表示向量。一个矩阵的大小或维度由行数（R）和列数（C）决定。例如，一个 100 行和 3 列的矩阵 $\mathbf{X}$ 可以描述成一个包含元素 x_{ij}（$i = 1,\ \cdots,\ 100;\ j = 1,\ \cdots,\ 3$）的 100×3 矩阵。在这种情况下，$\mathbf{X}$ 代表变量集，而每个 x_{ij} 对应着 $\mathbf{X}$ 中第 i 行和第 j 列上的值。一个向量可以被定义为只包含单一行或单一列的矩阵。例如，本书中经常出现的向量 $\mathbf{x}_i'$ 表示矩阵 $\mathbf{X}$ 单独的一行，它对应着第 i 个观测的一组协变量取值。

A. 2. 1　回归的矩阵方法

回归方程可以用矩阵符号表示为：

$$\mathbf{y} = \mathbf{X}\boldsymbol{\beta} + \boldsymbol{\varepsilon}$$

这里，$\mathbf{X}$ 是自变量的 $n \times (K+1)$ 矩阵，$\mathbf{y}$ 是因变量值的 $n \times 1$ 向量，$\boldsymbol{\varepsilon}$ 是误差项的 $n \times 1$ 向量，$\boldsymbol{\beta}$ 是回归系数的 $(K+1) \times 1$ 向量。令 x_{ik} 表示第 i 个观测的第 k 个自变量，则 $\mathbf{X}$ 矩阵可以表示为下面的形式：

$$\mathbf{X} = \begin{pmatrix} x_{10} & x_{11} & x_{12} & \cdots & x_{1K} \\ x_{20} & x_{21} & x_{22} & \cdots & x_{2K} \\ \vdots & \vdots & \vdots & \cdots & \vdots \\ x_{n0} & x_{n1} & x_{n2} & \cdots & x_{nK} \end{pmatrix}$$

在大多数回归类模型中，第一列都是元素为 1 的向量以表示常数项，因此，$x_{i0} = 1$。

$$\mathbf{X} = \begin{pmatrix} 1 & x_{11} & \cdots & x_{1K} \\ 1 & x_{21} & \cdots & x_{2K} \\ \vdots & \vdots & \cdots & \vdots \\ 1 & x_{n1} & \cdots & x_{nk} \end{pmatrix}$$

因变量 y 的取值的 $n \times 1$ 向量可以表示为以下形式：

$$\mathbf{y} = \begin{pmatrix} y_1 \\ y_2 \\ \vdots \\ y_n \end{pmatrix}$$

误差项的 $n \times 1$ 向量为：

$$\boldsymbol{\varepsilon} = \begin{pmatrix} \varepsilon_1 \\ \varepsilon_2 \\ \vdots \\ \varepsilon_n \end{pmatrix}$$

回归系数的 $(K+1) \times 1$ 向量为：

$$\boldsymbol{\beta} = \begin{pmatrix} \beta_0 \\ \beta_1 \\ \vdots \\ \beta_K \end{pmatrix}$$

将这些合并在一起，我们有：

$$\mathbf{y} = \mathbf{X}\boldsymbol{\beta} + \boldsymbol{\varepsilon} = \begin{pmatrix} y_1 \\ y_2 \\ \vdots \\ y_n \end{pmatrix} = \begin{pmatrix} 1 & x_{11} & \cdots & x_{1K} \\ 1 & x_{21} & \cdots & x_{2K} \\ \vdots & \vdots & \cdots & \vdots \\ 1 & x_{n1} & \cdots & x_{nK} \end{pmatrix} \begin{pmatrix} \beta_0 \\ \beta_1 \\ \vdots \\ \beta_K \end{pmatrix} + \begin{pmatrix} \varepsilon_1 \\ \varepsilon_2 \\ \vdots \\ \varepsilon_n \end{pmatrix}$$

A.2.2　基本的矩阵运算

加法

矩阵加法要求两个相加的矩阵是可匹配的，即有相同的行数和列数。也就是说，如果 $\mathbf{A}$ 是 $n \times K$ 矩阵，$\mathbf{B}$ 是 $n \times K$ 矩阵，那么 $\mathbf{C} = \mathbf{A} + \mathbf{B}$。这等价于将每个矩阵中的对应元素相加，即 $c_{ik} = a_{ik} + b_{ik}$。

$$\begin{aligned} \mathbf{A} + \mathbf{B} &= \begin{pmatrix} a_{11} & a_{12} & \cdots & a_{1K} \\ \vdots & \vdots & \cdots & \vdots \\ a_{n1} & a_{n2} & \cdots & a_{nK} \end{pmatrix} + \begin{pmatrix} b_{11} & b_{12} & \cdots & b_{1K} \\ \vdots & \vdots & \cdots & \vdots \\ b_{n1} & b_{n2} & \cdots & b_{nK} \end{pmatrix} \\ &= \begin{pmatrix} a_{11} + b_{11} & a_{12} + b_{12} & \cdots & a_{1K} + b_{1K} \\ \vdots & & \vdots & \cdots & \vdots \\ a_{n1} + b_{n1} & a_{n2} + b_{n2} & \cdots & a_{nK} + b_{nK} \end{pmatrix} \\ &= \begin{pmatrix} c_{11} & c_{12} & \cdots & c_{1K} \\ \vdots & \vdots & \cdots & \vdots \\ c_{n1} & c_{n2} & \cdots & c_{nK} \end{pmatrix} = \mathbf{C} \end{aligned}$$

乘法

矩阵乘法要求相乘的矩阵是行－列可匹配的。对于 $\mathbf{A}$ 和 $\mathbf{B}$ 相乘，这意味着 $\mathbf{A}$ 的列数必须等于 $\mathbf{B}$ 的行数。例如，如果 $\mathbf{A}$ 是 $n \times K$ 矩阵，以及 $\mathbf{b}$ 是 $K + 1$ 矩阵，那么 $\mathbf{C} = \mathbf{Ab}$ 就是一个元素为 $c_i = \sum_k a_{ik} b_k$ 的 $n \times 1$ 矩阵。在这种情况下，$\mathbf{b}$ 乘以 $\mathbf{A}$ 的形式如下：

$$\mathbf{C} = \begin{pmatrix} c_1 \\ \vdots \\ c_n \end{pmatrix} = \mathbf{Ab} = \begin{pmatrix} a_{11}b_1 + a_{12}b_2 + & \cdots & + a_{1K}b_K \\ a_{21}b_1 + a_{22}b_2 + & \cdots & + a_{2K}b_K \\ \vdots & \cdots & \vdots \\ a_{n1}b_1 + a_{n2}b_2 + & \cdots & + a_{nK}b_K \end{pmatrix}$$

矩阵乘法通过由 $\mathbf{A}$ 的每一行元素乘以 $\mathbf{b}$ 中对应的列元素并将所有结果相加来进行。注意，矩阵乘法是不可交换的，因为 $\mathbf{Ab}$ 未必等于 $\mathbf{bA}$。在这种情况下，

不可能在 $\mathbf{A}$ 前面乘上 $\mathbf{b}$，因为 $\mathbf{b}(1)$ 的列数不等于 $\mathbf{A}(n)$ 的行数。为了使它们之间符合乘法法则，通常可以重新布置矩阵的行和列。

矩阵转置

矩阵转置是一种通过交换行和列以改变一个矩阵的维度的运算。例如，如果 $\mathbf{b}$ 是 $(K+1) \times 1$ 矩阵，

$$\mathbf{b} = \begin{pmatrix} b_0 \\ b_1 \\ \vdots \\ b_K \end{pmatrix}$$

$\mathbf{b}$ 的转置（$\mathbf{b}'$）为 $1 \times (K+1)$ 矩阵

$$\mathbf{b}' = (b_0 \quad b_1 \quad \cdots \quad b_K)$$

所得的矩阵 $\mathbf{b}'$ 可以被任何只有 1 列的矩阵在它前面相乘，或者被任何具有 $K+1$ 行的矩阵在它后面相乘。

矩阵求逆

矩阵的除法是通过逆算子（inverse operator）来实现的。矩阵求逆（matrix inverse）要求矩阵必须是方阵和非奇异的（nonsingular）。假设 $\mathbf{X}$ 是 $n \times (K+1)$ 数据矩阵，并且一个 $(K+1) \times (K+1)$ 方阵 $\mathbf{M}$ 是由在 $\mathbf{X}$ 前面乘上它的转置 $\mathbf{X}'$ 得到的：

$$\mathbf{M} = \mathbf{X}'\mathbf{X}$$

如果 $\mathbf{X}$ 的任意列可以被表示成任何其他列或数列的集合的线性函数，那么 $\mathbf{M}$ 就是奇异的（singular），且不能被取逆。如果 $\mathbf{M}$ 是非奇异方阵，那么它可以乘以它的逆矩阵（$\mathbf{M}^{-1}$），然后得到一个 $(K+1) \times (K+1)$ 单位矩阵（identity matrix）。单位矩阵是一个主对角线上元素为 1 而其他元素都为 0 的方阵，通常被表示成 $\mathbf{I}$：

$$\mathbf{I} = \mathbf{M}\mathbf{M}^{-1} = \mathbf{M}^{-1}\mathbf{M} = \begin{pmatrix} 1 & & & 0 \\ & 1 & & \\ & & \ddots & \\ 0 & & & 1 \end{pmatrix}$$

对角线矩阵

单位矩阵是对角线矩阵的一个特例。将 1 替换为其他的数值就得到一个对角线矩阵的一般形式。这个矩阵会在许多情况下出现。例如，在 FGLS 估计中，我

们使一个加权平方和最小化：

$$S(\boldsymbol{\beta}) = \sum_{i=1}^{n} w_i (y_i - \mathbf{x}'_i \boldsymbol{\beta})^2$$

这里，w_i 是第 i 个观测的权重值。向量 $\mathbf{w}$ 代表权重的 $n \times 1$ 向量。如果我们定义 $\mathbf{W}$ 为主对角线上元素为 w_i 的 $n \times n$ 矩阵，则

$$\mathbf{W} = \begin{pmatrix} w_1 & & & \mathbf{0} \\ & w_2 & & \\ & & \ddots & \\ \mathbf{0} & & & w_n \end{pmatrix}$$

我们可以将加权平方和函数用矩阵符号写为：

$$S(\boldsymbol{\beta}) = (\mathbf{y} - \mathbf{X}\boldsymbol{\beta})' \mathbf{W} (\mathbf{y} - \mathbf{X}\boldsymbol{\beta})$$

回归的矩阵运算

给定一个以矩阵形式表达的回归模型：

$$\mathbf{y} = \mathbf{X}\boldsymbol{\beta} + \boldsymbol{\varepsilon}$$

β 的 OLS 估计量通过使平方和最小化得到

$$\begin{aligned} S(\boldsymbol{\beta}) &= (\mathbf{y} - \mathbf{X}\boldsymbol{\beta})'(\mathbf{y} - \mathbf{X}\boldsymbol{\beta}) \\ &= \mathbf{y}'\mathbf{y} - 2\mathbf{y}'\mathbf{X}\boldsymbol{\beta} + \boldsymbol{\beta}'\mathbf{X}'\mathbf{X}\boldsymbol{\beta} \end{aligned}$$

对于 $\boldsymbol{\beta}$ 平方和的偏导数向量可以表示为：

$$\frac{\partial S(\boldsymbol{\beta})}{\partial \boldsymbol{\beta}} = -2\mathbf{X}'\mathbf{y} + 2\mathbf{X}'\mathbf{X}\boldsymbol{\beta}$$

我们令这个公式等于 0，并求解，得到 OLS 估计量

$$\mathbf{b} = (\mathbf{X}'\mathbf{X})^{-1}\mathbf{X}'\mathbf{y}$$

这里，$\mathbf{b}$ 是 OLS 估计值的 $(K+1) \times 1$ 向量。

$\mathbf{b}$ 的方差－协方差矩阵可以通过将 MSE（即 σ_ε^2）或它的估计值乘上平方和与交叉乘积矩阵（cross-products matrix）$\mathbf{X}'\mathbf{X}$ 的逆得到，表达式如下：

$$\widehat{\mathrm{var}}(\mathbf{b}) = \hat{\sigma}_\varepsilon^2 (\mathbf{X}'\mathbf{X})^{-1}$$

该运算得到一个方形矩阵，其中 $\mathrm{var}(b_k)$ 处于对角线上，$\mathrm{cov}(b_k, b_j)(j \neq k)$ 处于对角线之外。

A.2.3 应用举例

考虑一个 y（测验分数）对 x（学习小时数）的简单回归模型 $y_i = \beta_0 + \beta_1 x_i + \varepsilon_i$。此模型针对一个 $n = 5$ 的随机样本进行拟合。因变量可以用矩阵形式表示为：

$$\mathbf{y} = \begin{pmatrix} 80.0 \\ 90.0 \\ 92.0 \\ 70.0 \\ 67.0 \end{pmatrix} = \begin{pmatrix} y_1 \\ y_2 \\ y_3 \\ y_4 \\ y_5 \end{pmatrix}$$

自变量矩阵中包括变量 x，以及一个为表示常数项而设定的元素为 1 的向量。

$$\mathbf{X} = \begin{pmatrix} 1.0 & 5.0 \\ 1.0 & 7.0 \\ 1.0 & 6.0 \\ 1.0 & 3.0 \\ 1.0 & 3.0 \end{pmatrix} = \begin{pmatrix} x_{10} & x_{11} \\ x_{20} & x_{21} \\ x_{30} & x_{31} \\ x_{40} & x_{41} \\ x_{50} & x_{51} \end{pmatrix} = \begin{pmatrix} 1 & x_{11} \\ 1 & x_{21} \\ 1 & x_{31} \\ 1 & x_{41} \\ 1 & x_{51} \end{pmatrix}$$

$\mathbf{X'X}$ 矩阵有一个特殊形式，此时，主对角线上是平方和，对角线之外是交叉乘积。但是，既然 $\mathbf{X}$ 的第一列是一个元素为 1 的向量，则该矩阵可以简化为：

$$\mathbf{X'X} = \begin{pmatrix} 5.0 & 24.0 \\ 24.0 & 128.0 \end{pmatrix} = \begin{pmatrix} n & \sum x_{i0}x_{i1} \\ \sum x_{i1}x_{i0} & \sum x_{i1}x_{i1} \end{pmatrix} = \begin{pmatrix} n & \sum x_{i1} \\ \sum x_{i1} & \sum x_{i1}^2 \end{pmatrix}$$

以 $\sum y_i$ 表示第一个元素，$\sum y_i x_{i1}$ 表示第二个元素，$\mathbf{X'y}$ 矩阵也可以简化为：

$$\mathbf{X'y} = \begin{pmatrix} 399.0 \\ 1993.0 \end{pmatrix} = \begin{pmatrix} \sum x_{i0}y_i \\ \sum x_{i1}y_i \end{pmatrix} = \begin{pmatrix} \sum y_i \\ \sum x_{i1}y_i \end{pmatrix}$$

对 $\mathbf{X'X}$ 求逆，我们得到：

$$(\mathbf{X'X})^{-1} = \begin{pmatrix} 2.0 & -0.375 \\ -0.375 & 0.078 \end{pmatrix}$$

最小二乘解为：

$$\mathbf{b} = \begin{pmatrix} 50.625 \\ 6.078 \end{pmatrix} = \begin{pmatrix} b_0 \\ b_1 \end{pmatrix}$$

这里，**b** 的第一个元素是估计的截距（b_0），第二个元素是估计的斜率（b_1）。

为了得到 b_0 和 b_1 的标准误，必须用模型的 MSE（S_e^2）来估计误差方差（σ_ε^2）。

$$
\begin{aligned}
s_e^2 &= \frac{\sum\limits_i (y_i - b_0 - b_1 x_i)^2}{n - K - 1} \\
&= \frac{(\mathbf{y} - \mathbf{Xb})'(\mathbf{y} - \mathbf{Xb})}{n - K - 1} \\
&= \frac{\mathbf{e'e}}{n - K - 1} \\
&= 13.307
\end{aligned}
$$

所得 **b** 的方差 – 协方差矩阵为：

$$
\widehat{\mathrm{var}}(\mathbf{b}) = s_e^2 (\mathbf{X'X})^{-1} = \begin{pmatrix} 26.614 & -4.990 \\ -4.990 & 1.040 \end{pmatrix}
$$

取对角线元素的平方根就会得到 **b** 的标准误。因此，OLS 估计值（标准误）是 $b_0 = 50.625$（5.159）和 $b_1 = 6.078$（1.020）。

附录 $\mathcal{B}$

最大似然估计

B.1 导言

最大似然估计是用来获得参数估计值的若干方法之一。其他的方法包括最小二乘法、矩量法 (method of moments) 和期望最大化法 (EM)。在许多情况下，替代方法也会得到最大似然估计值 (MLEs)。

B.2 基本原理

如果观测到一个随机样本值，x_1，x_2，$\cdots$，x_n 的值独立地从某一分布中抽取，比如，由未知参数 θ 限定的 $f(x_1, x_2, \cdots, x_n | \theta)$，那么，我们可以表达出给定某一 θ 值的情况下获得该数据的概率。这个表达式被称为样本的似然值（或基于该数据的似然值）。我们可以将此看作在给定 θ 的情况下我们实际得到该样本数据的可能性。因为 θ 是未知的，它必须根据该数据进行估计。作为 θ 的一个估计值，我们选择值 $\hat{\theta}$，使得该样本的似然值表达式（记为 L）在 $\hat{\theta}$ 处时达到最大。这一找出未知参数估计值的过程被称为最大似然 (ML) 估计。用这种方式得到的估计值被称为 ML 估计值或 MLEs。

B.2.1 例1：二项比例

设想我们观测到一项投掷一枚均匀硬币试验的结果，记录下 n 次投掷中正面朝上的数量 x。在这种情况下，样本包含 n 次试验。随机变量 X 在总体中的期望

值是 $E(X) = np$，这里，p 表示单次投掷成功的概率。我们的兴趣在于估计 p（当然，在这种情况下 p 是已知的，因为假定硬币是均匀的）。样本的似然值是一个二项随机变量的概率函数：

$$L = \binom{n}{x} p^x (1-p)^{n-x} \qquad (B.1)$$

如果将只是 p 的一个函数（即 n 和 x 被固定）的 L 画出来，那么，我们就得到与图 B－1 所示相似的曲线。在这种情况下，$0 \leqslant p \leqslant 1$ 和 $0 \leqslant L \leqslant 1$，因为它们中的每一个都是一个概率（$p$ 是单次试验中成功的概率，而 L 是 n 次试验中恰好成功 x 次的概率）。量 $\hat{p}$ 是使得 L 最大化的 p 值。

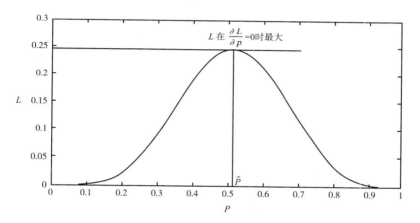

图 B－1　似然函数的最大值

我们如何找到 $\hat{p}$？我们需要去观察 L 在哪一点出现最大值，这一点也就是其与 p 有关的变化率为 0 的那一点。从几何学上讲，曲线 L 在最大似然估计值（MLE）处的切线的斜率为 0。对于与其所依赖的变量有关的某一函数的变化率，我们能够找到一个解析式或数值表达式。这个表达式就是该函数的一阶导数，它是该函数的变化率或斜率的表达式。

总之，为了寻找使 L 在该处达到最大值的这个值，我们找到了 L 对 p 的一阶导数的表达式，进而找到使该表达式等于 0 的 p 的估计值。严格地讲，必须确保估计值与 L 的最大值而不是最小值相对应，因为当 L 达到最小值时，该点处切线的斜率也为 0。我们如何能够在这两种情形之间做出区分呢？

为了确保当令一阶导数为 0 并对 p 求解时得到最大值，我们也必须确保 L 的二阶倒数是负的。也就是说，L 的一阶导数是负的。这意味着 L 的斜率在 $\hat{p}$ 附近是下降的。回到例子中来，我们有：

$$L = \binom{n}{x} p^x (1-p)^{n-x} = c p^x (1-p)^{n-x} \qquad (B.2)$$

这里，c 不涉及 p。如果我们对 L 取对数，得到：

$$\log L = \log c + x \log p + (n-x) \log(1-p) \qquad (B.3)$$

对 $\log L$ 而不是 L 求解不会改变其性质，因为取对数是一种单调变换。通常，用 $\log L$ 是为了简化计算。但是，注意，$0 \leq p \leq 1$，因而 $-\infty \leq \log L \leq 0$。如果对 $\log L$ 取一阶导数（前面已定义过），我们会得到：

$$\frac{\partial \log L}{\partial p} = \frac{x}{p} - \frac{n-x}{1-p} \qquad (B.4)$$

令公式左边等于 0，并对 p 求解，就得到 MLE（即 $\hat{p} = x/n$）。换句话讲，p 的 MLE 是正面朝上的观测比例。

B.2.2 例 2：正态均值和方差

设想我们观测到从一个均值为 μ、方差为 σ^2 的总体中抽取的 n 个服从正态分布的随机变量。单个观测的似然值为：

$$L = \frac{1}{\sqrt{2\pi}\sigma} \exp\left\{ -\left(\frac{x_i - \mu^2}{2\sigma} \right) \right\} \qquad (B.5)$$

因为观测是独立的，那么，该样本的似然值就是乘积

$$L = \prod_{i=1}^{n} L(\mu, \sigma^2) = \frac{c}{\sigma^n} \exp\left\{ -\sum_{i=1}^{n} \left[(x_i - \mu)/2\sigma \right]^2 \right\} \qquad (B.6)$$

这里，c 是不涉及 μ 或 σ 的部分。

不像例 1，这个例子涉及两个未知参数，但原理是一样的。为了得到 $\hat{\mu}$，即 μ 的 MLE，找到一个与 μ 有关的 $\log L$ 的变化率表达式，并令其他参数 σ^2 保持不变。这是对 μ 的一阶偏导数。令此表达式为 0 并针对 μ 求解，得到 $\hat{\mu} = \sum_{i=1}^{n} x_i/n$。$\mu$ 的 MLE 是样本均值。为了得到 σ^2 的 MLE，找到一个与 σ^2 有关的 $\log L$ 的变化率表达式，并令 μ 保持不变。此表达式为 $\log L$ 对 σ^2 的一阶偏导数。你们会发现，替换 μ 的 MLE 之后，样本方差为 $\hat{\sigma}^2 = \sum_{i=1}^{n} (x_i - $

$\hat{\mu})^2/n_{\circ}$ ①

B. 2. 2. 1　MLE 的一般原理

1. 如果 $\log L_i$ 是从相同分布中抽取的 n 个独立观测中的一个观测的对数似然值，那么该样本的对数似然值为 $\log L = \sum_{i=1}^{n} \log L_i$。

2. 令 $\boldsymbol{\theta} = (\theta_1, \theta_2, \cdots, \theta_K)'$ 为描述该数据分布某方面特征（即均值、方差、回归斜率、模型效应）的参数的 $K \times 1$ 向量。$\boldsymbol{\theta}$ 的 MLE 可以通过下面的步骤得到：

（a）找到与 $\boldsymbol{\theta}$ 有关的 $\log L$ 的偏导数的向量，

$$\mathbf{U}(\boldsymbol{\theta}) = \frac{\partial \log L}{\partial \boldsymbol{\theta}} \tag{B.7}$$

具体而言，令 u_k 表示 $\log L$ 对 θ_k 的偏导数，则有

$$u_k = \frac{\partial \log L}{\partial \theta_k}, \quad k = 1, \cdots, K \tag{B.8}$$

令这些公式中的每一个都等于 0，并针对 θ_k 求解。这将产生包含 K 个未知参数的 K 个方程。$\mathbf{U}(\boldsymbol{\theta})$ 是 $\log L$ 一阶导数的 $K \times 1$ 向量，被称为得分函数（score function）（或得分向量）。u_k（$k = 1, \cdots, K$）是得分向量的个体元素。

（b）为了保证一阶条件求得一个最大值，应该检查 $\log L$ 对 $\boldsymbol{\theta}$ 的二阶导数是一个负定矩阵（negative definite matrix），即

$$\mathbf{H}(\boldsymbol{\theta}) = \frac{\partial^2 \log L}{\partial \boldsymbol{\theta} \partial \boldsymbol{\theta}'} \tag{B.9}$$

应当是负定的。令 h_{kl} 表示 $\log L$ 对 θ_k 和 θ_l 的二阶导数，则

$$h_{kl} = \frac{\partial^2 \log L}{\partial \theta_k \partial \theta_l}, \quad k, l = 1, \cdots, K$$

得到的由元素 h_{kl} 构成的 $K \times K$ 矩阵的负数被称为信息矩阵，我们将它记为 $\mathbf{I}(\boldsymbol{\theta})$。在某些情况下，可能直接得到这个矩阵。在其他情况下，可以得到 $-\mathbf{H}(\boldsymbol{\theta})$ 的期望或合理的近似。一种近似是作为梯度向量（或个体得分函数）的外积（outer product）来得到的。例如，如果我们令 $\log L_i$ 表示第 i 个个体对样本对数似然值的贡献，一阶导数（或个体得分函数）的 $n \times K$ 矩阵被称为梯度向量 $\mathbf{g}(\boldsymbol{\theta})$。估计

---

① 注意，此公式与通常的样本方差公式不同，后者的分母中有 $(n-1)$。

的信息矩阵可以表示为下面的叉积：

$$\widehat{\mathbf{I}(\boldsymbol{\theta})} = \mathbf{g}(\boldsymbol{\theta})'\mathbf{g}(\boldsymbol{\theta}) \tag{B.10}$$

（c）信息矩阵（或负的二阶导数矩阵）的逆矩阵中对角线元素的平方根提供了 MLEs 的标准误。也就是说，当在 $\hat{\boldsymbol{\theta}}$ 处进行计算时，$\mathbf{I}(\boldsymbol{\theta})^{-1}$ 给出了 $\hat{\boldsymbol{\theta}}$ 的渐进方差 – 协方差矩阵。$\mathbf{I}(\boldsymbol{\theta})^{-1}$ 的对角线元素为 $\mathrm{var}(\hat{\boldsymbol{\theta}})$。因为 MLEs 服从渐进正态分布，因此此信息可以用来建构 $\boldsymbol{\theta}$ 的置信区间。

B.2.3　例 3：二项 logit 模型

正如第 3 章介绍的，分组或个体水平的二项响应模型的似然函数可以被写为：

$$\log L = \sum_i \left\{ \log\binom{n_i}{y_i} + y_i \log F(\mathbf{x}_i' \boldsymbol{\beta}) + (n_i - y_i)\log[1 - F(\mathbf{x}_i' \boldsymbol{\beta})] \right\} \tag{B.11}$$

似然函数中出现的常数乘数项 $\binom{n_i}{y_i}$ 不涉及未知参数，所以可以在估计中被忽略。此外，在个体水平数据的情况下，此项总是等于 1，因此二分类 logit 模型的对数似然函数可以简化为：

$$\log L = \sum_i \{ y_i \log \Lambda_i + (n_i - y_i)\log[1 - \Lambda_i] \}$$

这里，$\Lambda_i = \exp(\mathbf{x}_i' \boldsymbol{\beta})/\{1 + \exp(\mathbf{x}_i' \boldsymbol{\beta})\}$。

对此 logit 模型求一阶条件，我们得到下面的得分函数表达式：

$$u_k = \sum_i (y_i - \Lambda_i)x_{ik}, \quad k = 0, \cdots, K$$

采用矩阵符号，该公式可以写为：

$$\mathbf{U} = \mathbf{X}'(\mathbf{y} - \boldsymbol{\Lambda})$$

logit 模型二阶导数矩阵的第 kl 个元素可以用公式表示为：

$$h_{kl} = -\sum_i x_{ik}x_{il}\Lambda_i(1 - \Lambda_i)$$

或者用矩阵符号表示为：

$$\mathbf{H} = -\mathbf{X}'\mathbf{W}\mathbf{X}$$

这里，**W** 是主对角线元素为 $w_i = \Lambda_i(1 - \Lambda_i)$ 的一个对角线矩阵。

因为 Λ_i 对于未知参数是非线性的，这意味着不存在 MLE 的封闭形式（closed form）的解，所以必须用迭代方法来得到 MLEs。我们替换似然值公式中的参数估计值，Λ_i 被 $\hat{\Lambda}_i = \exp(\sum_k b_k x_{ik}) / \{1 + \exp(\sum_k b_k x_{ik})\}$ 替换。牛顿－拉弗森法（Newton-Raphson method）和费希尔得分法（Fisher scoring method）这两种竞争性迭代法在此种情况下得到一致的结果，因为期望的和实际的 Hessian 矩阵是一致的。[①] 求得的矩阵满足负定条件，同时，因为拟被最大化的函数是全域凹向远点的，因此所得估计值提供了一个全局最大值（global maximum）。

牛顿－拉弗森法和费希尔得分法经常从对二分类变量 y 或分组数据情况下的经验 logit 进行 OLS 回归得到的初始估计值或起始值开始。

在第 $t + 1$ 次迭代时，估计值基于前面的迭代得到的量被更新为：

$$\hat{\boldsymbol{\beta}}^{(t+1)} = \hat{\boldsymbol{\beta}}^{(t)} - [\mathbf{H}^{(t)}]^{-1} \mathbf{U}^{(t)} \tag{B.12}$$

这里，$\hat{\boldsymbol{\beta}}$ 是参数估计值的 $(K + 1) \times 1$ 向量，**H** 和 **U** 是 $\log L$ 对 $\boldsymbol{\beta}$ 的二阶和一阶偏导数。

当差值 $\Delta\hat{\boldsymbol{\beta}} = \hat{\boldsymbol{\beta}}^{(t)} - \hat{\boldsymbol{\beta}}^{(t-1)}$ 可以忽略不计时，当对数似然值上的成比例变化比某一很小的数 δ 还小时，或者当得分向量足够接近于 0 时，就认为迭代过程收敛了。大多数计算机程序都会对这些标准中的每一个进行检查来确定是否收敛。估计值的渐进方差－协方差矩阵是作为信息矩阵（负的 Hessian 矩阵）的逆〔即 $I(\hat{\boldsymbol{\beta}})^{-1}$〕从最后一次迭代中得到的。MLEs 渐进地服从正态分布，其估计的方差等于逆信息矩阵的对角线元素 $\mathrm{diag}\mathbf{I}(\hat{\boldsymbol{\beta}})^{-1}$。量 $\hat{\boldsymbol{\beta}}/\mathrm{diag}\sqrt{\mathbf{I}(\hat{\boldsymbol{\beta}})^{-1}}$ 服从渐进标准正态分布（Z 分布）。这能够被用来对个体参数进行显著性检验。

B.2.3.1 分组数据

用分组数据来估计逻辑斯蒂模型的参数要求对前述的公式略微做一些修改。对于分组的二项 logit 模型，对数似然函数的核（kernel）可以被写为：

$$\log L = \sum_i \{y_i \log \Lambda_i + (n_i - y_i)\log[1 - \Lambda_i]\} \tag{B.13}$$

---

① 像前面介绍的一样，也可以作为一阶导数的叉积估计 Hessian 矩阵，得到 Berndt、Hall、Hall 和 Hausman（1974）（或 BHHH 估计量）的估计量。当期望的或实际的 Hessian 矩阵很难表达或不存在时，可以用这个估计量代替。其他的估计方法，如 Davidon-Fletcher-Powell（或 PDF 方法）取决于最近的步骤得到二阶导数矩阵（或它的逆）的一个估计值。对于此处介绍的模型，此类方法不适用。

这里，y_i 表示 n_i 次试验成功的次数（即观测到的单元格频数）。对 β 求 $\log L$ 的导数，我们有：

$$u_k = \frac{\partial \log L}{\partial \beta_k} = \sum_i y_i x_{ik} - \sum_i n_i x_{ik} \Lambda_i, \quad k = 0, \cdots, K$$

或者用矩阵符号表示为：

$$\mathbf{U} = \mathbf{X}'(\mathbf{y} - \mathbf{m})$$

这里，$\mathbf{y}$ 是"成功"次数的列向量，$\mathbf{X}$ 是自变量的矩阵，$\mathbf{m}$ 是元素为 $m_i = n_i \Lambda_i$ 的列向量。

二阶导数矩阵的第 kl 个元素是：

$$h_{kl} = \frac{\partial^2 \log L}{\partial \beta_k \partial \beta_l} = -\sum_i x_{ik} x_{il} n_i \Lambda_i (1 - \Lambda_i), \quad k, l = 0, \cdots, K$$

或者用矩阵符号表示为：

$$\mathbf{H} = -\mathbf{X}'\mathbf{W}\mathbf{X}$$

这里，$\mathbf{W}$ 是主对角线元素为 $w_i = n_i \Lambda_i (1 - \Lambda_i)$ 的对角线矩阵。

B.2.3.2 应用举例

我们用取自全国青年跟踪调查（NLSY）的 $n = 647$ 名非白人男性子样本为例介绍使用个体层次数据来获得 ML 估计的牛顿 – 拉弗森法的原理。程序和数据都可以从本书的网站上获得。二分类因变量是学龄青年（1979 年时处于 14 ~ 17 岁）在 1985 年调查前是否高中毕业（$y = 1$）。我们用与家庭结构有关的信息对此数据拟合下面的二项 logit 模型，其中，$x_1 = \text{NONINT}$，$x_2 = \text{INCOME}$，以万美元作为单位：

$$y_i^* = \beta_0 + \beta_1 x_{i1} + \beta_2 x_{i2} + \varepsilon_i$$

表 B – 1 给出了估计值、标准误和 Z 比值。

表 B – 1 高中毕业的二项 logit 模型

变　量	估计值	标准误	Z 值
常数(x_0)	0.667	0.210	3.171
NONINT(x_1)	– 0.149	0.195	– 0.766
INCOME(x_2)	1.237	0.326	3.795
$-2\log L$	677.82		

迭代过程始于一组起始值（$\hat{\boldsymbol{\beta}}^{(0)}$）。获得这些值的最简单的方法是对二分类因变量 y 做 OLS 回归，

$$\hat{\boldsymbol{\beta}}^{(0)} = \begin{pmatrix} 0.695 \\ -0.031 \\ 0.163 \end{pmatrix}$$

第一次迭代时得分向量是：

$$\mathbf{U}^{(1)} = \begin{pmatrix} 55.93 \\ 15.00 \\ 43.58 \end{pmatrix}$$

第一次迭代时负 Hessian 矩阵是：

$$-\mathbf{H}^{(0)} = \begin{pmatrix} 139.88 & 59.36 & 73.94 \\ 59.36 & 59.36 & 25.23 \\ 73.94 & 25.23 & 59.31 \end{pmatrix}$$

第一次迭代得到的逆信息矩阵是：

$$[\mathbf{I}^{(0)}]^{-1} = \begin{pmatrix} 0.0315 & -0.0181 & -0.0316 \\ -0.0181 & 0.0309 & 0.0094 \\ -0.0316 & 0.0094 & 0.0523 \end{pmatrix}$$

用得分向量乘以逆信息矩阵，我们得到方向向量（direction vector）$\Delta\hat{\boldsymbol{\beta}}^{(0)}$，它表示参数向量的变化或增量：

$$[\mathbf{I}^{(0)}]^{-1}\mathbf{U}^{(0)} = \Delta\hat{\boldsymbol{\beta}}^{(0)} = \begin{pmatrix} 0.0984 \\ -0.1108 \\ 0.6593 \end{pmatrix}$$

当参数向量被更新成这一增量与起始（OLS）参数向量之和时，第一次迭代就算完成了：

$$\hat{\boldsymbol{\beta}}^{(0)} - \Delta\hat{\boldsymbol{\beta}}^{(0)} = \begin{pmatrix} 0.695 \\ -0.031 \\ 0.163 \end{pmatrix} + \begin{pmatrix} 0.0984 \\ -0.1108 \\ 0.6593 \end{pmatrix}$$

$$\hat{\boldsymbol{\beta}} = \begin{pmatrix} 0.793 \\ -0.141 \\ 0.822 \end{pmatrix}$$

整个过程不断重复直到差值 $\Delta\hat{\boldsymbol{\beta}}$ 小于 0.00001 为止。在第四次迭代结束时，

参数向量是：

$$\hat{\boldsymbol{\beta}}^{(4)} = \begin{pmatrix} 0.667 \\ -0.149 \\ 1.237 \end{pmatrix}$$

并且我们发现，当前参数向量处的得分向量趋近于 0，这意味着对数似然函数的斜率在这些估计值处几乎等于 0：

$$\mathbf{U}^{(4)} = \begin{pmatrix} 2.01E - 06 \\ 6.10E - 07 \\ 2.28E - 06 \end{pmatrix}$$

类似地，方向矩阵 $\Delta\hat{\boldsymbol{\beta}}$ 显示参数向量在 MLE 附近变化很小：

$$\Delta\hat{\boldsymbol{\beta}}^{(4)} = \begin{pmatrix} -4.86E - 08 \\ 6.87E - 09 \\ 1.42E - 07 \end{pmatrix}$$

更新参数向量，得到 MLEs 为：

$$\hat{\boldsymbol{\beta}}^{(5)} = \begin{pmatrix} 0.6667 \\ -0.1492 \\ 1.2374 \end{pmatrix}$$

最终在估计值处计算得到的逆信息矩阵是：

$$\mathbf{I}^{-1}(\hat{\boldsymbol{\beta}}) = \begin{pmatrix} 0.0442 & -0.0238 & -0.0540 \\ -0.0238 & 0.0379 & 0.0139 \\ -0.0540 & 0.0139 & 0.1063 \end{pmatrix}$$

对 $\mathbf{I}^{-1}(\hat{\boldsymbol{\beta}})$ 的对角线元素取平方根，我们得到下述 MLEs 的标准误：

$$se(\hat{\boldsymbol{\beta}}) = \begin{pmatrix} 0.2102 \\ 0.1947 \\ 0.3260 \end{pmatrix}$$

这些结果与 Z 比值一同被报告在表 B-1 中。

B.2.4 例 4：对数线性模型

这个例子来自表 4-1 的有关受教育水平和对婚前性行为的态度的数据。我们首先将该数据重新布置成适合于以大多数标准计算机程序进行分析的列向格式，见表 B-2。

表 B - 2   根据表 4 - 1 得到列向格式数据

x_0	x_1	x_2	y
1	0	0	873
1	1	0	533
1	0	1	1190
1	1	1	1208

表 4 - 1 中的每个单元格将由数据集中的一行表示，每个变量（受教育水平和态度）将由一个虚拟变量表示，这就得到了表 B - 2。表 B - 2 中的第一列是代表截距的一个元素为 1 的向量。第二列和第三列是分别对应着受教育水平和对婚前性行为态度的虚拟变量向量。令 x_{0i}、x_{1i}、x_{2i} 表示对应着第 i 个单元格的自变量的行向量。这组变量对应着独立模型〔即它只拟合平均频数（通过 x_0）与 x_1 和 x_2 的边缘分布〕。第四列包含观测的单元格频数，记为 y，它在此分析中是因变量。独立模型可以被写为一个针对计数的乘积（或对数线性）模型：

$$m_i = \exp(\beta_0 + \beta_1 x_{1i} + \beta_2 x_{2i}) \tag{B.14}$$

这里，m_i 是独立模型下第 i 个单元格的期望频数、β 是待估计的参数。

泊松抽样分布下对数似然值的核为：

$$\log L = \sum_{i=1}^{n} (y_i \log m_i - m_i)$$

因为模型的非线性属性，仍需要用迭代的方法。像采用 logit 模型的情况一样，估计过程涉及用 $\log L(\boldsymbol{\beta})$ 对 $\boldsymbol{\beta}$ 的一阶和二阶导数来反复更新 β 的估计值。

我们首先获得对 $\log y_i$ 进行 OLS 回归得到的起始值：

$$\log y_i = \beta_0 + \beta_1 x_{1i} + \beta_2 x_{2i} \tag{B.15}$$

将当前的参数估计值代入 $m_i = \exp(\sum_k \beta_k x_{ik})$，我们计算每次迭代的期望计数。接下来，观测的和期望的计数以及设计矩阵一同被用来得到得分向量：

$$u_k = \frac{\partial \log L}{\partial \beta_k} = \sum_{i=1}^{n} x_{ik}(y_i - m_i), \quad k = 0, \cdots, K \tag{B.16}$$

或用矩阵符号表示为：

$$\mathbf{U} = \mathbf{X}'(\mathbf{y} - \mathbf{m}) \tag{B.17}$$

这里，**y** 和 **m** 分别是观测和预测单元格计数的向量，**X** 是自变量的设计矩阵。

相同的量被用来建构二阶导数的矩阵。二阶导数矩阵 **H** 的第 kl 元素是：

$$h_{kl} = -\frac{\partial^2 \log L}{\partial \beta_k \partial \beta_l} = -\sum_{i=1}^{n} x_{ik} x_{il} m_i, \quad k, l = 0, \cdots, K \quad (\text{B.18})$$

用矩阵符号，可以表示为：

$$\mathbf{H} = -\mathbf{X'WX} \quad (\text{B.19})$$

这里，**W** 是主对角线元素为 m_i（以当前估计值进行计算得到）的对角线矩阵。

最后，按照公式 B.12 给出的常用牛顿 – 拉弗森公式来更新第（$t+1$）次迭代的参数向量。

B.2.4.1 应用举例

我们以牛顿 – 拉弗森算法为例说明获得 MLEs 的过程。示例程序可以从本书的网站上得到。

第一步（第 0 次迭代）是通过 OLS 获得起始值。在我们的例子中，这些值为：

$$\hat{\boldsymbol{\beta}}^{(0)} = \begin{pmatrix} 6.645 \\ -0.239 \\ 0.564 \end{pmatrix}$$

我们现在进入迭代循环并计算被更新的参数向量：

$$\hat{\boldsymbol{\beta}}^{(1)} = \hat{\boldsymbol{\beta}}^{(0)} - [\mathbf{H}^{(0)}]^{-1} \mathbf{U}^{(0)}$$

因此，在第一次迭代结束时，估计的参数为：

$$\hat{\boldsymbol{\beta}}^{(1)} = \begin{pmatrix} 6.6372 \\ -0.1691 \\ 0.5336 \end{pmatrix} = \begin{pmatrix} 6.645 \\ -0.239 \\ 0.564 \end{pmatrix} +$$

$$\begin{pmatrix} 0.000935 & -0.00047 & -0.00073 \\ -0.000471 & 0.00107 & 1.10\mathrm{E}-20 \\ -0.000728 & 1.10\mathrm{E}-20 & 0.00114 \end{pmatrix} \begin{pmatrix} 14.856 \\ 71.945 \\ -17.103 \end{pmatrix}$$

在第四次迭代结束前，得分向量接近于 0，并且估计的参数对 OLS 起始值或之前迭代所得的那些值偏离不太大：

$$\hat{\boldsymbol{\beta}}^{(4)} = \begin{pmatrix} 6.6366 \\ -0.1697 \\ 0.5339 \end{pmatrix}$$

最后一次迭代的逆信息矩阵是：

$$I^{-1}(\hat{\boldsymbol{\beta}}) = \begin{pmatrix} 0.00093 & -0.00048 & -0.00071 \\ -0.00048 & 0.00106 & -6.80\mathrm{E}-20 \\ -0.00071 & -6.80\mathrm{E}-20 & 0.00112 \end{pmatrix}$$

估计值的标准误通过这个矩阵的对角线元素的平方根得到：

$$\mathrm{se}(\hat{\boldsymbol{\beta}}) = \begin{pmatrix} 0.0305 \\ 0.0325 \\ 0.0336 \end{pmatrix}$$

B.2.5　迭代再加权最小二乘法

统计软件包依赖于不同的方法来估计 logit、probit 和对数线性模型。作为一般化线性模型（GLMs），迭代再加权最小二乘法可以被用来估计这些模型。若干计算机软件包利用此方法，它在 logit、probit、对数线性模型和许多其他模型的情况下等价于 ML 估计。

为了说明这种等价关系，我们注意到，对在前面的例子中用公式 B.12 得到的估计值进行更新的程序可以被一般化为：

$$\hat{\boldsymbol{\beta}}^{(t+1)} = \hat{\boldsymbol{\beta}}^{(t)} + [\mathbf{X}'\mathbf{W}^{(t)}\mathbf{X}]^{-1}\mathbf{X}'(\mathbf{y}-\mathbf{m}^{(t)}) \tag{B.20}$$

这里，不同的模型会有不同形式的 $\mathbf{W}^{(t)}$ 和 $\mathbf{m}^{(t)}$。例如，在 logit 模型的情况下，$\mathbf{W}^{(t)}$ 是一个主对角线元素为 $w_i = n_i\Lambda_i(1-\Lambda_i)$ 的对角线矩阵，且对于个体层次数据，$n_i = 1$。对于 probit 模型，$\mathbf{W}^{(t)}$ 的对角线元素为 $w_i = n_i\phi_i^2/\{\Phi_i(1-\Phi_i)\}$，其中，$\phi_i$ 和 Φ_i 是以估计值计算得到的标准正态密度和累积分布函数。对于对数线性模型，$\mathbf{W}^{(t)}$ 是主对角线元素为 $\mu_i^{(t)} = \exp(\sum_k \beta_k^{(t)} x_{ik})$ 的对角线矩阵。

在 logit 和 probit 模型的情况下，条件平均响应（$\mathbf{m}^{(t)}$）的向量为预测的成功次数。对于 logit 模型，$\mathbf{m}^{(t)}$ 的个体元素是：

$$\mu^{(t)} = n_i\Lambda_i^{(t)}$$

对于 probit 模型，它们是：

$$\mu^{(t)} = n_i\Phi_i^{(t)}$$

对于对数线性模型，期望计数是：

$$\mu_i^{(t)} = \exp\left(\sum_k \beta_k^{(t)} x_{ik} \right)$$

我们也可以将公式 B.20 写成新的形式：

$$\hat{\boldsymbol{\beta}}^{(t+1)} = \left[\mathbf{X}'\mathbf{W}^{(t)}\mathbf{X} \right]^{-1} \mathbf{X}'\mathbf{W}^{(t)}\mathbf{z}^{(t)} \tag{B.21}$$

这里，$\mathbf{z}^{(t)}$ 是一个"修正"或"线性化的"因变量，它的元素为：

$$z_i^{(t)} = \sum_k \beta_k^{(t)} x_{ik} + (y_i - \mu_i^{(t)})/w_i^{(t)} \tag{B.22}$$

公式 B.22 右边的最后一项可以表示为：

$$\frac{y_i - \mu_i}{w_i} = (y_i - \mu_i) \frac{\partial g(\mu_i)}{\partial \mu_i} \tag{B.23}$$

项 $g(\mu_i)$ 被定义为"链接"函数，它对平均响应函数进行转换以使模型在参数上是线性的。

公式 B.22 是一个包含异方差性的线性模型，可以用加权最小二乘法进行估计。迭代的加权最小二乘法估计可以通过对公式 B.21 的重复应用获得，即通过不断更新 $\mathbf{W}$ 和 $\mathbf{z}$ 直到连续估计值上的差异（$\Delta\hat{\boldsymbol{\beta}}$）变得可以忽略不计为止。此过程往往会在少数几次迭代后收敛于 MLEs。下一节将更正式地介绍 GLMs 的发展。

B.2.6 一般化线性模型（GLMs）

一般化线性模型是通过对经典线性回归加以一般化所得到的一类统计模型，它们提供了处理分类因变量的一套系统方法。估计 GLMs 的方法包括前面介绍过的一般化最小二乘法技术的简单应用。这里，我们对 GLMs 做一个简单介绍。Fox（2008a）、Gill（2000）以及 McCullagh 和 Nelder（1989）的著作就此主题提供了更详细的讨论。

像在经典回归模型中一样，GLMs 开始于一个因变量（y）、一个条件期望值（或均值函数）μ_i 以及方差函数 v_i。令 $\mathbf{x}_i' = x_{i0}$，x_{i1}，$\cdots$，x_{iK} 表示解释变量，这里，$x_{i0} = 1$ 以考虑截距。像在经典回归模型中一样，结构部分是 $\mathbf{x}$ 的线性函数：

$$\eta_i = \mathbf{x}_i' \boldsymbol{\beta} \tag{B.24}$$

这里，η_i 代表因变量 y 的某一函数。在经典线性模型中，目标是估计 y 的条件均值。在此情况下，我们有 μ_i 和 η_i 之间的恒等链接：$\mu_i = \eta_i$。

但是，更一般地，链接函数可以写为：

$$g(\mu_i) = \eta_i \qquad\qquad (B.25)$$

链接函数 $g(\mu_i)$ 将 μ_i 和线性预测值 η_i 联系起来。因此，设定一个 GLM 就等同于对因变量进行转换以使模型在结构参数上是线性的。用这一方式，一个非线性模型可以被转换成一个在参数上具有线性特征的模型。

公式 B.24 和 B.25 构成了一个 GLM 的基本结构。模型的估计是基于链接函数的线性化，通过下面的公式来进行：

$$g(y_i) \approx g(\mu_i) + (y_i - \mu_i)/g'(\mu_i) \qquad\qquad (B.26)$$

这里，$g'(\mu_i) = \partial\eta_i/\partial\mu_i$ 是链接函数对均值函数（mean value function）的导数。

除了在模型非常简单的情况下，所有这些项都必须用当前估计值进行计算，并不断迭代更新。这就设定了一个过程，该过程一直持续到结构参数（$\boldsymbol{\beta}$）的估计值稳定为止。有人可能会考虑将因变量 y 转换成一个新变量 $g(y)$。令 $\hat{z}$ 是这个"修正"的因变量。在每一步中，$\hat{\eta}$ 和 $\hat{\mu}$ 的估计值——以当前估计值进行计算——得到该修正因变量的新估计值：

$$\hat{z}_i = \hat{\eta}_i + (y_i - \hat{\mu}_i)(\partial\hat{\eta}_i/\partial\hat{\mu}_i)$$

这里，表达式 $\partial\hat{\eta}_i/\partial\hat{\mu}_i$ 为线性预测值函数对 y 的均值函数的导数的当前迭代的值。该模型的回归权重为：

$$\hat{w}_i = \frac{(\partial\hat{\eta}_i/\partial\hat{\mu}_i)^2}{\hat{v}_i}$$

这里，$\hat{v}_i$ 是以当前估计值计算得到的 y 的方差函数。

$\boldsymbol{\beta}$ 的解是一个被修正以考虑连续更新的 GLM 公式。在第 t 次迭代循环时，$\boldsymbol{\beta}$ 的估计值由公式 B.20 给出。

在实际应用中，任何模型都可以用这种方式进行拟合。当涉及指数族的密度时，此程序会得到 MLEs。采用非指数密度时，估计值并不是 ML，但具有 MLEs 的许多可取属性。这个程序与前面介绍的迭代再加权最小二乘法估计量是一致的。

B.2.6.1　例1：OLS 回归

GLM 最简单的应用可能就是 y 被取自一个具有不变方差的正态分布的情况，在此情况下，线性预测值和 y 的均值相一致，即

$$\eta_i = \mu_i = \mathbf{x}'_i \boldsymbol{\beta}$$

由于链接函数和均值函数之间恒等，它具有 $\partial \eta_i / \partial \mu_i = 1$，$\hat{z} = y$，同时估计方程可在一次迭代中解得：

$$\mathbf{b} = (\mathbf{X}'\hat{\mathbf{W}}\mathbf{X})^{-1}(\mathbf{X}'\hat{\mathbf{W}}\hat{\mathbf{z}}) = (\mathbf{X}'\mathbf{I}\mathbf{X})^{-1}(\mathbf{X}'\mathbf{I}\mathbf{y}) = (\mathbf{X}'\mathbf{X})^{-1}(\mathbf{X}'\mathbf{y})$$

这里，$\mathbf{I}$ 是 $n \times n$ 单位矩阵。

B. 2. 6. 2　例 2：Logit 模型

令 y_i 代表一个二项试验 n_i 次试验中成功的次数，这里，第 i 次试验成功的概率 p_i 被假定取决于一组未知参数。y 的条件均值函数为 $\mu_i = n_i p_i$，方差函数为 $v_i = n_i p_i (1 - p_i)$。这种情形中的复杂性在于均值和方差函数取决于 p_i，即它本身就包含必须由数据来估计的未知参数。而且，p_i 必须在 $[0, 1]$ 范围内。保证这一点的一个方法是假定

$$p_i = \frac{\mu_i}{n_i} = \frac{\exp(\eta_i)}{1 + \exp(\eta_i)} = \frac{1}{1 + \exp(-\eta_i)}$$

因此，p_i 是 η_i 的非线性函数，但是由 "logit" 变换（或链接）给出的线性预测值函数使该模型在 logit 尺度上是线性的

$$\eta_i = \log\left(\frac{p_i}{1 - p_i}\right) = \mathbf{x}'_i \boldsymbol{\beta}$$

修正的因变量是：

$$\hat{z}_i = \hat{\eta}_i + \frac{(y_i - n_i \hat{p}_i)}{\hat{v}_i}$$

这里，$\hat{v}_i = n_i \hat{p}_i (1 - \hat{p}_i)$，且迭代权重由下式给出：

$$\hat{w}_i = n_i \hat{p}_i (1 - \hat{p}_i)$$

将这些表达式与公式 B. 21 给出的迭代估计方法结合起来就可以得到 MLEs。

B. 2. 6. 3　例 3：Probit 模型

Probit 模型估计遵循同样的原理。不过，现在的期望概率是：

$$p_i = \Phi(\eta_i)$$

该模型在 probit 链接函数上是线性的：

$$\eta = \Phi^{-1}(p_i)$$

修正因变量是：

$$\hat{z}_i = \hat{\eta}_i + (y_i - n_i \hat{p}_i) / \hat{v}_i$$

这里，$\hat{v}_i = n_i \phi(\hat{\eta}_i)$，且迭代权重是：

$$\hat{w}_i = n_i \phi(\hat{\eta}_i) / \hat{p}_i (1 - \hat{p}_i)$$

B.2.6.4 例 4：互补双对数模型

像 logit 和 probit 模型一样，在互补双对数模型中，n_i 次试验中成功的次数（y_i）的平均响应函数是 $\mu_i = n_i p_i$，其中，p_i 由下式给出：

$$p_i = 1 - \exp\{-\exp(\eta_i)\}$$

该模型在互补双对数链接函数上是线性的

$$\eta_i = \log\{-\log(1 - p_i)\}$$

GLM 中的修正因变量采用下面的形式：

$$\hat{z}_i = \hat{\eta}_i + (y_i - n_i \hat{p}_i)(\partial \hat{\eta}_i / \partial \hat{\mu}_i)$$

这里，

$$\partial \hat{\eta}_i / \partial \hat{\mu}_i = \{-\log(1 - \hat{p}_i) n_i (1 - \hat{p}_i)\}^{-1}$$

迭代权重是：

$$\hat{w}_i = \{(\partial \hat{\eta}_i / \partial \hat{\mu}_i)^2 n_i \hat{p}_i (1 - \hat{p}_i)\}^{-1}$$

B.2.6.5 例 5：对数线性模型

采用计数的对数线性模型的平均响应函数 y_i 由下式给出：

$$\mu_i = \exp(\eta_i)$$

该模型在均值响应函数的对数（即对数链接函数）上是线性的

$$\eta_i = \log(\mu_i)$$

修正因变量是：

$$\hat{z}_i = \hat{\eta}_i + (y_i - \hat{\mu}_i) / \hat{\mu}_i$$

均值和方差函数对于泊松变量（Poisson variable）是相同的，因此迭代权重很简单

$$\hat{w}_i = \hat{\eta}_i$$

B.2.7 最小卡方估计

当数据被分组时，我们可以得到与通过对经验 logit 和 probit 采用简单加权最小二乘回归求得的那些 ML 接近的估计值。[①]

正如前面所介绍的，使用分组或重复数据时，"成功"次数（y_i）和试验次数（n_i）可以被用来求得经验概率 $\tilde{p}_i = y_i/n_i$。我们现在介绍另一种 ML 估计方法，即用样本比例（经验概率）来建构经验 logit 和 probit。此方法将得到一致性的估计值。从直觉上看，此方法是富有吸引力的，因为它与标准回归类似。

我们从一个包含异方差性的线性回归开始，它很像线性概率模型。但是，因变量现在是经验 logit 或 probit 作为经验概率的一个转换得到的。误差方差的倒数（或逆）被用来建构 FGLS 回归中的权重。

最小卡方方法（minimum χ^2 method）从针对"理论"总体响应概率 p_i 的变换的线性模型开始，

$$g(p_i) = \mathbf{x}_i' \boldsymbol{\beta} = \eta_i$$

这里，$g(p_i)$ 表示"理论"logit 或 probit。与前面一样，表达式 $g(\cdot)$ 被称为使模型在参数 $\boldsymbol{\beta}$ 上具有线性特性的"链接"函数。

我们可以将它表示为一个包含异方差性的线性回归模型

$$g(\tilde{p}_i) = \mathbf{x}_i' \boldsymbol{\beta} + \varepsilon_i$$

这里，$\tilde{p}_i = y_i/n_i$，$\varepsilon_i = \tilde{p}_i - p_i$。经验 logit 为 $g(\tilde{p}_i) = \log\{\tilde{p}_i/(1-\tilde{p}_i)\}$，而经验 probit 为 $g(\tilde{p}_i) = \Phi^{-1}(\tilde{p}_i)$。

一个围绕 p_i 的 $\tilde{p}_i$ 的泰勒级数展开式——省略高阶项——给出以下表达式：

$$g(p_i) = \mathbf{x}_i' \boldsymbol{\beta} + \frac{\partial g(p_i)}{\partial p_i}(\tilde{p}_i - p_i) = \eta_i + \frac{\partial \eta_i}{\partial p_i}(\tilde{p}_i - p_i) \tag{B.27}$$

---

① 在某些情况下，需要将每个单元格加上一个很小的常量，这就可以确保对数转换在 logit 模型中是可行的。

这里，$\partial \eta_i / \partial p_i$ 是链接函数对平均响应函数的导数。对于 logit 和 probit 模型，平均响应函数（p_i）分别是 $\Lambda(\mathbf{x}_i' \boldsymbol{\beta})$ 和 $\Phi(\mathbf{x}_i' \boldsymbol{\beta})$。

加权最小二乘法的问题是使关于 $\boldsymbol{\beta}$ 的下述表达式最小化

$$\sum_i w_i [g(\tilde{p}_i) - \eta_i]^2$$

这里，w_i 是由方差的逆给出的权重。FGLS 解为：

$$\mathbf{b}_{GLS} = [\mathbf{X}'\mathbf{W}\mathbf{X}]^{-1} \mathbf{X}'\mathbf{W} g(\bar{\mathbf{p}})$$

最小 logit 卡方方法

最小 logit 卡方估计量用经验 logit 作为因变量。线性模型可以写为：

$$\text{logit}(\tilde{p}_i) = \log\left(\frac{\tilde{p}_i}{1 - \tilde{p}_i} \right) = \mathbf{x}_i' \boldsymbol{\beta} + \varepsilon_i \tag{B.28}$$

这里，$\text{E}(\varepsilon) = 0$，$\text{var}(\varepsilon) = 1/[n_i p_i (1 - p_i)]$，其中，后者用经验概率 $1/[n_i \tilde{p}_i (1 - \tilde{p}_i)]$ 估计得到。在这种情况下，我们用权重为 $w_i = n_i \tilde{p}_i (1 - \tilde{p}_i)$ 的 FGLS 方法使关于 $\boldsymbol{\beta}$ 的加权平方和最小

$$\sum_i w_i [\text{logit}(\tilde{p}_i) - \mathbf{x}_i' \boldsymbol{\beta}]^2$$

最小 probit 卡方方法

最小 probit（或 normit）卡方估计量要求我们计算对应于经验概率 $\Phi^{-1}(\tilde{p}_i)$ 的累积正态分布函数（或 z 分）的逆。大多数统计/计算软件包都提供此逆函数以及累积正态分布函数。线性模型可用经验 probit 表示如下：

$$\text{probit}(\tilde{p}_i) = \Phi^{-1}(\tilde{p}_i) = \mathbf{x}_i' \boldsymbol{\beta} + \varepsilon_i \tag{B.29}$$

这里，$\text{E}(\varepsilon) = 0$。误差方差被估计为：

$$\widehat{\text{var}}(\varepsilon) = \frac{\tilde{p}_i (1 - \tilde{p}_i)}{n_i \phi(\hat{z}_i)^2}$$

这里，$\hat{z}_i = \Phi^{-1}(\tilde{p}_i)$。

与采用 logit 模型的情况一样，估计涉及用误差方差的倒数作为权重来使加权平方和最小。所以，一个采用权重为 $w_i = n_i \phi(\hat{z}_i)^2 / \tilde{p}_i (1 - \tilde{p}_i)$ 的经验 probit 的加权最小二乘法回归被用来估计 β。

对数线性模型的最小卡方估计量

对数线性模型的最小卡方估计量尤为简单。令 y_i 表示第 i 个个体（或列联表中的第 i 个单元格）的计数变量（或单元格频次）的值。平均响应函数为 $\mu_i = \exp(\sum_k \beta_k x_{ik})$，这意味着在平均响应的对数上的一个线性模型，

$$\log(y_i) = \mathbf{x}'_i \boldsymbol{\beta} + \varepsilon_i$$

这里，$\varepsilon_i = y_i - \mu_i$。假定观测计数服从泊松分布，我们可以用加权最小二乘法对 $\log y$ 进行回归，其中，权重为 $w_i = y_i$。这个模型要求计数应当大于 0，因此可能需要将某些 y 值加上一个小的常数以确保这一点。FGLS 解为：

$$\mathbf{b}_{GLS} = [\mathbf{X}'\mathbf{W}\mathbf{X}]^{-1}\mathbf{X}'\mathbf{W}\log \mathbf{y}$$

最小卡方（FGLS）估计值通常会不同于最大似然估计值。它们渐近地与最大似然估计值一样有效，并且用加权最小二乘法容易得到。这些继承下来的技术显示了一般化线性模型和次序线性回归之间的紧密联系。因为这些模型涉及因变量的转换，所以它们提供了一个特别有益的变换方法的视角，这一方法被用来估计各种非线性响应模型。

参考文献

Agresti, A. (2002). *Categorical data analysis* (2nd ed.). New York: Wiley.

Agresti, A., Booth, J. C., Hobert, J. P., & Caffo, B. (2000). Random-effects modeling of categorical response data. *Sociological Methodology, 30*, 27–80.

Albright, R. L., Lerman, S. R., & Manski, C. F. (1977). *Report on the development of an estimation program for the multinomial probit model*. Washington, DC: Preliminary report prepared for the Federal Highway Administration.

Allison, P. D. (1982). Discrete-time methods for the analysis of event histories. In: S. Leinhardt (Ed.), *Sociological methodology* (pp. 61–98). San Francisco: Jossey-Bass.

Allison, P. D. (1982). *Event history analysis*. Beverly Hills: Sage Publications.

Allison, P. D. (1987a). Estimation of linear models with incomplete data. *Sociological Methodology, 17*, 71–103.

Allison, P. D. (1987b). Introducing a disturbance into logit and probit regression models. *Sociological Methods and Research, 15*, 355–374.

Amemiya, T. (1991). Qualitative response models: A survey. *Journal of Economic Literature, 19*, 483–536.

Andersen, E. B. (1970). Asymptotic properties of conditional maximum likelihood estimators. *Journal of the Royal Statistical Society, 32*(Series B), 283–301.

Andersen, J. A. (1984). Regression and ordered categorical variables. *Journal of the Royal Statistical Society, 46*(Series B), 1–30.

Andrich, D. (1978). A rating scale formulation for ordered response categories. *Psychometrika, 43*, 561–573.

Aptech Systems. (1997). *GAUSS version 3.2.34*. Maple Valley: Aptech Systems, Inc.

Aranda-Ordaz, F. J. (1983). An extension of the proportional hazards model for grouped data. *Biometrics, 39*, 109–117.

Barlow, R. E., & Proschan, F. (1975). *Statistical theory of reliability and life testing*. New York: Holt, Rinehart and Winston.

Bates, D., & Sarkar, D. (2006). lme4: Linear mixed-effects models using S4 classes. R package version 0.995-2.

Becker, M. P., & Clogg, C. C. (1989). Analysis of sets of two-way contingency tables using association models. *Journal of the American Statistical Association, 84*, 142–151.

Ben-Akiva, M., & Lerman, S. R. (1985). *Discrete-choice analysis*. Cambridge: MIT Press.

Berndt, E., Hall, B., Hall, R., & Hausman, J. (1974). Estimation and inference in nonlinear structural models. *Annals of Economic and Social Measurement, 3/4*, 653–666.

Bickel, P. J., Hammel, E. A., & O'Connell, J. W. (1975). Sex bias in graduate admissions: Data from Berkeley. *Science, 187*, 398–404.

Birnbaum, A. (1968). Some latent traits and their use in inferring an examinee's ability. In: F. M. Lord & M. R. Novick (Eds), *Statistical theories of mental test scores*. Reading, MA: Addison-Wesley.

Blossfeld, H. P., Hamerle, A. K., & Mayer, K. U. (1989). *Event history analysis: Statistical theory and applications in the social sciences*. Hillsdale: Lawrence Earlbaum and Associates.

Blossfeld, H. P., & Rohwer, G. (2004). *Techniques of event history modeling: New approaches to causal inference*. Mahwah, NJ: Lawrence Earlbaum and Associates.

Bock, R. D., & Aitkin, M. (1981). Marginal maximum likelihood estimation of item parameters: Application of an EM algorithm. *Psychometrika, 46*, 443–459.

Bock, R. D., & Lieberman, M. (1970). Fitting a response model for *n* dichotomously scored items. *Psychometrika, 35*, 179–197.

Brant, R. (1990). Assessing proportionality in the proportional odds model for ordered logistic regression. *Biometrics, 46*, 1171–1178.

Breen, R. (1994). Individual level models for mobility tables and other cross-classifications. *Sociological Methods and Research, 23*, 147–173.

Breslow, N. (1974). Covariance analysis of censored survival data. *Biometrics, 30*, 535–551.

Breslow, N. E., & Clayton, D. G. (1993). Approximate inference in generalized linear mixed models. *Journal of the American Statistical Association, 88*, 9–25.

Brooks, S. P., & Gelman, A. (1998). Alternative methods for monitoring convergence of iterative simulations. *Journal of Computational and Graphical Statistics, 7*, 434–455.

Broström, G. (2005). glmmML: Generalized linear models with random intercept. R package version 0.26-3.

Bunch, D. S. (1991). Estimability in the multinomial probit model. *Transportation Research, 25B*, 1–12.

Buse, A. (1973). Goodness of fit in generalized least squares estimation. *American Statistician, 27*, 106–108.

Butler, J. S., & Moffitt, R. (1982). A computationally efficient quadrature procedure for the one-factor multinomial probit model. *Econometrica, 50*, 761–764.

Camic, C., & Xie, Y. (1994). The advent of statistical methodology in American social science — Columbia University, 1880–1915: A study in the sociology of statistics. *American Sociological Review, 59*, 773–805.

Center for Human Resource Research. (1979). *The national longitudinal survey of youth handbook*. Columbus: The Ohio State University.

Chamberlain, G. (1980). Analysis of covariance with qualitative data. *Review of Economic Studies, 47*, 225–238.

Chamberlain, G. (1984). Panel data. In: Z. Griliches & M. D. Intriligator (Eds), *Handbook of econometrics* (Vol. II, pp. 1247–1317). Cambridge: MIT Press.

Clinton, J., Jackman, S., & Rivers, D. (2004). The statistical analysis of roll call data. *American Political Science Review, 98*, 355–370.

Clogg, C. C. (1978). Adjustment of rates using multiplicative models. *Demography, 15*, 523–539.

Clogg, C. C. (1982). Using association models in sociological research: Some examples. *American Journal of Sociology, 88*, 114–134. Also reprinted in Goodman (1984).

Clogg, C. C. (1988). Latent class models for measuring. In: R. Langenheine & J. Rost (Eds), *Latent-trait and latent-class models* (pp. 173–205). New York: Plenum.

Clogg, C. C. (1992). The impact of sociological methodology on statistical methodology. *Statistical Science, 7*, 183–207.

Clogg, C. C., & Eliason, S. R. (1988). A flexible procedure for adjusting rates and proportions, including statistical methods for group comparisons. *American Sociological Review, 53*, 267–283.

Clogg, C. C., & Shihadeh, E. S. (1994). *Statistical models for ordinal variables*. Thousand Oaks: Sage Publications.

Collett, D. (2003). *Modelling binary data* (2nd ed.). London: Chapman and Hall/CRC.

Cowles, M. K., & Carlin, B. P. (1996). Markov chain Monte Carlo convergence diagnostics: A comparative review. *Journal of the American Statistical Association, 91,* 833–904.

Cox, D. R. (1970). *The analysis of binary data.* London: Chapman and Hall.

Cox, D. R. (1972). Regression models and life tables. *Journal of the Royal Statistical Society, 34*(Series B), 187–220.

Cox, D. R. (1975). Partial likelihood. *Biometrica, 62,* 269–276.

Cox, D. R., & Oakes, D. (1984). *Analysis of survival data.* London: Chapman and Hall.

Daganzo, C. (1979). *Multinomial probit: The theory and its application to demand forecasting.* New York: Academic Press.

Dempster, A. P., Laird, N. M., & Rubin, D. B. (1977). Maximum likelihood from incomplete data via the EM algorithm. *Journal of the Royal Statistical Society,* Series B, *39,* 1–38.

DiPrete, T. A. (1990). Adding covariates to loglinear models for the study of social mobility. *American Sociological Review, 55,* 757–773.

Duncan, O. D. (1961). A socioeconomic index for all occupations. In: A. Reiss, (Ed.), *Occupations and social status* (pp. 109–138). New York: Free Press.

Duncan, O. D. (1979). How destination depends on origin in the occupational mobility table. *American Journal of Sociology, 84,* 793–803.

Duncan, O. D. (1984). *Notes on social measurement: Historical and critical.* New York: Russell Sage Foundation.

Duncan, O. D., & Stenbeck, M. (1988). Panels and cohorts: Design and models in the study of voting turnout. *Sociological Methodology, 18,* 1–35.

Duncan, O. D., Stenbeck, M., & Brody, C. (1988). Discovering heterogeneity: Continuous versus discrete latent variables. *American Journal of Sociology, 93,* 1305–1321.

Efron, B. (1977). The efficiency of Cox's likelihood for censored data. *Journal of the American Statistical Association, 72,* 557–565.

Erikson, R., Goldthorpe, J. H., & Portocarero, L. (1979). Intergenerational class mobility in three Western European societies: England, France, and Sweden. *British Journal of Sociology, 30,* 415–441.

Featherman, D. L., Jones, F. L., & Hauser, R. M. (1975). Assumptions of social mobility research in the US: The case of occupational status. *Social Science Research, 4,* 329–360.

Fienberg, S. E. (1980). *The analysis of cross-classified categorical data* (2nd ed.). Cambridge: MIT Press.

Finney, D. J. (1971). *Probit analysis* (3rd ed.). Cambridge: Cambridge University Press.

Fox, J. (2008a). *Applied regression analysis and generalized linear models* (2nd ed.). Thousand Oaks: Sage Publications.

Fox, J. (2008b). *A mathematical primer for social statistics: Matrices, linear algebra, vector geometry, calculus, probability, and estimation.* Quantitative Applications in the Social Sciences # 134. Thousand Oaks: Sage Publications.

Freedman, D., Pisani, R., & Purves, R. (1978). *Statistics* (1st ed.). New York: Norton.

Fry, T. R. L., & Harris, M. N. (1998). Testing for the independence of irrelevant alternatives: Some empirical results. *Sociological Methods and Research, 26,* 401–423.

Gelfand, A. E., & Smith, A. F. M. (1990). Sampling based approaches to calculating marginal densities. *Journal of the American Statistical Association, 85,* 398–409.

Gelman, A., Carlin, J. B., Stern, H. S., & Rubin, D. B. (2004). *Bayesian data analysis* (2nd ed.). New York: Chapman and Hall.

Gemand, S., & Gemand, D. (1984). Stochastic relaxation, gibbs distributions, and the bayesian restoration of images. *IEEE Transactions on Pattern Analysis and Machine Intelligence, 6,* 721–741.

Geweke, J., Keane, M., & Runkle, D. (1992). Alternative computational approaches to inference in the multinomial probit model. *Research Department, Federal Reserve Bank of Minneapolis.*

Gill, J. (2000). *Generalized linear models: A unified approach quantitative applications in the social sciences # 134.* Thousand Oaks: Sage Publications.

Gill, J. (2006). *Essential mathematics for political and social research.* New York: Cambdridge University Press.

Goldstein, H. (1991). Nonlinear multilevel models with an application to discrete-response data. *Biometrika, 78,* 45–51.

Goldstein, H. (1995). *Multilevel statistical models* (2nd ed.). London: Edward Arnold.

Goldstein, H., & Rasbash, J. (1992). Efficient computational procedures for the estimation of parameters in multilevel models based on iterative generalized least squares. *Computational Statistics and Data Analysis, 13,* 63–71.

Goldstein, H. I. (2003). *Multilevel statistical models* (3rd ed.). London: Edward Arnold.

Goodman, L. A. (1972). Some multiplicative models for the analysis of cross-classified data. In: *Proceedings of the sixth berkeley symposium on mathematical statistics and probability* (pp. 649–696). Berkeley: University of California Press.

Goodman, L. A. (1979). Simple models for the analysis of association in cross-classifications having ordered categories. *Journal of the American Statistical Association, 74,* 537–552.

Goodman, L. A. (1981a). Three elementary views of log-linear models for the analysis of cross-classifications having ordered categories. In: S. Leinhardt (Ed.), *Sociological methodology* (pp. 193–239). San Francisco: Jossey-Bass.

Goodman, L. A. (1981b). Association models and canonical correlation in the analysis of cross-classifications having ordered categories. *Journal of the American Statistical Association, 76,* 320–334.

Goodman, L. A. (1984). *The analysis of cross-classified data having ordered categories.* Cambridge: Harvard University Press.

Goodman, L. A. (1986). Some useful extensions of the usual correspondence analysis approach and the usual log-linear models approach in the analysis of contingency tables. *International Statistical Review, 54,* 243–309.

Goodman, L. A., & Hout, M. (1998). Understanding the goodman-hout approach to the analysis of differences in association and some related comments. In: A. Raftery (Ed.), *Sociological methodology 1998* (pp. 249–261). Washington, DC: American Sociological Association.

Grambsch, P., & Therneau, T. (1994). Proportional hazards tests and diagnostics based on weighted residuals. *Biometrika, 81,* 515–526.

Greene, W. H. (2007). *LIMDEP version 9.0.* Bellport: Econometric Software, Inc.

Greene, W. H. (2008). *Econometric analysis* (6th ed.). New York: Macmillan.

Grusky, D. B., & Hauser, R. M. (1984). Comparative social mobility revisited: Models of convergence and divergence in 16 countries. *American Sociological Review, 49,* 19–38.

Gumble, E. J. (1961). Bivariate logistic distributions. *Journal of the American Statistical Association, 56,* 335–349.

Guo, G., & Rodríguez, G. (1992). Estimating a multivariate proportional hazards model for clustered data using the EM algorithm, with an application to child survival in guatemala. *Journal of the American Statistical Association, 420,* 969–976.

Guo, G., & Zhao, H. (2000). Multilevel modeling for binary data. *Annual Review of Sociology, 26,* 441–462.

Hajivassiliou, V. A. (1993). Simulation estimation methods for limited dependent variable models. In: G. S. Maddala, C. R. Rao & H. D. Vinod (Eds), *Handbook of statistics* (pp. 519–543). North Holland: Amsterdam.

Hambleton, R. K., & Cook, L. L. (1977). Latent trait models and their use in analysis of educational test data. *Journal of Educational Measurement, 14*, 75–96.

Hauser, R. M. (1978). A structural model of the mobility table. *Social Forces, 56*, 919–953.

Hauser, R. M. (1979). Some exploratory methods for modeling mobility tables and other cross-classified data. In: K. F. Schuessler (Ed.), *Sociological methodology 1980* (pp. 413–458). San Francisco: Jossey-Bass.

Hauser, R. M. (1984). Vertical class mobility in England, France and Sweden. *Acta Sociologica, 27*, 87–110.

Hauser, R. M., & Warren, J. R. (1997). Socioeconomic indexes for occupations: A review, update, and critique. In: A. E. Raftery (Ed.), *Sociological methodology 1997* (pp. 177–298). Washington, DC: American Sociological Association.

Hausman, J. A., & McFadden, D. (1984). Specification tests for the multinomial logit model. *Econometrica, 52*, 1219–1240.

Hausman, J. A., & Wise, D. A. (1978). A conditional probit model for qualitative choice: Discrete decsisions recognizing interdependence and heterogeneous preferences. *Econometrica, 46*, 403–426.

Heckman, J. J. (1979). Sample selection bias as a specification error. *Econometrica, 47*, 153–161.

Heckman, J. J., & Singer, B. (1984). A method for minimizing the impact of distributional assumptions in econometric models for duration data. *Econometrica, 52*, 271–320.

Hedeker, D. (1999). MIXNO: A computer program for mixed-effects nominal logistic regression. *Journal of Statisticsl Software, 4*, 1–91.

Hedeker, D., & Gibbons, R. D. (1996). MIXOR: A computer program for mixed-effects ordinal probit and logistic regression analysis. *Computer Methods and Programs in Biomedicine, 49*, 157–176.

Hedeker, D., & Gibbons, R. D. (1997). An application of random-effects pattern-mixture models for missing data in longitudinal studies. *Psychological Methods, 2*, 64–78.

Hedeker, D., & Gibbons, R. D. (2006). *Longitudinal data analysis*. New York: Wiley.

Hedeker, D., & Gibbons, R. D. (2008). *supermix: Mixed effects models*. Lincolnwood, IL: Scientific Software International, Inc.

Hendrickx, J. (1995). *Multinomial conditional logit models for the analysis of status attainment and mobility*. ICS Working Papers no.1.

Hensher, D. (1986). *Simultaneous estimation of hierarchical logit mode choice models*. Working Paper no. 34. Macquarie University, School of Economic and Financial Studies.

Hoffman, S. D., & Duncan, G. J. (1988). Multinomial and conditional logit discrete-choice models in demography. *Demography, 25*, 415–427.

Holford, T. R. (1980). The analysis of rates and of survivorship using log-linear models. *Biometrics, 36*, 299–305.

House, J. S., Kessler, R. C., Herzog, R. A., Mero, R., Kinney, A., & Breslow, M. (1990). Age, socioeconomic status, and health. *The Milbank Quarterly, 68*, 383–411.

Hout, M. (1984). Status, autonomy, and training in occupational mobility. *American Journal of Sociology, 89*, 1379–1409.

Hox, J. (2002). *Multilevel analysis: Techniques and applications*. Mahwah, NJ: Erlbaum.

Kalbfleisch, J. D., & Prentice, R. L. (1980). *The statistical analysis of failure time data*. New York: Wiley.

Kreft, I., & de Leeuw, J. (1998). *Introducing multilevel modeling*. London: Sage.

Laird, N., & Oliver, D. (1981). Covariance analysis of censored survival data using log-linear analysis techniques. *Journal of the American Statistical Association, 76*, 231–240.

Laird, N. M. (1988). Missing data in longitudinal studies. *Statistics in Medicine*, 7, 305–315.

Lancaster, T. (1990). *The analysis of transition data*. Cambridge: Cambridge University Press.

Lawley, D. N. (1943). On problems connected with item selection and test construction. *Proceedings of the Royal Society of Edinburgh*, 61, 273–287.

Lawley, D. N. (1944). The factorial analysis of multiple item tests. *Proceedings of the Royal Society of Edinburgh*, 62, 74–82.

Li, R. M., Xie, Y., & Lin, H. S. (1993). Division of family property in Taiwan. *Journal of Cross-Cultural Gerontology*, 8, 49–69.

Lillard, L., & Panis, C. W. A. (2003). *aML multilevel multiprocess statistical software*, Version 2.0. EconWare, Los Angeles, California.

Lin, G., & Xie, Y. (1998). Some additional considerations of loglinear modeling of interstate migration: A comment on herting, grusky, and rompaey. *American Sociological Review*, 63, 900–907.

Lin, X., & Breslow, N. E. (1996). Bias correction in generalized linear mixed models with multiple components of dispersion. *Journal of the American Statistical Association*, 91, 1007–1016.

Lindsey, J. (2000). rmutil: Utilities for nonlinear regression and repeated measurements models, R package version 1.0. www.luc.ac.be/jlindsey/rcode.html

Lithell, U-B. (1981). Breast-feeding habits and their relation to infant mortality and marital fertility. *Journal of Family History*, 6–7, 182–193.

Little, R. J. A. (1995). Modeling the drop-out in repeated-measure studies. *Journal of the American Statistical Association*, 90, 1112–1121.

Little, R. J. A., & Rubin, D. B. (1987). *Statistical analysis with missing data*. New York: Wiley.

Logan, J. A. (1983). A multivariate model for mobility tables. *American Journal of Sociology*, 89(2), 324–349.

Long, J. S. (1997). *Regression models for categorical and limited dependent variables*. Thousand Oaks: Sage Publications.

Long, J. S., & Freese, J. (2006). *Regression models for categorical dependent variables using Stata* (2nd ed.). Stata Press: College Station, TX.

Longford, N. (1993). *Random coefficient models*. Oxford: Clarendon Press.

Lord, F. M. (1952). *A theory of test scores*. Psychological Monograph, No. 7.

Lord, F. M. (1953). An application of confidence intervals and of maximum likelihood to the estimation of an examinee's ability. *Psychometrika*, 18, 57–75.

Lord, F. M., & Novick, M. R. (1968). *Statistical theories of mental test scores*. Reading, MA: Addison-Wesley.

Lunn, D. J., Thomas, A., Best, N., & Spiegelhalter, D. (2000). WinBUGS — A Bayesian modelling framework: Concepts, structure, and extensibility. *Statistics and Computing*, 10, 325–337.

Lynch, S. M. (2007). *Introduction to applied bayesian statistics and estimation for social scientists series*. New York: Springer.

Lynch, S. M., & Western, B. (2004). Bayesian posterior predictive checks for complex models. *Sociological Methods and Research*, 32, 301–335.

Maddala, G. S. (1983). *Limited-dependent and qualitative variables in econometrics*. Cambridge: Cambridge University Press.

Magisdon, J., & Vermunt, J. K. (2004). Latent class models. In: D. Kaplan (Ed.), *The Sage handbook of quantitative methodology for the social sciences* (pp. 175–198). Thousand Oaks: Sage Publications.

Manski, C. F., & Wise, D. A. (1983). *College choice in America*. Cambridge: Harvard University Press.

Mare, R. D. (1980). Social background and school continuation decisions. *Journal of the American Statistical Association, 75,* 295–303.

Mare, R. D. (1991). Five decades of educational assortative mating. *American Sociological Review, 56,* 15–32.

Masters, G. N. (1982). A rasch model for partial credit scoring. *Psychometrika, 47,* 149–174.

McCullagh, P. (1980). Regression models for ordinal data (with disscussion). *Journal of the Royal Statistical Society, 42*(Series B), 109–142.

McCullagh, P., & Nelder, J. A. (1989). *Generalized linear models* (2nd ed.). New York: Chapman and Hall.

McFadden, D. (1973). Conditional logit analysis of qualitative choice behavior. In: P. Zarembka (Ed.), *Structural analysis of discrete data with econommometric applications* (pp. 105–135). Cambridge: MIT Press.

McFadden, D. (1974). The measurement of urban travel demand. *Journal of Public Economics, 3,* 303–328.

McFadden, D. (1978). Modeling the choice of residential location. In: A. Karlqvist (Ed.), *Spatial interaction theory and planning models* (pp. 75–96). Amsterdam: North-Holland.

McFadden, D. (1989). A method of simulated moments for estimation of discrete response models without numberical integration. *Econometrica, 57,* 995–1026.

McKelvey, R., & Zavoina, W. (1975). A statistical model for the analysis of ordinal level dependent variables. *Journal of Mathematical Sociology, 4,* 103–120.

Metropolis, N., Rosenbluth, A. W., Rosenbluth, M. N., Teller, A. H., & Teller, E. (1953). Equation of state calculations for fast computing machines. *Journal of Chemical Physics, 21,* 1087–1092.

Metropolis, N., & Ulam, S. (1949). The monte carlo method. *Journal of the American Statistical Association, 44,* 335–341.

Muthén, B. (2004). Latent variable analysis: Growth mixture modeling and related techniques for longitudinal data. In: D. Kaplan (Ed.), *The Sage handbook of quantitative methodology for the social sciences* (pp. 345–368). Thousand Oaks: Sage Publications.

Namboodiri, K., & Suchindran, C. M. (1987). *Life table techniques and their applications.* San Diego: Academic Press.

Numerical Algorithms Group Ltd. (1986). The GLIM System, Release 3.77, Oxford: Numerical Algorithms Group Ltd.

O'Hara, B., Ligges, U., & Sturtz, S. (2006). Making BUGS open. *R News, 6,* 12–17.

Petersen, T. (1985). A comment on presenting results from logit and probit models. *American Sociological Review, 50,* 130–131.

Peterson, B., & Harrell, F. E. (1990). Partial proportional odds model for ordered response variables. *Applied Statistics, 39,* 205–217.

Powers, D. A. (2001). Unobserved family effects on the risk of a first premarital birth. *Social Science Research, 30,* 1–24.

Powers, D. A. (2005). Effects of family structure on the risk of first premarital birth in the presence of correlated unmeasured family effects. *Social Science Research, 34,* 511–537.

Powers, D. A., Frisbie, W. P., Hummer, R. A., Pullum, S. G., & Solis, P. (2006). Race/ethnic differences and age-variation in the effects of birth outcomes on infant mortality in the U.S. *Demographic Research, 14,* 179–216.

Rabe-Hesketh, S., & Skrondal, A. (2005). *Multilevel and longitudinal modeling using stata.* College Station, TX: Stata Press.

Rabe-Hesketh, S., Skrondal, A., & Pickles, A. (2004). *GLLAMM manual.* U.C. Berkeley Division of Biostatistics Working Paper Series # 160.

Rabe-Hesketh, S., Skrondal, A., & Pickles, A. (2005). Maximum likelihood estimation of limited and discrete dependent variable models with nested random effects. *Journal of Econometrics, 128*, 310–323.

R Development Core Team. (2006). R: A Language and Environment for Statistical Computing. R Foundation for Statistical Computing, Vienna, Austria. ISBN 3-900051-07-0, URL http://www.R-project.org

Raftery, A. E. (1986). Choosing models for cross-classifications (comment on grusky and hauser). *American Sociological Review, 51*, 145–146.

Raftery, A. E. (1995). Bayesian model selection in social research. In: P. Marsden (Ed.), *Sociological methodology* (pp. 111–163). Washington, DC: The American Sociological Association.

Raftery, A. E., & Lewis, S. M. (1992). How many iterations in the gibbs sampler? In: J. M. Bernardo (Ed.), *Bayesian statistics 4* (pp. 765–776). Oxford: University Press.

Raftery, A. E., & Lewis, S. M. (1995). The number of iterations, convergence diagnostics and generic metropolis algorithms. In: W. R. Gilks, D. J. Spiegelhalter & S. Richardson (Eds), *Practical markov chain monte carlo* (pp. 115–130). London: Chapman and Hall.

Rao, C. R. (1973). *Linear statistical inference and its applications* (2nd ed.). New York: Wiley.

Rasbash, J., Steele, F., Browne, W., & Prosser, B. (2004). *A user's guide to MLwiN version 2.0.* London: Institute of Education.

Rasch, G. (1960). *Probabilistic models for some intelligence and attainment tests.* Copenhagen: The Danish Institute for Educational Research.

Rasch, G. (1961). On general laws and the meaning of measurement in psychology. *Proceedings of the 4th berkeley symposium on mathematical statistics and probability, 4*, 321–333.

Raudenbush, S. W., & Bryk, A. S. (2002). *Hierarchical linear models: Applications and data analysis methods* (2nd ed.). Newbury Park, CA: Sage.

Raudenbush, S. W., Bryk, A. S., & Congdon, R. T. (2006). *HLM6.* Lincolnwoood, IL: Scientific Software International, Inc.

Raudenbush, S. W., Johonson, C., & Sampson, R. J. (2003). A multilevel rasch model with application to self-reported criminal behavior. In: R. M. Stoltzenberg (Ed.), *Sociological methodology* (pp. 169–212). Washington, DC: The American Sociological Association.

Raudenbush, S. W., Yang, M-L., & Yosef, M. (2000). Maximum likelihood for generalized linear models with nested random effects via high-order, multivariate laplace approximation. *Journal of Computational and Graphical Statistics, 9*, 141–157.

Rizopoulos, D. (2006). ltm: Latent trait models under IRT. R package version 0.6-1.

Rodríguez, G., & Goldman, N. (1995). An assessment of estimation procedures for multilevel models with binary responses. *Journal of the Royal Statistical Society, Series A, 158*, 73–89.

Rodríguez, G., & Goldman, N. (2001). Improved estimation procedures for multilevel models with binary response: A case study. *Journal of the Royal Statistical Society, 164*(Series A), 339–355.

Rohwer, G., & Pötter, U. (2000). *TDA User's Manual.* Bochum: Ruhr-Universitat-Bochum. Available at http://www.stat.ruhr-uni-bochum.de/tda.html

Rubin, D. B. (1976). Inference and missing data. *Biometrika, 63*, 581–592.

Rubin, D. B. (1984). Bayesianly justifiable and relevant frequency calculations for the applied statistician. *Annals of Statistics, 12*, 1151–1172.

SAS Institute. (2004). Cary. NC: SAS Institute, Inc.

Schoenfeld, D. (1982). Partial residuals for the proportional hazards regression model. *Biometrika, 69*, 239–241.

Shryock, H. S., & Siegel, J. S. (1976). *The methods and materials of demography*. Orlando: Academic Press.

Simonoff, J. S. (1998). Logistic regression, categorical predictors, and goodness-of-fit: It depends on who you ask. *The American Statistician, 52*, 10–14.

Singer, J. D., & Willett, J. B. (2003). *Applied longitudinal data analysis: Modeling change and event occurrence*. New York: Oxford University Press.

Skrondal, A., & Rabe-Hesketh, S. (2004). *Generalized latent variable modeling: Multilevel and longitudinal, and structural equation models*. London: Chapman Hall.

Snijders, T. A. B., & Bosker, R. J. (1999). *Multilevel analysis: An introduction to basic and advanced multilevel modeling*. London: Sage.

Sobel, M. E., Hout, M., & Duncan, O. D. (1985). Exchange, structure, and symmetry in occupational mobility. *American Journal of Sociology, 91*, 359–372.

Stata (2007). *Stata reference manual: Release 10.0*. College Station: Stata Corporation.

Stiratelli, R., Laird, N., & Ware, J. H. (1984). Random effects models for serial observations with binary response. *Biometrics, 40*, 961–971.

Stroud, A. H., & Sechrest, D. (1966). *Gaussian quadrature formulas*. Englewood Cliffs, NJ: Prentice Hall.

Sturtz, S., Ligges, U., & Gelman, A. (2005). R2WinBUGS: A package for running WinBUGS from R. *Journal of Statistical Software, 12*, 1–16.

Therneau, T. M., & Grambsch, P. N. (2000). *Modeling survival data: Extending the cox model*. New York: Springer.

Thomas, A., & O'Hara, B. (2006). BRugs: OpenBUGS and its R interface BRugs. R package version 0.3-1. http://mathstat.helsinki.fi/openbugs/

Thurstone, L. L. (1927). A law of comparative judgment. *Psychological Review, 34*, 273–286.

Train, K. (2003). *Discrete choice methods with simulation*. Cambridge: Cambridge University Press.

Tuma, N. B., & Hannan, M. T. (1984). *Social dynamics: Models and methods*. New York: Academic Press.

Vaupel, J. W., & Yashin, A. I. (1985). Heterogeneity's ruses: Some surprising effects of selection on population dynamics. *The American Statistician, 39*, 176–185.

Vermunt, J. K. (2003). Multilevel latent class models. In: R. M. Stoltzenberg (Ed.), *Sociological methodology* (pp. 213–239). Washington, DC: The American Sociological Association.

Williams, D. A. (1982). Extra-binomial variation in logistic linear models. *Applied Statistics, 31*, 144–148.

Williams, R. (2006). Generalized ordered logit/partial proportional odds models for ordinal dependent variables. *The Stata Journal, 6*, 58–82.

Winship, C., & Mare, R. D. (1984). Regression models with ordinal variables. *American Sociological Review, 49*, 512–525.

Wolfe, R. (1998). *ocratio: Continuation-ratio models for ordinal response data*. Parkville, Victoria: Royal Children's Hospital.

Wolfinger, R. D. (1993). Laplace's approximation for nonlinear mixed models. *Biometrika, 80*, 791–795.

Wolfinger, R. D. (1999). Fitting nonlinear mixed models with the new NLMIXED procedure. Paper 287, SUGI Proceedings 1999, SAS Institute Inc., Cary, NC.

Wolfinger, R. D., & O'Connell, M. (1993). Generalized linear mixed models a pseudo likelihood approach. *Journal of Statistical Computation and Simulation, 4*, 233–243.

Wong, G. Y., & Mason, W. M. (1985). The hierarchical logistic regression model for multilevel analysis. *Journal of the American Statistical Society*, *80*, 513–524.

Wu, L. W., & Martinson, B. (1993). Family structure and the risk of a premarital birth. *American Sociological Review*, *58*, 210–232.

Xie, Y. (1989). An alternative purging method: Controlling the composition-dependent interaction in an analysis of rates. *Demography*, *26*, 711–716.

Xie, Y. (1992). The log-multiplicative layer effect model for comparing mobility tables. *American Sociological Review*, *57*, 380–395.

Xie, Y. (2007). Otis Dudley Duncan's legacy: The demographic approach to quantitative reasoning in social science. *Research in Social Stratification and Mobility*, *25*, 141–156.

Xie, Y., & Manski, C. F. (1989). The logit model and response-based samples. *Sociological Methods and Research*, *17*, 283–302.

Xie, Y., & Shauman, K. A. (1996). Modeling the sex-typing of occupational choice: Influences of occupational structure. *Sociological Methods and Research*, *26*, 233–261.

Yamaguchi, K. (1991). *Event history analysis*. Newbury Park: Sage Publications.

Zeger, S. L., & Karim, M. R. (1991). Generalized linear models with random effects: A gibbs sampling approach. *Journal of the American Statistical Society*, *86*, 79–86.

Zeger, S. L., Liang, K-Y., & Albert, P. S. (1988). Models for longitudinal data: A generalized estimating equation approach. *Biometrics*, *44*, 1049–1060.

索　引

译 后 记

自本书英文版 1999 年出版以来，因为其很强的应用性，成为社会科学界学者、学生学习、了解和掌握分类数据分析统计方法最好的教材之一。为了方便更多的中国学者和学生学习与了解分类数据分析的统计方法，我们一直希望能够出版该书的中文版。虽然多年来一直与原书的作者保持着联系并经常探讨一些学术问题，并且表达了将此书翻译成中文版的意愿，也得到了原书作者的鼓励，但是因种种原因和译者本人的惰性，始终没有开始这项工作。直到 2008 年得知作者已经对原书重新做了修订、增补，并即将出版第 2 版的时候，才又决心开始翻译工作。在第 2 版中，作者不仅在原有章节的基础上增添了近年来分类数据分析方法的最新发展成果，而且新增一章关于分类数据的多层模型，大大扩展了有关事件发生分析的统计模型，以及分层模型的贝叶斯估计技术。

正巧在这个时候，有机会前往密歇根大学人口研究中心访问、学习，有幸聆听作者之一谢宇教授亲自授课，答疑解惑（课程的参考教材是本书的第 1 版）。同堂上课的密歇根大学社会学系博士生穆峥和赖庆，以及到密歇根大学访学的北京大学社会学系博士生巫锡炜都表示有兴趣参与此项翻译工作。经大家共同协商，制定了翻译的基本原则和注意事项，尤其是专业术语的统一等问题，并同时做了具体分工，然后分别开始翻译工作。

本书的翻译工作采取团队分工合作的方式进行。由任强（前言、第 1~3 章、第 8 章、附录 A 和附录 B）、巫锡炜（第 5 章、第 7 章和主题索引）、穆峥（第 4 章）、赖庆（第 6 章）共同承担。最后由任强负责全书的审译、统稿和校对。

在翻译过程中，大家经常在一起反复讨论，并相互审校，同时得到作者之一谢宇教授面对面的解惑答疑。同时还要感谢巫锡炜对全书的通读、核对。通过反复讨论和沟通，大家不仅加深了对教材内容的理解，而且增强了彼此的友谊，分享了工作、学习的快乐。当翻译工作即将结束的时候，我们非常荣幸地得到了刚刚出版的英文版样书。经过大家的努力，基本上保证了中文版与英文版的同步出版。

由于译者水平有限，对此著作的理解和翻译难免有不足和舛误之处，恳请读者批评指正。

译　者

图书在版编目（CIP）数据

分类数据分析的统计方法 ／ （美）丹尼尔·A. 鲍威斯
（Daniel A. Powers），（美）谢宇著；任强等译 . -- 2
版 . -- 北京：社会科学文献出版社，2018.2
（社会学教材教参方法系列）
书名原文：Statistical Methods for Categorical
Data Analysis（Second Edition）
ISBN 978 - 7 - 5201 - 1721 - 0

Ⅰ.①分… Ⅱ.①丹… ②谢… ③任… Ⅲ.①统计数
据 - 统计分析 Ⅳ.①O212

中国版本图书馆 CIP 数据核字（2017）第 267850 号

社会学教材教参方法系列
分类数据分析的统计方法（第 2 版）

著 者／〔美〕丹尼尔·A. 鲍威斯（Daniel A. Powers） 〔美〕谢 宇
译 者／任 强 巫锡炜 穆 峥 赖 庆

出 版 人／谢寿光
项目统筹／杨桂凤
责任编辑／杨桂凤

出 版／社会科学文献出版社·社会学出版中心（010）59367159
地址：北京市北三环中路甲 29 号院华龙大厦 邮编：100029
网址：www. ssap. com. cn
发 行／市场营销中心（010）59367081 59367018
印 装／北京季蜂印刷有限公司

规 格／开 本：787mm × 1092mm 1/16
印 张：21 字 数：375 千字
版 次／2018 年 2 月第 1 版 2018 年 2 月第 1 次印刷
书 号／ISBN 978 - 7 - 5201 - 1721 - 0
著作权合同
登 记 号／图字 01 - 2017 - 4963 号
定 价／59.00 元

本书如有印装质量问题，请与读者服务中心（010 - 59367028）联系